ESV

Praxishandbuch Strategische Planung

Die neun Elemente des Erfolgs

Von
Prof. Dr. Alexander Huber

ERICH SCHMIDT VERLAG

Bibliografische Information der Deutschen Bibliothek
Die Deutsche Bibliothek verzeichnet diese Publikation
in der Deutschen Nationalbibliografie; detaillierte bibliografische
Daten sind im Internet über dnb.ddb.de abrufbar.

Weitere Informationen zu diesem Titel finden Sie im Internet unter
ESV.info/978 3 503 10677 6

ISBN 978 3 503 10677 6

www.ESV.info

Dieses Papier erfüllt die Frankfurter Forderungen
der Deutschen Bibliothek und der Gesellschaft
für das Buch bezüglich der Alterungsbeständigkeit und
entspricht sowohl den strengen Bestimmungen der US Norm
Ansi/Niso Z 39.48-1992 als auch der ISO-Norm 9706.

Druck: Druckerei Strauss, Mörlenbach

„Anything that is in the world when you're born is normal and ordinary and is just a natural part of the way the world works.

Anything that's invented between when you're fifteen and thirty-five is new and exciting and revolutionary and you can probably get a career in it.

Anything invented after you're thirty-five is against the natural order of things.“

Douglas Adams

Für Saskia

„Der besondere Wert dieses Buches liegt darin, dass Alexander Huber alles Unwesentliche konsequent über Bord wirft und sich auf das fokussiert, was die Strategische Planung wirklich ausmacht. Dadurch ist der Inhalt für den Mittelstand so wichtig. Huber zeigt einen gleichsam erprobten wie pragmatischen Weg zur integrierten Strategischen Planung auf und illustriert diesen mit zahlreichen Beispielen. Praxisorientierung und Erfahrung sind auf jeder Seite zu spüren – vielleicht weil der Autor in der Strategischen Planung nicht seine wissenschaftlichen Wurzeln hat, sondern seine beruflichen? Wenn sich an vielen Stellen Neues entdecken lässt, sich Zusammenhänge erschließen und mit Missverständnissen aufgeräumt wird, dann macht es Freude, ein Buch immer wieder in die Hand zu nehmen.“

Frank Grube
CEO
Allied Vision Technologies GmbH

„Alexander Huber leitet aus seiner Strategieerhebung bei über einhundert deutschen Unternehmen die neun Elemente erfolgreicher Strategischer Planung ab, die den Kern dieses pragmatischen Praxis-Leitfadens bilden. Gerade aus Sicht sehr großer Unternehmen lebt die Strategische Planung von den beteiligten Menschen und Abteilungen. Huber gelingt es auf einzigartige Weise, zu erwartende Widerstände der beteiligten Manager zu antizipieren und mit einer klaren Fokussierung auf die wichtigsten Strategieinstrumente in Einklang zu bringen. Das Buch stellt und beantwortet die Frage, wie es Unternehmen gelingt, im eigenen Hause und bei Partnern Vertrauen zur eigenen Strategie aufzubauen und zu erhalten. Der Leser lernt die Aussagen und Ansätze des Top-Managements zu interpretieren und auch ihre kleinen Kniffe zu durchschauen. Dies ist ein echtes Handbuch – Orientierungshilfe und Gewinn für jeden Strategen.“

Volkhart Matthäus
CIO, Corporate Vice President
Siemens AG

Vorwort

Gibt es einen geheimen Bund von Managern und Beratern, die die Kunst der Strategie erlernen dürfen und zum Wohle ihrer Unternehmen – und letztlich zum eigenen Vorteil einsetzen?

Kann ein Zeitpunkt bestimmt werden, zu dem die Strategielehre entstand? Existieren Patentrezepte, die sich irgendein genialer Kopf ausgedacht hat und deren Anwendung allen Situationen gerecht wird?

Nein, keineswegs. Strategien sind so alt wie die Menschheit selbst. Strategien gibt es im Kampf ums Überleben, Strategien gibt es im Sport, Strategien spielen in der Beziehung zwischen zwei Menschen eine große Rolle und natürlich in Organisationen und Unternehmen.

Die wenigen wesentlichen Grundsätze der Strategielehre sind seit langem bekannt. Wirklich Neues gibt es nicht, alle scheinbar innovativen Ansätze sind aus diesen Grundsätzen abgeleitet. Zur Verbesserung des Verständnisses, zur Vereinfachung und Komplexitätsreduktion, zur besseren Darstellung oder Systematisierung – oder einfach um ein weiteres Verkaufsargument zu schaffen: Keine andere wirtschaftswissenschaftliche Disziplin ist wohl enger mit der Welt der Strategieberater und ihrem Kunden, dem Top-Management, verbunden.

Wichtiger jedoch, als sich von jedem neuen Strategie-Hype verunsichern zu lassen, ist die eigene Kenntnis dieser Grundsätze und ihrer Anwendung, angepasst an die ganz persönlichen Ziele und Situationen.

Was sind das für Grundsätze?

1. Nur wenige Strategien entstehen aus Vernunftgründen. Strategien werfen grundsätzliche Fragen auf.
2. Eine Zentralabteilung ist der denkbar schlechteste Ort für Entwicklung, Umsetzung oder Controlling von Strategien.
3. Strategie bedeutet: 98 Prozent Kunden und zwei Prozent Wettbewerb. Nicht umgekehrt.
4. Ziele und Strategien können nur in einem vermuteten Zusammenhang stehen.
5. Benchmarking ist der größte Feind der Strategie.
6. Wer erklärt, dass Strategie „langfristig“ bedeute, hat den Charakter der Strategie nicht verstanden.

Sich mit diesen Regeln auseinander zu setzen und auf die eigene Situation anzuwenden ist Aufgabe jedes Strategen. Ein Stratege im Sinne dieses Handbuchs ist der Vorstand, der Geschäftsführer, ein Mitglied des oberen Führungskreises, der Leiter Unternehmensentwicklung und seine Mitarbeiter, Unternehmensberater oder sonstige Personen, die sich mit der langfristigen Entwicklung des Unternehmens befassen und auch die Möglichkeit haben, diese mittelbar oder unmittelbar zu beeinflussen. Der größte Feind in der Entwicklung zu einem guten Strategen kann sich in drei Gestalten zeigen:

1. Zuviel Erfahrung macht uns blind. Wir sind große Strategen und wissen es immer am besten: Die Vergangenheit hat ja gezeigt, wie wir vorgehen müssen.
2. Misserfolge erklären wir external. Wir suchen die Ursachen für Fehlschläge nicht auch bei uns selbst, sondern ziehen die immer gleichen Schuldigen heran: den Kunden, den Zeitpunkt, die wirtschaftlichen Situation. So verhindern wir erfolgreich, dass wir aus eigenen Fehlern lernen.
3. Strategie ist für uns reine Intuition. Transparenz, Systematik und Controlling sind unnützes Beiwerk. Ist die Strategie erstmal beschlossen, setzt sie sich von alleine um.

In diesem Buch sind unzählige Beispiele aus vielen Branchen beschrieben. Das Buch stellt die im Inland und Ausland gewonnenen Erfahrungen und erprobten Instrumente und Prozesse dar. Nicht abstrakt und theoretisch, sondern pragmatisch und systematisch. Dargeboten in enger Anlehnung an die Praxis.

Ziehen Sie daraus Nutzen. Für Ihr Unternehmen, aber vor allem für sich selbst.

Alexander Huber

Inhaltsverzeichnis

Einleitung

Einleitung

Die Paradoxie des Managens besteht darin, dass ein Manager nur das entscheiden kann, was nicht entscheidbar ist, weil das Entscheidbare bereits entschieden ist, wie der Kybernetiker HEINZ VON FOERSTER bemerkt. Könnte man objektiv messen, ob eine Entscheidung richtig oder falsch ist, sollten Maschinen das Management übernehmen.

> Der Leiter eines Kommunikationstechnik-Anbieters bringt es auf den Punkt: „Kein Prozess kann das unternehmerische Managen ersetzen. Management beginnt da, wo Rechnen aufhört."

Kann man ein Unternehmen steuern? Nein – meint DIRK BAECKER, Systemtheoretiker und Soziologe, man kann es nicht steuern, sondern nur kitzeln, Impulse setzen. Keiner kann vorhersehen, was ein komplexes System tut, aber darauf wetten, dass es irgendetwas macht. Wir müssen den Steuerungsbegriff aufgeben und die Hoffnung, das System komplett zu verstehen. Aber wenn ein Impuls etwas bewirkt, können wir versuchen, daraus zu lernen.

Manager brauchen also einen Leitfaden, der sie unterstützt, Entscheidungen zu treffen, obwohl sie nicht wissen können, welche richtig und welche falsch sind. Konzepte aus Forschung und Praxis müssen sich daran messen lassen, ob sie helfen, mit der Paradoxie des Managens umzugehen.

1 Motivation und Ausgangsbasis

Motivation für dieses Buch war der erfolglose Versuch, in der Rolle eines operativen Managers eine Publikation zu finden, die pragmatischen Ansprüchen der Praxis zum Thema „Strategische Planung" gerecht wird. Ein Werk, das Arbeiten und Handeln im strategischen Management zielorientiert unterstützt und konkrete Hinweise zur Entscheidungsfindung liefert.

Die notwendige Voraussetzung dafür besteht darin, den Stand der Strategischen Planung zu kennen. Nur die genaue Kenntnis der Herausforderungen in der Wirtschaft kann ein praxisorientiertes Buch hervorbringen, das echte Hilfestellung zu Erfolgsfaktoren und Wegen der Strategischen Planung liefert.

Hier setzt dieses Buch an: Ausgangsbasis dieser Arbeit sind Erfahrungen deutscher Unternehmen mit Strategischer Planung. Dazu wurde eine breit angelegte Untersuchung zur Strategischen Planung bei über einhundert deutschen Unternehmen durchgeführt.

Was sind die Erfolgsfaktoren der Strategischen Planung, und wie hat sich diese über die Jahre entwickelt? Wodurch zeichnen sich „echte Strategen" aus? Welchen Einfluss hat die Strategische Planung auf den vorherrschenden Effizienzwettbewerb deutscher Unternehmen?

Nahezu alle deutschen Manager wünschen sich eine Strategische Planung als das zentrale Element der Unternehmensführung. Gleichzeitig wird sie aber nur von der Hälfte tatsächlich eingesetzt. Lediglich acht Prozent geben an, dass in ihren Unternehmen eine eindeutige Strategie vorliegt.

„Echte Strategen" zeichnen sich vor allem dadurch aus, dass sie die Strategien der Wettbewerber und Kunden ins Kalkül einbeziehen, einen transparenten Zusammenhang zwischen Strategien und Unternehmenszielen herstellen und die Unternehmensstrategie eng mit den Strategien der Geschäftseinheiten verzahnen.

Insgesamt vermittelt das Bild der Strategischen Planung in deutschen Unternehmen derzeit eher den Eindruck einer halbherzigen, auf die Zufriedenstellung von Anforderungen gerichteten Planung. Dennoch ist, auf relativ geringem Niveau, eine deutliche Zunahme des Einsatzes der Strategischen Planung zu verzeichnen. Wesentliche Faktoren, die eine Strategische Planung begünstigen, sind internationale Ausrichtung, hohe Umweltdynamik, zunehmender Druck externer Anspruchsgruppen, starke Wachstumsorientierung und vor allem die Sehnsucht nach der individuellen Strategie, durch die sich das eigene Unternehmen von der Herde derjenigen absetzt, die alle den gleichen Punkt in der strategischen Landkarte zu erreichen suchen. Strategie ist eben nicht das Wiederholen und Imitieren angeblicher Gesetzmäßigkeiten.

Erkenntnisse aus operativem Management, Strategieberatung, Konzernentwicklung und Wissenschaft werden mit den Ergebnissen einer empirischen Untersuchung zusammengeführt. Daraus lassen sich neun Elemente erfolgreicher Strategischer Planung ableiten, durch die der Leser mit klaren und pragmatischen Handlungsempfehlungen, anhand vieler Beispiele aus der Unternehmenspraxis und einer praxisorientierten Sprache, geführt wird.

Die Strategische Unternehmensplanung wird so von Planungsrhetorik und Innenorientierung befreit und zum Wettbewerbsvorteil erfolgreichen Unternehmertums umdefiniert. Es entsteht ein einzigartiger, pragmatischer Ansatz für die aktuelle Praxis der Strategischen Planung.

2 Positionierung und Differenzierung

Wie Unternehmen, müssen sich auch Bücher differenzieren. Generell lassen sich Fachbücher, die sich mit „Strategie" oder „Strategischer Planung" befassen, in drei große Gruppen einteilen (Abbildung 1).

Die erste und deutlich größte Gruppe beinhaltet Werke spezifischer Natur. Diese bieten in der Regel einen funktionsorientierten Einstieg in ein bestimmtes Thema (z. B. Vertrieb, Werbung, Allianzen, Informationstechnologie). Ein geringerer

Teil dieser Arbeiten beschäftigt sich tatsächlich mit funktionalen Strategien (z. B. Einsatz und Bewertung verschiedener Vertriebsstrategien); Inhalt der meisten Bücher ist die konzeptuelle Beschreibung einer Unternehmensfunktion.

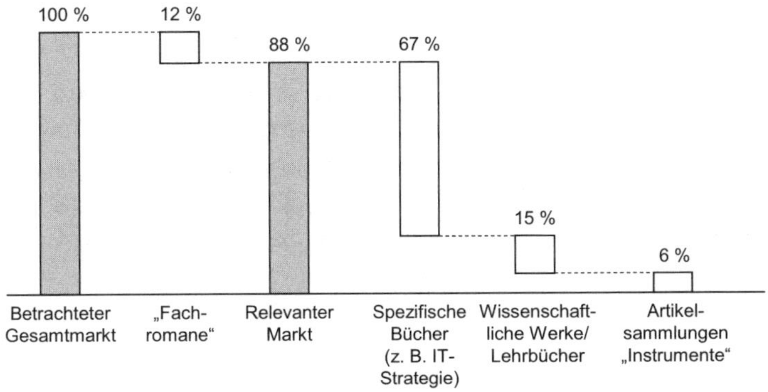

Abbildung 1: Literaturanalyse zu Büchern der Strategie und Strategischen Planung[1]

Die zweite, kleinere Gruppe beschäftigt sich wissenschaftlich bzw. lehrbuchhaft mit dem Thema. Einer der renommiertesten Forschungsvertreter, HENRY MINTZBERG, Professor für Management an der McGill University und Professor für Organisation an der französischen Business School INSEAD, vergleicht in seinem viel beachteten Werk „Strategy Safari“ die zehn in der wissenschaftlichen Szene verbreiteten Denkschulen zur Strategischen Planung und arbeitet jeweilige Charakteristika, Vor- und Nachteile heraus.

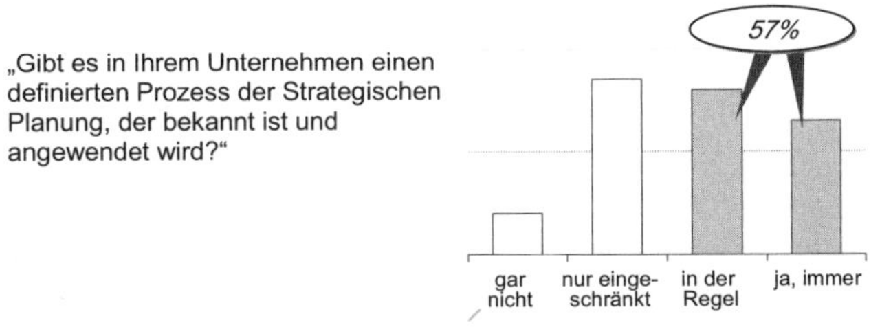

Abbildung 2: Existenz und Anwendung eines Strategieprozesses

So unterhaltsam und anregend die wissenschaftliche Diskussion von zehn verschiedenen Strategie-Denkschulen sein mag, aus praktischer Sicht erscheint diese Diskussion nur in Grenzen notwendig, da es, wie noch gezeigt wird, vielen deutschen Unternehmen bislang überhaupt an einem einzigen akzeptierten, gelebten und funktionierenden Vorgehen für die Strategische Planung fehlt (Abbildung 2).

[1] Deutschsprachige Bücher nicht älter als 15 Jahre. Betrachteter Gesamtmarkt: 156 Bücher.

Die dritte Gruppe der Bücher, die sich mit dem Thema Strategie und Strategische Planung beschäftigen, zeichnet sich durch einen „Gemischtwarenladencharakter" aus. In diesen Publikationen sind teilweise, ohne zu hinterfragen, was Strategie oder Strategische Planung überhaupt ist und welchen Einfluss sie auf die Unternehmensgestaltung haben, alle Themen in einen Topf geworfen, von denen einmal irgendjemand behauptet hat, sie wären irgendwie „strategisch".

Solche Werke behandeln beispielsweise Konzepte wie Business Process Reengineering, Change Management, Lean Management, Prozessoptimierung, Shareholder Value, Wissensmanagement, Total Quality Management, Qualitätsmanagement, Allianzen, Dekonstruktion, Integriertes Management, Kundenorientierung, Unternehmenskultur, Digitalisierung, Chaosmanagement, Spieltheorie und Turnaround-Management. Zur Unterstreichung sei noch gesagt, dass es sich bei den soeben exemplarisch aufgezählten Ansätzen tatsächlich nur um einen Ausschnitt des Inhaltsverzeichnisses eines einzigen Buches handelt.

Oft sind diese Publikationen von mehreren Autoren geschrieben (manchmal von genau so vielen, wie es Punkte im Inhaltsverzeichnis gibt). Die erläuterten Konzepte haben in der Regel nichts mit Strategie oder Strategischer Planung zu tun und sind, insbesondere im angelsächsischen Sprachraum, hinreichend oft beschrieben und diskutiert. Hier eignet man sich relevante Informationen besser, schneller, komfortabler und kostengünstiger aus dem Internet an[2] oder liest gleich ein ganzes Buch, um ein bestimmtes Thema wirklich zu durchdringen. Am besten das Original.

Die als Fachromane bezeichneten Bücher sind vom relevanten Markt ausgenommen. Sie beschreiben auf mehr oder weniger unterhaltsame Art und Weise erfolgreiche und vor allem nicht erfolgreiche Unternehmensstrategien der Vergangenheit – und zwar aus der überlegenen und sicheren Perspektive der Gegenwart.

Die Statistik sagt uns, dass Pläne fast nie mit der Realität übereinstimmen. Der Nobelpreisträger und Psychologe DANIEL KAHNEMAN ist überzeugt, dass gewisse „Dinge" grundsätzlich nicht durchschaubar sind, man kann unmöglich alles vorhersehen. Das Interessante ist, dass wir uns die Geschichten im Nachhinein so zurechtlegen, als hätte alles kommen müssen, wie es dann kam. Das Ergebnis ist, hinterher zu glauben, bereits vorher schlauer gewesen zu sein. Ein Grund dafür, dass wir nicht aus unseren Fehlern lernen.

Der größte Irrtum vieler Strategen besteht darin, dass sie auf der Suche nach Gesetzmäßigkeiten sind. Strategie aber ist gerade das nicht Wiederholbare, das nicht Imitierbare. Es sind nicht Erfolgsstories von gestern, die zu überlegenen Strategien und Erfolgen führen, sondern latererales Denken, Kreativität und Originalität.

---

[2] Gut für einen ersten Überblick: www.valuebasedmanagement.net, ausführliche Informationen zu einzelnen Themen: www.quickmba.com/strategy.

2.1 Konsequenzen für das Strategieverständnis

Aus dieser kurzen Reise durch die aktuelle Literatur wird deutlich, wie Sprachverwirrung, Begriffsmixturen und Redundanzen bei der Beschäftigung mit Strategie und Strategischer Planung entstehen müssen. Nehmen wir noch Fachartikel in den einschlägigen Magazinen und Beraterkonzepte hinzu, ist das Chaos perfekt. Es kann daher nicht verwundern, dass knapp 40 Prozent der befragten Manager angeben, dass in ihren Unternehmen eben kein gemeinsames Verständnis der Begriffswelt besteht (Abbildung 3). Lediglich sieben Prozent der Befragten teilen die Meinung, dass in ihren Firmen dazu eine eindeutige Auffassung besteht.

Abbildung 3: Klarheit über die Begriffswelt der Strategischen Planung

Ein weiterer Grund für die „strategische Sprachverwirrung" besteht darin, dass „strategisch" z. T. auch für „langfristig" (in Abgrenzung zu „operativ/kurzfristig") und „wichtig" (wenn ein Projekt teurer wird als geplant) eingesetzt wird.

Daher wird im Anschluss an diese Einleitung die Begriffswelt der Strategischen Planung so dargestellt, dass für den Leser ein eindeutiges und verständliches Bild entsteht, das mit Missverständnissen aufräumt und Unsicherheiten klärt.

2.2 Erwartungen an ein Handbuch zur Strategischen Planung

Ein Handbuch ist eine geordnete Zusammenstellung eines Wissensausschnitts. Zugleich Fachbuch, Referenz und systematisches Nachschlagewerk. Es führt in die Themenstellung ein und bietet konkrete Hilfe bei Problemlösungen.

Manche lesen ein Handbuch von vorne bis hinten durch. Sie möchten einen zusammenhängenden Text, in dem sie sich gut zurechtfinden. Andere greifen zum Handbuch, wenn sie ein konkretes Problem haben oder eine bestimmte Lösung suchen. Sie benötigen eine gute Navigation, die sie schnell zum Ziel bringt.

Strategische Planung ist Engineering. Engineering nicht am Produkt, sondern am Unternehmen. Strategische Planung wird in weltweiten Studien als das derzeit wichtigstes Management-Instrument identifiziert. HENRY MINTZBERG bezeichnet den Begriff „Strategische Planung" als Oxymoron[3] und ist der Meinung, dass Strategien nur selten in Konferenzräumen entstehen. Strategien entstehen seiner Mei-

[3] Oxymoron bedeutet allgemein „Widerspruch in sich" und bezeichnet eine logische Aussage, die sich selbst widerspricht. Bekanntestes Beispiel ist das Paradoxon des Epimenides. Der Kreter Epimenides sagte: „Alle Kreter sind Lügner."

nung nach eher informell. In Flurgesprächen oder in ruhigen Momenten im Flugzeug. Einzelne, innovative Strategieansätze entstehen sicher nicht in einer formellen Atmosphäre, was einer imperativen Spontaneitätsanweisung entspräche. Auf der anderen Seite stellen die aktive und systematische Zusammenführung einzelner Strategien (wo auch immer sie entstanden sind), der Austausch unter den Top-Akteuren eines Unternehmens, die konstruktive Evaluation, Konsolidierung und Kaskadierung in Hinblick auf Markt, Kundenbedürfnisse sowie Unternehmens- und Wettbewerbssituation die eigentliche Strategische Planung dar. Und diese braucht ein gutes Stück Ingenieurskunst. In diesem Sinne ist Strategische Planung Unterstützung, kein Ersatz, für zwei der wesentlichen Managementprozesse: Intuition und Fantasie.

In diesem Handbuch sind Erfolgsfaktoren und ein Weg, ein funktionierender Weg, für die Strategische Planung aufgezeigt. Nicht mehr und nicht weniger. Die Erfolgsfaktoren und der Weg sind abgeleitet aus operativem Management, Strategieberatung, Konzernentwicklung, der internen Revision und der wissenschaftlichen Forschung. Sie wurden ergänzt, validiert und angepasst, aus persönlich durchgeführten Interviews sowie Umfrageergebnissen bei Vorstandsvorsitzenden, Geschäftsführern und Leitern der strategischen Unternehmensentwicklung der deutschen Wirtschaft. Außerdem ist die relevante wissenschaftliche Literatur eingeflossen. Damit ist eine breite Grundlage gelegt, dennoch: hier wird integriert, verdichtet, zusammengefasst und fokussiert. Warum? Weil es nicht wichtig ist, den 100-prozentig richtigen Weg zu gehen, den die meisten sowieso nicht finden, weil sie zu sehr mit der Suche beschäftigt sind – und mit PowerPoint, sondern einen Weg, der aus der Praxis kommt, der erprobt, akzeptiert, pragmatisch und kommunizierbar ist.

Einen Weg, der funktioniert.

3 Aufbau

Nach dieser Einleitung wird in einem kurzen Grundlagenkapitel (erster Buchteil) das Verständnis für die weitere Arbeit gelegt. Auf dieses Kapitel kann als Referenz beim weiteren Lesen immer wieder zurückgegriffen werden. Auf Basis einer breit angelegten Studie wird im zweiten Buchteil der Stand der Strategischen Planung in deutschen Unternehmen dargestellt. Aus den identifizierten Stärken und Schwächen lassen sich „Neun Elemente erfolgreiche Strategischer Planung“ ableiten. Diese neun Elemente werden im Hauptteil (dritter Buchteil) pragmatisch und praxisorientiert beschrieben.

Erster Teil:
Grundlagen und Begriffe

Erster Teil: Grundlagen und Begriffe

Die Wirtschaftswissenschaft, zu der Strategische Planung vorbehaltlos gerechnet werden kann, ist keine Naturwissenschaft und erst recht keine Idealwissenschaft. Dies ist, zumindest teilweise, überhaupt erst der Garant dafür, dass konstruktive Diskussionen entstehen und sich die Disziplin insgesamt weiterentwickeln kann. Andererseits scheitern noch Studenten höheren Semesters nicht selten an unterschiedlichen Terminologien, Definitionen und Erklärungsansätzen. Oder sie erheben eine gelesene Behauptung zur absoluten Wahrheit („... aber das hat doch ein Professor geschrieben!"). Es gibt kein Gesetz und keine Verordnung, die, und das gestaltet unsere Wissenschaft ja gerade so interessant, vorschreiben könnte, in welcher Art und Weise und in welcher Qualität unterschiedliche Ansätze aufeinander aufbauen oder eingehen müssten. Die Wirtschaftswissenschaft, so drückte es einmal ein bekannter Vertreter unserer Zunft aus, ist der einzige Wissenschaftszweig, in dem Teile der Lehre vom Beginn eines Semesters, am Ende desselben Semesters schon falsch oder zumindest überholt sind.

In diesem ersten Buchteil werden daher Missverständnisse ausgeräumt und Zusammenhänge verdeutlicht. Alle wesentlichen Begriffe und Konstrukte werden, in gebotener Kürze, dargestellt und auf diese kann als Referenz beim weiteren Lesen zurückgegriffen werden. Begriffe und Konstrukte sind orientiert an akzeptierten und vor allem praxisnahen Ansichten und Vorstellungen.

1 Unternehmenskultur

Alles unternehmerische Handeln ist geprägt und beeinflusst durch bestimmte, zum überwiegenden Teil informale, nicht dokumentierte Grundannahmen und Regeln. Wie gehen wir mit unseren Kunden um? Wie fair behandeln wir unsere Lieferanten? Welches Verhalten unserer Mitarbeiter wird honoriert, welches sanktioniert? All dies sind Faktoren, die zu einem Muster in gemeinsamen Wert- und Normvorstellungen führen und über bestimmte Denk- und Verhaltensweisen die Entscheidungen und Handlungen der Mitglieder eines Unternehmens prägen. Gemeinhin werden diese abstrakten und schwierig zu greifenden Faktoren als „Unternehmenskultur" bezeichnet.[4]

Unternehmenskultur als entscheidenden Hebel für den Erfolg eines Unternehmens zu sehen gilt als weithin akzeptiert.[5] Umstritten ist dagegen die Frage, ob ein

---

[4] Vgl. Heinen, E.; Frank, M. (1997).

[5] Vgl. Bea, F.X.; Haas, J. (2005).

Unternehmen eine Kultur „hat", so genannter „instrumenteller" Unternehmenskulturbegriff, oder eine Kultur „ist", so genannter „institutionaler" Unternehmenskulturbegriff. Diese Differenzierung ist nicht trivial, wird im ersten Falle doch dem Management ein weitgehender Gestaltungsspielraum bezüglich der Unternehmenskultur zugesprochen, so wird im zweiten Falle die Kultur eher als Resultierende der Erwartungen und Bedürfnisse der Gesamtheit einzelner Individuen betrachtet. Zu den grundlegenden Wirkungen der Unternehmenskultur zählen insbesondere folgende vier Punkte:

1. *Koordinationswirkung:* Die Unternehmenskultur erzeugt ein einheitliches, akzeptiertes Orientierungsmuster, das gleichsam die Abstimmung zwischen den Organisationsmitgliedern vereinfacht.
2. *Integrationswirkung:* Die Unternehmenskultur vermittelt den einzelnen Mitarbeitern Solidarität und Rollensicherheit.
3. *Motivationswirkung:* Die Unternehmenskultur gibt den Mitgliedern ein Zusammengehörigkeitsgefühl („wir" und „die"), das eine stark motivierende Wirkung entfalten kann.
4. *Repräsentationswirkung:* Die Unternehmenskultur kann die Außenwirkung eines Unternehmens positiv verstärken.

Ergänzend zu den genannten vier Wirkungen lassen sich sechs Determinanten als zugleich beeinflussende und beeinflusste Elemente der Unternehmenskultur beschreiben: das Individuum, die Gesellschaft, die Branche, das Führungsverhalten, die Organisation und natürlich Unternehmensstrategie sowie Unternehmensziele.

2 Unternehmensziele

Unternehmenskultur als ein System von Grundannahmen, Werten und Normen bringt Präferenzen zum Ausdruck und hat damit gestaltenden Einfluss auf die Setzung von Zielen und das resultierende Zielsystem eines Unternehmens.

Der Leitsatz „You always get, what you measure" beschreibt die Notwendigkeit, klare und eindeutige Ziele zu definieren. Setzt die Unternehmensleitung etwa ein Ziel, das auf Steigerung des Umsatzes gerichtet ist, könnte im Unternehmen die Produktion gesteigert, der Vertrieb flexibler in der Preisgestaltung werden. Resultat am Ende des Jahres wäre ein gestiegener Umsatz – jedoch möglicherweise eine gesunkene Gewinnspanne. Umgekehrt fördert ein Ziel, das eine höhere Profitabilität anstrebt, möglicherweise Kostensenkungsmaßnahmen, Preiserhöhungen oder Innovationen. Hat das Unternehmen am Ende des Jahres tatsächlich einen gestiegenen Gewinn realisiert – ging unter Umständen der Umsatz zurück.

Ein Ziel ist ein von einem oder mehreren Entscheidungsträgern angestrebter und operationalisierter Zustand in der Zukunft. Insbesondere der Operationalisierung kommt dabei großes Gewicht zu: So ist beispielsweise „Optimierung der Marktposition" kein Ziel in diesem Sinne. Zum einen fehlt die Zustandsbeschreibung, zum anderen fehlen Messbarkeit, Zeitbezug und Geltungsbereich. Ein Beispiel für ein richtig formuliertes Unternehmensziel wäre: „Am Ende des aktuellen Geschäftsjahres hat der Geschäftsbereich A einen Marktanteil von 15 Prozent erreicht." Dieses Ziel zeichnet sich durch die vier Kriterien der Zielbildung aus:

1. Inhalt (hier: Marktanteil)
2. Ausmaß (hier: 15 Prozent)
3. Zeitbezug (hier: zum Ende des aktuellen Geschäftsjahres)
4. Geltungsbereich (hier: der Geschäftsbereich A)

Der Prozess der Festlegung von Zielen wird in Unternehmen unterschiedlich gehandhabt. Auch hierbei kann der Unternehmenskultur ein prägender Charakter zugesprochen werden. In einigen Unternehmen werden Ziele „von oben" (top-down) vorgegeben. In anderen Unternehmen werden Ziele „von unten nach oben" (bottom-up) erarbeitet. Viele Unternehmen verfolgen einen gemischten Ansatz: Die Unternehmensleitung formuliert Ziele, diese werden beispielsweise auf Bereiche, Geschäftsgebiete und Segmente herunter gebrochen und dort gegebenenfalls modifiziert, um wieder nach oben aggregiert zu werden. Die Unternehmensleitung akzeptiert die neuen Ziele oder verändert sie abermals. Dieses Verfahren wird als „top-down-bottom-up"-Verfahren bezeichnet.

Definierte Ziele eines Unternehmens geben Antwort auf die Frage, was erreicht werden soll. Offen blieb bisher eine Antwort auf die Frage, wie die Ziele erreicht werden sollen. Damit befasst sich die Unternehmensstrategie.

3 Unternehmensstrategie

Eine Strategie ist ein Handlungsmuster.[6] Eine Strategie reflektiert das Muster im Entscheidungsstrom eines Unternehmens.

Einige Beispiele: Ein mittelständisches Technologieunternehmen entwickelt mit allen Mitteln einen Standard für einen noch sehr kleinen aber schnell wachsenden Markt und setzt alles daran, diesen Standard im Markt zu etablieren. Ein Discounter im Einzelhandel kopiert bestimmte Aktionen seines Hauptwettbewerbers.[7] Ein Finanzinvestor erwirbt immer dann DAX-Zertifikate, wenn der Index unter einer bestimmten (zeitlich variablen) Grenze liegt und verkauft entsprechend bei Erreichen einer höheren (ebenso zeitlich variablen) Linie.

Eine Strategie beschreibt den Weg zum Erreichen von Unternehmenszielen. Die Strategie ist nicht das Ziel – zwischen einer Strategie und einem Unternehmensziel besteht lediglich ein vermuteter Zusammenhang. Drei wesentliche Merkmale kennzeichnen eine Strategie: Eine Strategie berücksichtigt Handlungen und

[6] Vgl. Mintzberg, H. (2005).

[7] Eine von Brancheninsidern vermutete Strategie des Discounters PLUS besteht darin, bei jeder Neueröffnung einer ALDI-Filiale sofort und in allernächster Umgebung ebenfalls einen PLUS-Markt zu eröffnen.

Handlungsoptionen anderer Akteure (z. B. Kunden, Wettbewerber, Lieferanten), sie ist proaktiv und langfristig. Strategien sind überall dort zu finden, wo der zukünftige Erfolg nicht dem Zufall überlassen wird. Sei es im Sport, im Wahlkampf, in der eigenen Lebensplanung, bei Spielen, im Krieg und natürlich im Wettbewerb der Unternehmen. Der Semantik der „Strategie" hat sich vom militärischen Strategiebegriff über Strategien in der Spieltheorie zum heutigen Verständnis der Managementlehre bzw. Betriebswirtschaft entwickelt (Abbildung 4).

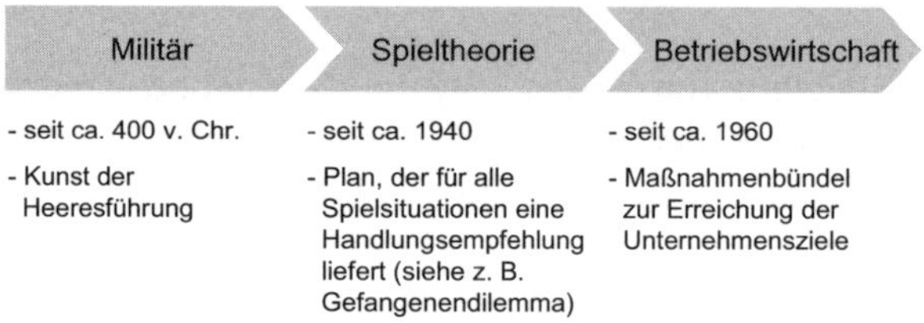

Abbildung 4: Entwicklung des Strategiebegriffs

Das klassische Strategieverständnis bezeichnet ein geplantes Maßnahmenbündel zur Erreichung der Unternehmensziele. Demnach sind Strategien zumindest zum Teil das Ergebnis formaler Planung. Wie bereits angesprochen, gibt es einige Kritiker, die diese Rationalitätsprämisse angreifen. HENRY MINTZBERG geht von einer weiteren Dimension aus und unterscheidet drei Strategietypen[8]:

1. Geplante Strategien, die realisiert werden
2. Geplante Strategien, die nicht realisiert werden
3. Realisierte Strategien, die nicht geplant waren (eher zufällig sich ergebende und nur ex post feststellbare Muster im Entscheidungsstrom eines Unternehmens)

Nach diesem Ansatz existiert insofern neben dem formalen Weg (s. Punkt 1 und 2) noch eine weitere Möglichkeiten, den strategischen Erfolg eines Unternehmens zu erreichen. So ist durchaus denkbar, dass ein externer Beobachter (z. B. ein Wettbewerber oder eine Analyst) die Handlungen eines Unternehmens als spezifisches strategisches Manöver wahrnimmt, obwohl im Unternehmen selbst keine entsprechende Handlungsvorgabe besteht (s. Punkt 3).

Anfang bis Mitte der neunziger Jahre feierte der Chipproduzent INTEL riesigen Erfolg mit Speicherchips. Motiviert durch das gute Ergebnis, gibt das Top-Management bei INTEL die Strategie vor, Produktion und Vertrieb von Speicherchips noch weiter auszubauen. Das mittlere Management, getrieben von der Optimierung des Produktprogramms, entwickelt und produziert allerdings etwas völlig anderes: Mikroprozessoren. Die Strategie des Top-Managements bleibt

[8] Vgl. Mintzberg, H. (2005).

ohne Relevanz. Nach einer Übergangszeit wird beschlossen, die Speicherchip-Produktion zurück zu fahren und vollkommen auf Mikroprozessoren zu setzen.[9] Heute ist INTEL Weltmarktführer im Bereich der Mikroprozessoren und erreicht mit der Mikroprozessoren-Sparte ARCHITECTURE BUSINESS einen Umsatzbeitrag von 85 Prozent.

Diese (sog. „emergenten“[10]) Strategien muss das Unternehmen allerdings zulassen. Die offensichtliche Gefahr besteht nun darin, dass Tür und Tor geöffnet wird, um jede (aus subjektiver Sicht bedeutende) Entscheidung als „strategisch“ zu klassifizieren, auch wenn sie keinen Bezug zu den Unternehmenszielen aufweist.

Erfolgreiche Strategien berücksichtigen, dass sich Umweltbedingungen ändern. Das Ziel wird zum Möglichkeitsraum, der Weg ein Korridor. Der zentrale Aspekt besteht natürlich darin, die „richtigen“ Strategien zu finden und auszuwählen. Ein vorgefertigtes Strategiekonzept von der Stange, das allen Situationen gerecht wird, käme dem heiligen Gral erfolgreicher Unternehmen gleich – ob eine Strategie richtig ist, kann ex ante nicht beurteilt werden. Es gibt allerdings ein Hilfsmittel, das besteht darin, die ausgewählte Strategie mit der Frage zu überprüfen, ob sie richtig ausgewählt wurde. Auf die Frage: Wurde die richtige Strategie ausgewählt? wird also mit der Gegenfrage: Wurde die Strategie richtig ausgewählt? reagiert. Genau damit beschäftigt sich die Strategische Planung.

Entsprechend ihres Charakters und ihrer Orientierung können Strategien typisiert werden. Wie in den meisten Bereichen der Betriebswirtschaftslehre üblich, gibt es kein Gesetz, das die Verwendung einer bestimmten Klassifikation oder Terminologie vorschreibt (Ausnahmen hiervon sind z. B. die betriebliche Steuerlehre oder das externe Rechnungswesen, in denen bestimmte Klassifikationen und Terminologien gesetzlich vorgeschrieben sind). Daher bieten unterschiedliche „Strategieschulen“ verschiedene Klassifikationsmodelle an. Das umfassendste und am weitesten verbreitete Modell wird in diesem Buch verwendet (Abbildung 5). Es unterteilt Strategien in drei Dimensionen mit insgesamt elf Typen. Die Dimensionierung ordnet Strategien der organisatorischen Ebene zu (gesamtes Unternehmen, einzelner Geschäftsbereich oder betriebliche Funktion), die Typen charakterisieren Strategien nach ihrer Art (z. B. Schrumpfung, Wachstum, Kostenführerschaft). Mithilfe des verwendeten Klassifikationsrahmens können alle wesentlichen Strategien eingeordnet werden.

---

9 Vgl. Burgelman, R.; Grove, A. (1996).

10 In der Betriebswirtschaftslehre wird der Begriff Emergenz in Verbindung mit nicht-intendierten Effekten (z. B. durch Handlungen des Managements) verwendet.

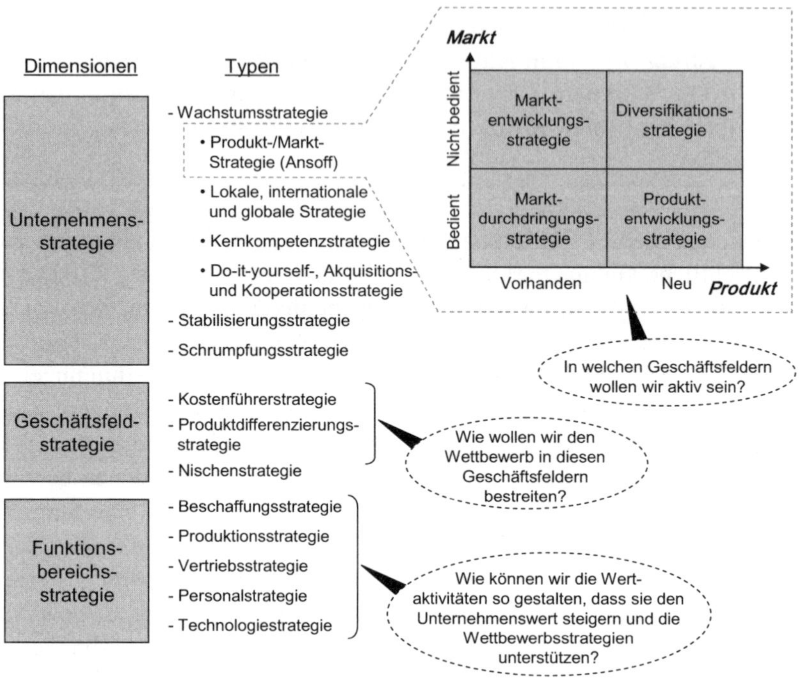

Abbildung 5: Strategiedimensionen und -typen

Die erste Dimension (sog. Unternehmensstrategie) beschreibt die oberste Unternehmensebene. Bei der LUFTHANSA AG das gesamte Unternehmen „LUFTHANSA"; bei der SIEMENS AG den gesamten Konzern „SIEMENS". Auf dieser Ebene wird die Entscheidung gefällt, in welchen Geschäftsfeldern das Unternehmen aktiv sein will. Geschäftsfelder der LUFTHANSA sind beispielsweise PASSAGE (Personen-Flugverkehr), CARGO (Fracht-Flugverkehr) oder TECHNIK (Wartung, Instandhaltung). Die Entscheidung, welche dieser Geschäftsfelder auszubauen (Wachstumsstrategie), zu halten (Stabilisierungsstrategie) oder gar zur verlassen (Schrumpfungsstrategie) ist, wird auf der obersten Unternehmensebene gefällt.

Die zweite Dimension (sog. Geschäftsfeldstrategie) ist auf der Ebene der Geschäftseinheiten[11] angesiedelt: Wie möchte LUFTHANSA den Wettbewerb im Personen-Flugverkehr bestreiten? Ein Kostenführer bietet Produkte zu niedrigeren Preisen an und stellt ein bestimmtes (geringeres) Qualitätsniveau sicher (z. B. EA-

11 (Strategische) Geschäftsfelder (SGF) beziehen sich auf den bedienbaren Markt, SGF haben somit einen unternehmensexternen Charakter. Dagegen bilden (strategische) Geschäftseinheiten (SGE) den bedienten Markt in eine eigene, interne organisatorische Struktur ab. Bei einer SGF handelt sich um eine gedankliche Abgrenzung. Eine SGE ist ein Teil des Gesamtunternehmens, für den sich eigene Strategien definieren lassen und der oftmals alleine „überleben" könnte. Bei der Definition der SGE steht vor allem der Marktbezug im Vordergrund und weniger die internen Strukturen, Prozesse und Ressourcen. Eine SGE hat häufig eine eigene Gruppe von Wettbewerbern und einen eigenen Kundenkreis.

SYJET), als ein Unternehmen, das sich über Produktqualität differenzieren und so – in der Regel – höhere Preise am Markt erzielen will (z. B. LUFTHANSA).

Abhängig von den ersten beiden Dimensionen werden Entscheidungen auf der dritten und letzten Ebene (sog. Funktionsbereichsstrategie) getroffen. Die dritte Dimension beschäftigt sich mit der effektiven und effizienten Gestaltung betrieblicher Funktionen (z. B. Beschaffung, Produktion, Absatz). Ein Beispiel: Möchte ein Automobilhersteller mit einer Produktdifferenzierungsstrategie erfolgreich sein, baut er sich eine größere Entwicklungsabteilung auf, deren Fokus auf echte Innovationen gerichtet ist (Technologiestrategie), stellt bessere Ingenieure ein (Personalstrategie), vertreibt seine Produkte über exklusivere Verkaufsräume (Vertriebsstrategie), als ein Wettbewerber, der eine Kostenführerstrategie anstrebt.

Nicht selten ist es in der Unternehmenspraxis problematisch, einen nachvollziehbaren Zusammenhang zwischen Unternehmenszielen und -strategien herzustellen. Insbesondere führt ein unterschiedliches Verständnis im Unternehmen zu Konflikten. Die Begriffe „Strategie" und „Unternehmensziele", das zeigen Untersuchungen, werden in mehr als der Hälfte der Fälle verwechselt und führen zu Aussagen wie: Die Unternehmensstrategie wird aus den Unternehmenszielen abgeleitet.[12] Eine Strategie kann man niemals ableiten – das ist ja gerade das interessante an Strategien. Aus dem Unternehmensziel: „11 Prozent EBIT zum Ende des nächsten Geschäftsjahres" kann niemand etwas anderes ableiten, als entsprechend herunter gebrochene Profit-Vorgaben für einzelne Geschäftsfelder. Nur umgekehrt funktioniert es: Aus erwarteten Ergebnissen der Strategieumsetzung kann in gewissen Grenzen abgeschätzt werden, ob ein Unternehmensziel erreicht werden kann.

Wenn Unternehmensziele die oberste Ebene des Zielsystems eines Unternehmens darstellen, um eine Zahl zu nennen, es gibt im Regelfall vielleicht drei bis sechs solcher Unternehmensziele, können aus diesen Zielen Sub-Ziele abgeleitet werden (Abbildung 6). Im einfachsten Fall ist ein Umsatzziel auf verschiedene Bereiche eines Unternehmens herunter gebrochen. Diese Sub-Ziele stehen in einem formalen, arithmetisch nachweisbaren Zusammenhang zu den Unternehmenszielen. Von den „formalen", arithmetisch nachweisbaren Sub-Zielen (nachfolgend als Formalziele bezeichnet) lassen sich (nicht weniger spannende) „vermutete" Sub-Ziele (nachfolgend als Ersatzziele bezeichnet) differenzieren. Diese leiten sich nicht direkt aus den Unternehmenszielen ab, sondern aus der Strategie. Ersatzziele stehen, im Gegensatz zu Formalzielen, nur in einem vermuteten Zusammenhang zu den Unternehmenszielen.

Ob und wie gut Unternehmensziele durch Erreichung von Ersatzzielen realisiert werden, hängt im Wesentlichen von der Qualität der beiden Beziehungen (I) und (II) ab: Wie gut ist der Zusammenhang zwischen den Unternehmenszielen und den Strategien? Sind die Ersatzziele diejenigen Ziele, die zur Realisierung der Stra-

[12] Vgl. z. B. Vahs, D.; Schäfer-Kunz, J. (2005).

tegie führen? Die vordergründig relevante Beziehung (III) – als Verbindung zwischen Ersatz- und Unternehmenszielen – ergibt sich demnach als Resultierende.

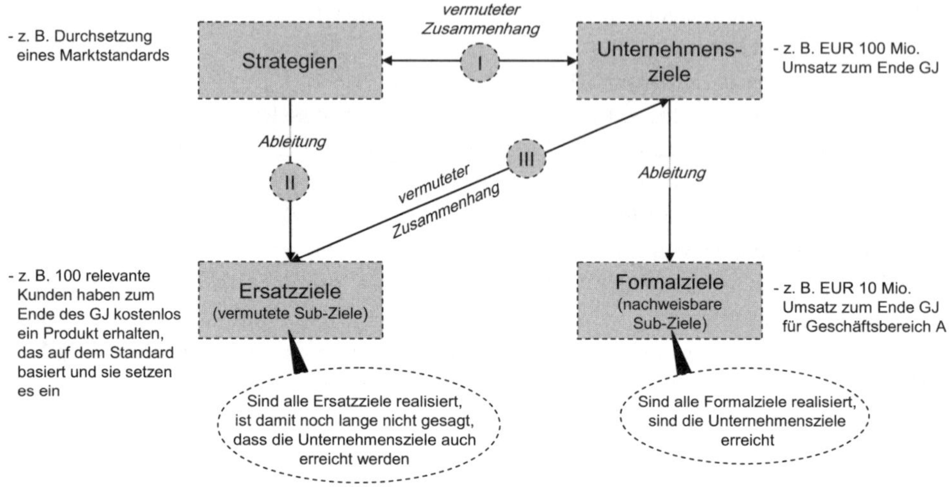

Abbildung 6: Zusammenhang zwischen Zielen und Strategie

4 Strategische Planung

Strategische Planung ist ein Management-Instrument, mit dessen Hilfe Strategien konkretisiert, formuliert und umgesetzt werden. Die Qualität der gesetzten Strategien und deren Umsetzung entscheiden über den Erfolg der Strategischen Planung und damit dem Erreichen der gesetzten Unternehmensziele. Die Strategische Planung verfolgt drei Zielstellungen:

1. *Zustand:* Es ist bestimmt, wie das Unternehmen samt seinem Geschäftsmodell in Zukunft aussieht (sog. Plan-Unternehmenszustand) und wie die Ressourcen (Mitarbeiter und Budget) zu verteilen sind, damit der angestrebte Zustand erreicht wird. Dabei wird eine maximale Anpassung des Unternehmens an die Umwelt bzw. Beeinflussung relevanter Umweltsegmente angestrebt.
2. *Strategie:* Konsistente, plausible, machbare und akzeptierte Wege zur Erreichung des angestrebten Plan-Unternehmenszustandes sind formuliert. In Summe bilden diese Wege die Unternehmensstrategie, deren Umsetzung die Erreichung der Unternehmensziele vermuten lässt. Aus Strategien sind konkrete Ersatz- bzw. Zwischenziele abgeleitet und entsprechende Aktivitäten geplant, die im Rahmen der Implementierungsphase umgesetzt werden.
3. *Kommunikation:* Das Management hat eine, nicht unbedingt konfliktfreie, dennoch gemeinsame Sicht auf das Unternehmen, die relevante Umwelt und notwendige Aktionen zur Erreichung eines realisierbaren Zielzustands.

Zum Verständnis der Strategischen Planung bedarf es einer eindeutigen Abgrenzung von anderen Aufgaben des Managements, insbesondere der Strategieentwicklung. Die Strategische Planung ist keine Methode zur Entwicklung der Unternehmensstrategie. Strategieentwicklung lässt sich nicht institutionalisieren.

Strategieentwicklung bezeichnet den kreativen, von formalen Prozessen losgelösten, Akt der Konstruktion von Strategien. Dies kann die Strategische Planung, wenn überhaupt, nur in engen Grenzen leisten. Nach Übereinstimmung einiger Vordenker der Strategischen Planung hat noch nie jemand eine Strategie mittels analytischer Techniken entwickelt. Wohl können nützliche Informationen in den Strategieprozess eingespeist, aktuelle Strategien extrapoliert oder von Wettbewerbern kopiert werden – aber entwickelt? Nein. GARY HAMEL, einer der einflussreichsten Managementvordenker unserer Zeit und Leiter einer Strategieberatung, erklärt: „Das schmutzige kleine Geheimnis der Strategiebranche besteht darin, dass sie über keine Theorie der Strategieentwicklung verfügt."[13] Planung allein kann keine Strategien produzieren – andererseits ist Planung nicht möglich, wenn vorher keine Strategien existieren.[14] Strategische Planung bietet somit Unterstützung für zwei der wesentlichen Managementprozesse, der Intuition und Fantasie.

Das Wort „strategisch" in Strategische Planung steht nur mittelbar in Zusammenhang mit „langfristig". Natürlich ist die Strategische Planung auf eine gewisse Stabilität ausgerichtet, starre Bindungen an einen zeitlichen Rahmen, die in vielen Lehrbüchern zu finden sind, müssen allerdings aufgegeben werden. Eine Strategie kann durchaus kurzfristigen Charakter haben und sich flexibel der Umwelt anpassen ohne operativ zu sein. Der unmittelbare Bezug besteht vielmehr zur Wesentlichkeit und Signifikanz, zum Handlungsmuster eines Unternehmens, als zu einer willkürlichen zeitlichen Vorgabe. Vereinfachend könnte man sagen, dass Langfristplanung der Sicherung der Effektivität eines Unternehmens dient, während kurzfristige operative Planung die Verbesserung der Effizienz zum Ziel hat.[15]

Im Rahmen der Strategischen Planung werden bestehende oder neue, in Ansätzen oder vollständig durchdachte, Strategien erfasst, evaluiert, konsolidiert und kaskadiert und mit den anderen Planungen sowie Umweltvariablen und Unternehmensvorgaben in Einklang gebracht („aligned") oder ausbalanciert („balanced"). Strategische Planung steht so in Beziehung zu anderen Planungen, beeinflusst deren Ergebnis und ist gleichsam deren Resultat (Abbildung 7).

Als wesentliches Instrument zur Unternehmensführung durchlebte die Strategische Planung in den letzten Jahren und Jahrzehnten den Hype-Cycle eines Modethemas: Beginnend mit einem fast magisch anmutenden, deterministischen Glauben an die Strategische Planung in den frühen Jahren über eine Phase der Ernüchterung und Abkehr bis zum heutigen Stand.

---

13 Hamel, G. (1997).

14 Vgl. Mintzberg, H. (2005).

15 Vgl. Kreikebaum, H. (1997).

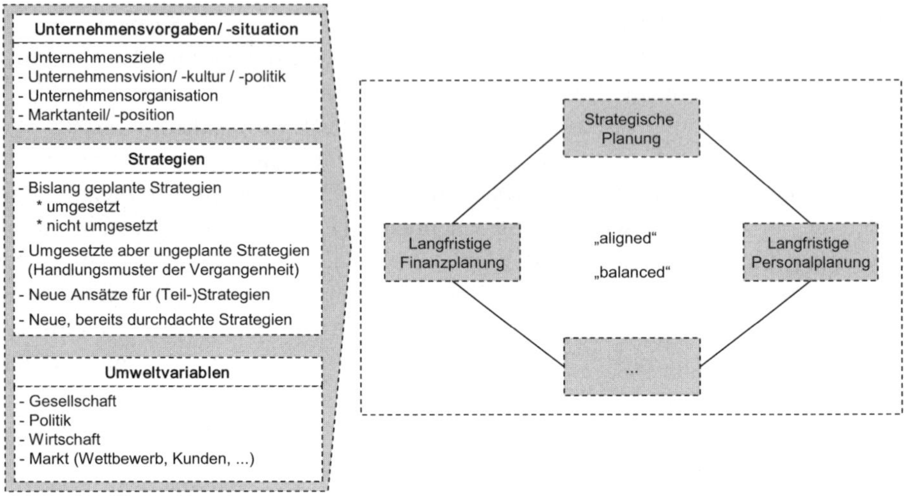

Abbildung 7: Beziehungen und Rahmenbedingungen der Strategischen Planung

Der Entwicklungsbeginn der Strategischen Planung kann auf die 1960er Jahre zurückverfolgt werden, als sich die Langfristplanung zur Strategischen Planung wandelte. In dieser Zeit der Begeisterung erlebte die Strategische Planung eine Phase kaum hinterfragter Popularität und Gläubigkeit. In Stabsabteilungen großer Unternehmen waren teilweise mehrere hundert Mitarbeiter mit der mechanistischen Planung und Lenkung des Unternehmens beschäftigt.[16]

Die Erkenntnis, dass diese einseitige und zentralistische Sicht kein Wundermittel ist und das Versprechen nach automatischer Verbesserung der Unternehmensergebnisse nicht einlösen kann, führte zur Ernüchterung und kehrte die Verhältnisse ins Gegenteil.[17] Mit dem Showdown der wirtschaftlichen Stabilität der Nachkriegsjahre war Ende der 1970er Jahre auch die Grenze voraussagbarer makroökonomischer Größen erreicht. Die deterministischen Systeme der Strategischen Planung waren zum ersten Mal mit der Unvorhersehbarkeit von Nachfrage, Preisen und Zinsen konfrontiert und verloren mit ihrem Heiligenschein auch ihre Akzeptanz.[18]

Unter dem Titel des Strategischen Managements bahnt sich seit Mitte der 1980er Jahre ein Comeback der Strategischen Planung an.[19] Dabei wurden Hauptfehlerquellen korrigiert: Die deterministische Sichtweise wurde zugunsten einer flexibleren Prognose und dem Eingeständnis der weitgehenden Unvorhersehbarkeit aufgegeben. Weiterhin wurde die Verantwortung für Strategische Planung und ins-

[16] Vgl. Müller-Stewens, G.; Lechner, Ch. (2001).

[17] Vgl. Wilson, I. (1998).

[18] Vgl. Grant, R. (2003).

[19] Vgl. Taylor, B. (1997).

besondere für Strategieimplementierung in die Hände des operativen Managements gelegt, Stäbe und Zentralabteilungen rigoros zusammengestrichen.

Strategische Planung als bürokratisches System, getragen von mächtigen Zentralabteilungen ist heute weitgehend ausgerottet – auch wenn manch einer, beschäftigt mit dem jährlichen Planungsprozess, das ganz anders sieht. Dennoch, viele der Gründe, die für den Bedeutungsverlust der Strategischen Planung ausschlaggebend waren, gelten heute als berichtigt: Überdimensionierte und ineffiziente Planungsabteilungen, der Bruch zwischen Stab und Linie, eine starre jährliche Planungsrunde, die von der Entwicklung der Märkte nicht selten überholt wurde. Viele Unternehmen versuchen ihre Planungssysteme der turbulenten und nicht vorhersehbaren Wirklichkeit mehr und mehr anzupassen.

Ein anderes Grundproblem existiert allerdings nach wie vor: Der Formalismus der Strategischen Planung, die Synthese intuitiver Strategieentwicklung und formaler Analyse wirkt in der Tat, auch heute, mehr als hemmend auf die Entstehung innovativer Strategien.

Strategische Planung hat, in verändertem Erscheinungsbild, ihre einstige Stellung in der Praxis wiedererlangt. Schon jetzt wird sie als das wichtigste Management-Instrument überhaupt angesehen: Eine seit 1996 jährlich von der Unternehmensberatung BAIN & COMPANY durchgeführte Studie bei ca. 1000 Unternehmen weltweit veranschaulicht das mehr als deutlich. Unter den 25 dort betrachteten Management-Instrumenten (von Activity-Based Management bis Total Quality Management) nimmt Strategische Planung bis heute die mit Abstand führende Position ein.

Insbesondere stellt die Verankerung der Strategischen Planung als zentrales Element der Unternehmensführung sowie die systematische Implementierung eines Prozesses zur Unterstützung der Strategischen Planung eine wesentliche Forderung der befragten Manager dar (Abbildung 8).

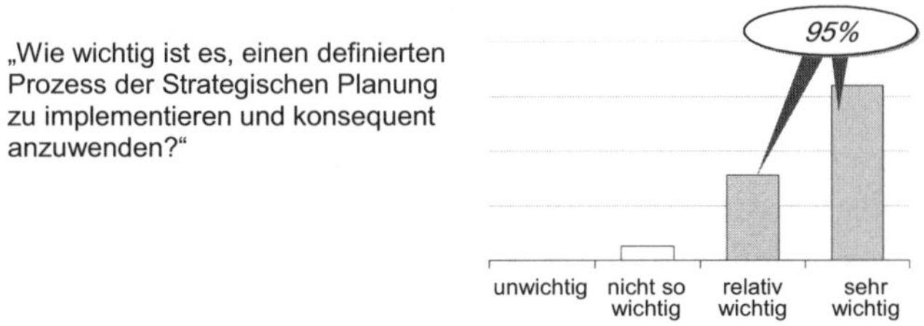

Abbildung 8: Relevanz des Prozesses der Strategischen Planung

Ausgangspunkt der Strategischen Planung ist die Identifikation bzw. Formulierung von Unternehmensvorgaben (z. B. Zielen), Strategien (z. B. bisherige Strategien und neue Strategieansätze) sowie Umweltvariablen (Abbildung 7). Die Strategische Planung muss dabei Denken und Handeln zusammen bringen, ermöglichen, dass sie in irgendeiner Form aufeinander reagieren. Die Kunst besteht darin, diese Reaktion in bestmöglicher Weise zu unterstützen.

Der Prozess der Strategischen Planung bezeichnet eine formell dokumentierte Vorgehensweise, die Analyse, Formulierung, Implementierung und Controlling systematischen Kriterien und einer konsequenten Prüfung unterwirft und dementsprechend steuert. Die meisten Modelle der Strategischen Planung folgen dabei im Grundsatz einer einheitlichen Logik (Abbildung 9).

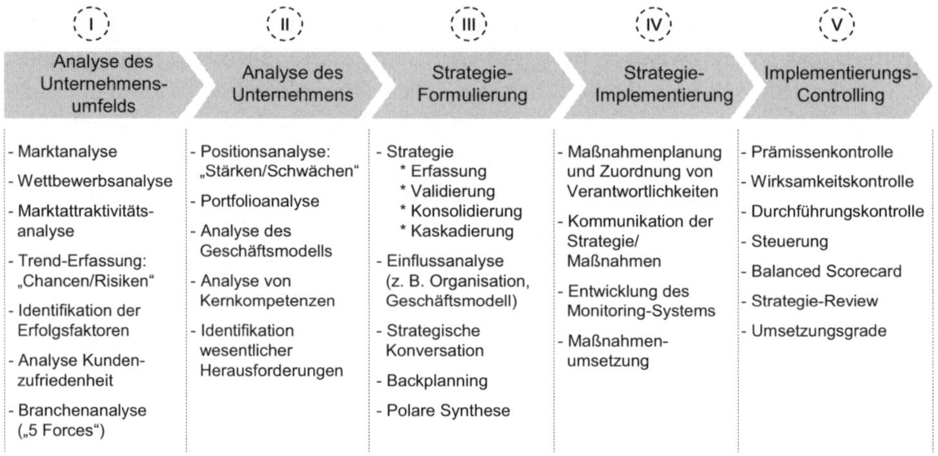

Abbildung 9: Strategische Planung als Prozess

1. Nach dem Vorliegen der Unternehmensvorgaben werden Umwelt und Unternehmen systematisch analysiert (Phase I und II).
2. Auf dieser Basis werden Strategiealternativen evaluiert und konsolidiert, Strategien werden formuliert (Phase III).
3. Anschließend wird die Umsetzung der formulierten Strategien mit Hilfe von Maßnahmen geplant (Phase IV).
4. Begleitend zur Umsetzung werden Fortschritt und Ergebnis kontrolliert bzw. gesteuert (Phase V).

Wesentliche Phasen und Methoden der Strategischen Planung werden hier als Überblick und Referenz dargestellt und im dritten Buchteil detailliert erläutert. Das klassische Prozessmodell wurde 1971 von ANDREWS an der Harvard Business School eingeführt.[20]

[20] Vgl. Andrews, K. (1971).

5 Unternehmensprozess

Ein Prozess stellt eine inhaltlich abgeschlossene, zeitliche und logische Abfolge endlicher Aktivitäten dar. Ein Prozess hat einen Input und einen Output (ein Ergebnis). Für die Ausführung der Aktivitäten sind Ressourcen erforderlich. Kennzeichen von Ressourcen ist, dass sie Zeit verbrauchen und/oder Kosten verursachen.

Ein Unternehmensprozess ist eine spezielle Ausprägung eines Prozesses und stellt ein Bündel von Aktivitäten dar, für das ein oder mehrere unterschiedliche Inputs benötigt werden und für den Kunden ein Ergebnis von Wert erzeugt.[21]

Prozesse werden zumeist als Kombination von Symbolen und Text visualisiert. Dabei kommt der Qualität der Prozessbeschreibung erhebliche Bedeutung zu, da eine Prozessbeschreibung einerseits ausreichend hohe Gestaltungsfreiheit bieten muss, andererseits nur geringen Interpretationsspielraum lassen darf. Sie muss einfach und intuitiv zu erlernen sein und sollte eine gewisse Verbreitung und Akzeptanz gefunden haben.

Für die Beschreibung von Unternehmensprozessen hat sich in den letzten Jahren ein Verfahren namens „Ereignisgesteuerte Prozessketten" (EPK) durchgesetzt.[22] EPK basieren auf einer einfachen, dennoch mächtigen, semiformalen Notation. Diese EPK-Notation wird im weiteren Verlauf des Buches vorgestellt und zur Beschreibung wesentlicher Prozesse verwendet.

6 Geschäftsmodell

In der Betriebswirtschaft gibt es zahlreiche Definitionen für den Begriff Geschäftsmodell. Ihnen gemeinsam ist die modellhafte Beschreibung eines Geschäftes mithilfe von drei Hauptkomponenten (Value Proposition, Wertschöpfungsarchitektur und Ertragsmodell), die auch als zu beantwortende Fragen formuliert werden können:[23]

1. *Value Proposition* (auch: Nutzenpotenzial, Nutzenversprechen)
   Welcher Nutzen wird für Kunden bzw. Geschäftspartner erzielt?
2. *Wertschöpfungsarchitektur* (auch: Teilnehmer und ihre Rollen)
   Wie kann der Nutzen an den Kunden bzw. Geschäftspartnern erbracht werden?
3. *Ertragsmodell* (auch: Allokation des Kundenumsatzes)
   Wodurch verdient das Unternehmen Geld, an wen zahlt der Kunde?

Ein Geschäftsmodell kann eine Beschreibung für ein einzelnes Unternehmen oder auch für eine ganze Branche sein, insbesondere für „reife" Branchen, bei denen sich bereits Standards durchgesetzt haben.

[21] Vgl. Hammer, M.; Champy, J. (1994).

[22] Vgl. Scheer, A.-W. et al. (2005).

[23] Vgl. Stähler, P. (2001).

Die Untersuchung des Geschäftsmodells kann dazu dienen, ein Unternehmen besser zu verstehen, zu optimieren, Erfolgswahrscheinlichkeiten abzuschätzen und sich gegenüber Wettbewerbern zu differenzieren. Ein Geschäftsmodell an sich, als abstrahierende Beschreibung der Funktionsweise eines Unternehmens bzw. einer Branche, ist keine Strategie – jedoch kann die Erreichung eines bestimmten Geschäftsmodells sehr wohl als Strategie ausgegeben werden. Insbesondere Unternehmen in reifen Branchen orientieren sich (bisweilen viel zu stark) an bereits existierenden Geschäftsmodellen und streben damit einen vermeintlich optimalen Punkt auf der strategischen Landkarte an, den ein oder mehrere andere Unternehmen bereits besetzen.

7 Strategisches Management

Der Begriff des Strategischen Managements wird zumeist mit dem Terminus der Strategischen Planung gleichgesetzt. Da sich in der wissenschaftlichen Literatur unzählige Aufsätze damit befassen, dass dem gerade nicht so sei, soll an dieser Stelle einigen Unklarheiten vorgebeugt werden.

Einige Vertreter der wissenschaftlichen Gemeinde weisen, in der Regel recht umständlich, darauf hin, dass Strategisches Management keinesfalls das gleiche bedeutet wie Strategische Planung, sondern vielmehr der Oberbegriff für

1. Strategische Planung,
2. die Umsetzung der Planung und
3. die entsprechende Kontrolle/Steuerung sein müsste.

Hier wurde Strategische Planung aber bereits genau so definiert (Abbildung 9). Streng genommen bedeutet diese Rekursion, dass sich die Strategische Planung selbst beinhaltet, was nicht nur wissenschaftlich betrachtet einigermaßen bedenklich ist. Daher müsste der Begriff „Strategische Planung“ konsequent durch den Terminus „Strategisches Management“ ersetzt werden. Nachteil dieser Idee ist, dass die Praxis grundsätzlich von der Strategischen Planung spricht. Keine Abteilung oder Funktion im Unternehmen heißt „Strategisches Management“, Manager sprechen von der „Strategischen Planung“, wenn sie den oben beschriebenen Prozess meinen. Strategisches Management hat in der Praxis vielerlei Bedeutungen, Strategische Planung nicht. Daher soll auch im Folgenden an der an die Praxis angelehnten bisherigen Begriffswahl festgehalten werden.

8 Unternehmensführung

Neben der Abgrenzung von Strategischer Planung zum Strategischen Management sind in der Praxis auch häufig Unsicherheiten bei der Unterscheidung von Strategischer Planung und Unternehmensführung zu erkennen.

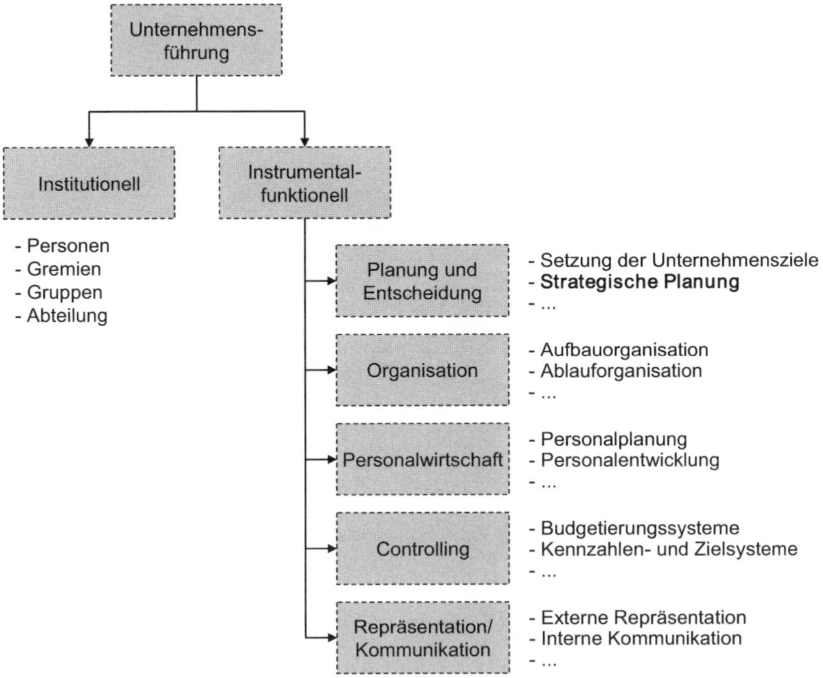

Abbildung 10: Institutionelle und instrumental-funktionelle Unternehmensführung

Grundsätzlich lässt sich Unternehmensführung institutionell oder instrumental-funktionell beschreiben. In der institutionellen Beschreibung umfasst die Unternehmensführung alle Personen oder Gruppen, die an der Steuerung des Unternehmens beteiligt sind. Aus instrumental-funktioneller Sicht beinhaltet Unternehmensführung typischerweise fünf zentrale Aufgabenbereiche (Abbildung 10).

9 Zusammenhang

Der Versuch, alle in diesem ersten Buchteil diskutierten Begriffe zusammenhängend darzustellen, ist zwar als Referenz wünschenswert, durch die unterschiedlichen Eigenschaften der Begriffe aber von vornherein aussichtslos; zumindest in einer streng formalen Notation. Der nachfolgende Überblick, in dem alle dargestellten Grundlagen als Elemente eines Systems abgebildet sind (Abbildung 11), kann daher nur als Orientierungsskizze angesehen werden, und nicht als formale Definition.

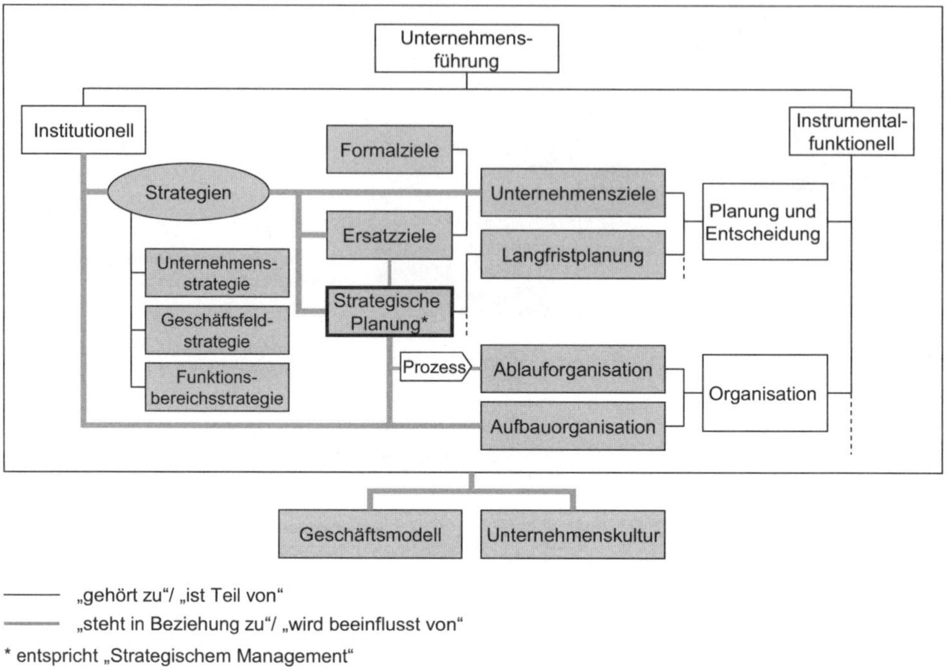

Abbildung 11: Begriffswelt und Zusammenhang der Strategischen Planung[24]

[24] Vgl. Wöhe, G. (2005).

Zweiter Teil: Stand der Strategischen Planung in deutschen Unternehmen

Zweiter Teil: Stand der Strategischen Planung in deutschen Unternehmen

Der Grundgedanke dieses Buches besteht darin, die beschriebenen Aussagen, Methoden und Vorschläge, den Erfahrungen und Anforderungen der Praxis anzulehnen. Die beste Möglichkeit, dieses zu erreichen und unterschiedliche Sichten systematisch zu berücksichtigen, kann erzielt werden, wenn die Praxis selbst zu Wort kommt und Konzeption wie Fokussierung des Buches beeinflusst.

Im Zeitraum von eineinhalb Jahren wurde eine repräsentative Untersuchung in der deutschen Wirtschaft durchgeführt, während derer sich über einhundert Manager der ersten und zweiten Führungsebene aus nahezu ebenso vielen Unternehmen zu den Inhalten der Strategischen Planung äußern konnten. Auf Basis dieser ausgewerteten Erhebung fanden mehr als ein Dutzend persönlicher Gespräche zwischen ausgewählten Unternehmenslenkern und dem Autor statt. Um unterschiedliche Anforderungen von Großkonzernen und mittleren Unternehmen berücksichtigen zu können, ist auch die Herkunft der Gesprächspartner entsprechend differenziert.

In Untersuchungen zur Beliebtheit von Management-Instrumenten belegt die Strategische Planung zumeist den ersten Platz. Betrachtet man allerdings den konkreten Einsatz in der Praxis, muss man einen deutlichen Widerspruch zwischen angeblicher Relevanz und tatsächlicher Reife konstatieren. Welche Ursachen hat dieses Phänomen? Was sind die Erfolgsfaktoren der Strategischen Planung und wie haben sich diese über die Jahre entwickelt? Wodurch zeichnen sich „echte Strategen" aus? Und: Welchen Einfluss hat die Strategische Planung auf den momentanen Effizienzwettbewerb deutscher Unternehmen?

Dies sind die zentralen Fragestellungen der nun vorzustellenden Erhebung.

1 Untersuchung

In der ersten Phase der Untersuchung nahmen mehr als einhundert Manager anonym an einer web-basierten Umfrage zur Strategischen Planung teil.

In der zweiten Phase fanden persönliche Gespräche mit Vorstandsvorsitzenden, Geschäftsführern und Leitern der Strategischen Unternehmensplanung in vierzehn deutschen Unternehmen statt, um die Ergebnisse der Umfrage zu validieren, zu konkretisieren und zu ergänzen. Die Unternehmen, in denen persönliche Interviews stattfanden, reichen von großen Mittelständlern bis zu sehr großen Unternehmen mit über 5.000 Angestellten. An der online Befragung nahmen auch Unternehmen mit weniger als 50 Mitarbeitern teil (Abbildung 12).

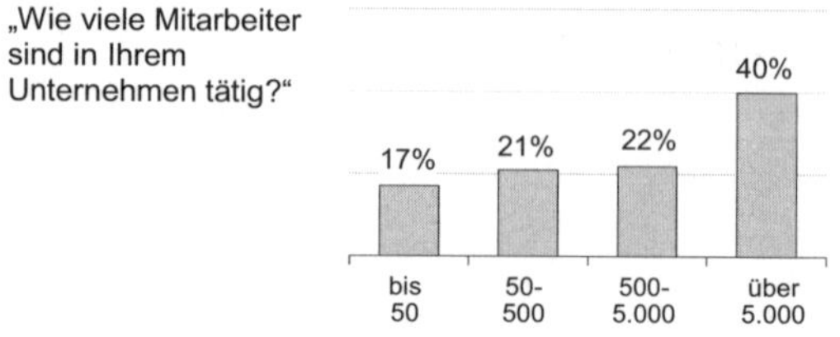

Abbildung 12: Teilnehmende Unternehmen nach Mitarbeiteranzahl

Zum überwiegenden Teil repräsentieren die Befragten den Vorstand, die Geschäftsführung oder das obere Linienmanagement ihres Unternehmens (Abbildung 13). Knapp 30 Prozent sind verantwortlich für die zentrale Unternehmensplanung, -entwicklung oder -organisation und etwas mehr als zehn Prozent kommen aus angrenzenden Zentral- oder Stabsfunktionen.

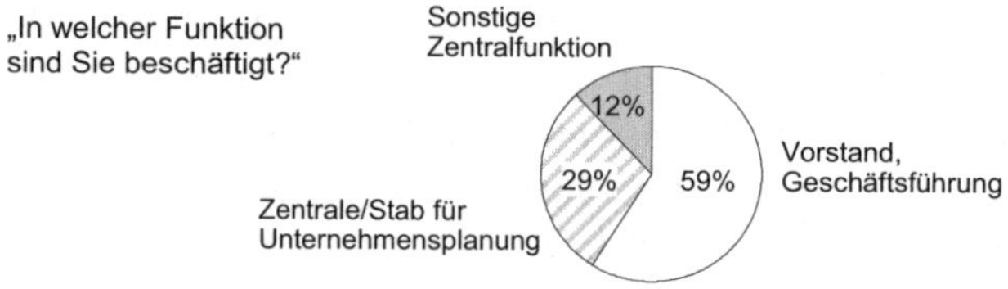

Abbildung 13: Herkunft der Teilnehmer nach Funktion

Wie verteilen sich die Teilnehmer hinsichtlich ihrer Verantwortung nun auf die verschiedenen Unternehmensgrößen (Abbildung 14)?

Die mit Abstand größte Einzelgruppe stellt der Vorstand bzw. die Geschäftsführung von sehr großen Unternehmen dar (über 5.000 Mitarbeiter). In großen Unternehmen (500 bis 5.000 Mitarbeiter) kommt es – wie auch in den mittleren Unternehmen (50 bis 500 Mitarbeiter) – zu einer relativ hohen Beteiligung von Teilnehmern aus der Zentrale, wohingegen diese Funktion in den kleinen Unternehmen (bis 50 Mitarbeiter) erwartungsgemäß keine Rolle spielt.

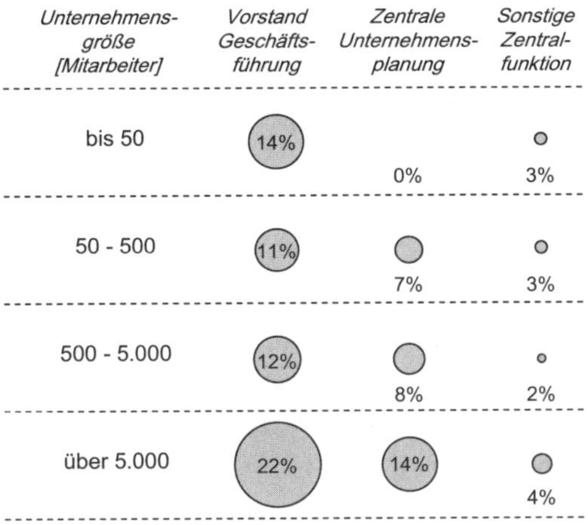

Abbildung 14: Herkunft der Teilnehmer nach Funktion und Unternehmensgröße

2 Grundlegende Aspekte

2.1 Gretchenfrage

Die Gretchenfrage zu Beginn: Wie wichtig ist die Strategische Planung für Unternehmen?

Als JACK WELCH 1981 von seinem Vorgänger, REGINALD JONES, die Leitung der GENERAL ELECTRIC COMPANY (GE) übernahm, hatte sich über Jahre hinweg ein zentraler Planungsbereich etabliert, der mehr als 200 Mitarbeiter umfasst.[25]

WELCH hat diese Struktur als Leiter der Geschäftseinheit PLASTICS kennen und hassen gelernt.[26] Eine seiner ersten Amtshandlungen besteht darin, die Abteilung zu zerschlagen und die Mitarbeiteranzahl auf etwa ein Dutzend zu reduzieren. WELCH ist der Meinung, dass der Planungsformalismus GE lähmt und in seiner Flexibilität behindert. Konsequent verlagert er die Entscheidungsbefugnis und Ergebnisverantwortung in die nun als Profitcenter agierenden Geschäftseinheiten.[27] Zwei Hierarchieebenen werden sofort überflüssig und konsequent abgebaut, die Aufgaben dieser Ebenen bestehen in WELCHS Verständnis hauptsächlich in der Selbstverwaltung und Informationsweitergabe. In den ersten Jahren als CEO entlässt der ehemalige Messdiener WELCH mehr als 100.000 Menschen. Eine leitende inhaltliche Unternehmensstrategie lehnt er ab.[28] WELCH lässt sich

[25] Vgl. O'Boyle, T. (2002).

[26] Vgl. Welch, J. (2003).

[27] Vgl. Ashkenas, R. et al. (1998).

[28] Vgl. Slater, R. (1992).

nicht von Synergien oder Kernkompetenzen einengen und legt sich kaum Restriktionen auf; der Managementstil folgt nur wenigen, einfachen, offenen und konsequenten Regeln. So kann ein hoch diversifiziertes Unternehmen entstehen, dessen Portfolio begleitet von etwa 600 Akquisitionen und Desinvestitionen medizinische Geräte, Flugzeugmaschinen, Elektrogeräte, Finanzdienstleistungen und Fernsehgesellschaften umfasst.[29]

WELCHS Maxime besteht darin, den Leitern der Geschäftseinheiten das Dreigestirn aus Aufgabe, Kompetenz und Verantwortung zu übergeben und diese durch strikte Rendite- und Marktanteilsvorgaben sowie Ergebniskontrollen zu begleiten. Es etabliert sich ein System aus „Reward and Punishment" – wird die Vorgabe verfehlt, landet der Verantwortliche auf der Straße, ohne dass nach Gründen oder früheren Verdiensten für GE gefragt wird.[30]

Unter der Führung von JACK WELCH steigt der Umsatz von ca. 30 Mrd. auf 130 Mrd. USD und das Nettoergebnis wächst von 1,5 Mrd. auf knapp 10 Mrd. USD annähernd doppelt schnell wie der Umsatz.[31]

Würde man JACK WELCH nun die Gretchenfrage stellen, seine Antwort wäre zumindest aus Sicht der Konzernebene mehr als nahe liegend. Aber auch wenn die GE-Story und ihre zugrunde liegende Philosophie gerne zitiert wird, dürfen wir nicht vergessen, dass JACK WELCH einer Generation angehört, in der Führungskräfte über Jahrzehnte hinweg demselben Unternehmen dienen und ihr Herrschaftsanspruch weitgehend unbeeinflusst war von Kontrollgremien, Corporate-Governance-Vorgaben, gesetzlichen Vorschriften und der Macht von Analysten, Investmentbanken und Aktionärsschützern.

Im Gegensatz zum Ausflug in WELCHS Welt stellt man bei internationalen Umfragen zu den beliebtesten und wichtigsten Managementmethoden immer wieder fest, dass die Strategische Planung nicht nur auf den vorderen Plätzen mitmischt, sondern konsequent den ersten Platz belegt. Fragt man in deutschen Unternehmen nach der Relevanz der Strategischen Planung als Kern der Unternehmensführung, bestätigt sich dieses Bild: Fast 90 Prozent der befragten Manager wünschen sich eine Strategische Planung als das zentrale Element der Unternehmensführung (Abbildung 15). 95 Prozent der befragten Manager geben an, dass es relativ oder sehr wichtig ist, einen Prozess der Strategischen Planung zu implementieren und konsequent anzuwenden (Abbildung 16).

[29] Vgl. Welch, J. (2001).

[30] Vgl. Tichy, N.; Sherman, S. (1994).

[31] Der Konzern konsolidiert seit 1990 den Finanzdienstleister GE Financial Services. Die Umsatzzahlen sind daher vermutlich überhöht, was das Ergebniswachstum zusätzlich unterstreicht.

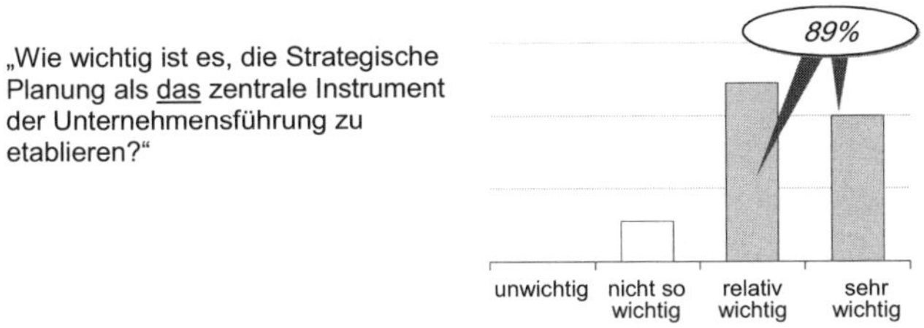

Abbildung 15: Relevanz der Strategischen Planung als zentrales Instrument

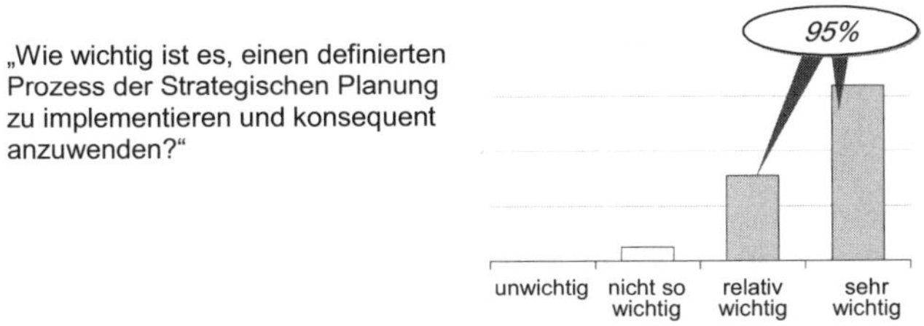

Abbildung 16: Relevanz des Prozesses der Strategischen Planung

Gleichzeitig wird die Strategische Planung, das zeigen die weiteren Untersuchungsergebnisse, aber von nur etwas über der Hälfte tatsächlich eingesetzt und lediglich acht Prozent geben an, dass in ihrem Unternehmen dann auch eine eindeutige Strategie vorliegt.

Gerade in Krisensituationen zeigt sich, dass von echtem Vertrauen in die Strategische Planung keine Rede sein kann. Vielleicht auch, weil 85 Prozent der Unternehmen mit mehr als 50 Mitarbeitern von Zentralen mitregiert werden und bei über 40 Prozent dieser Unternehmen die Zentrale sogar den Haupttreiber der Strategischen Planung darstellt: Je höher die Verantwortung der Zentrale, das ergeben die Resultate der Befragung, desto geringer die Akzeptanz und das Vertrauen des Top-Managements in dieses Instrument.

Ein kaufmännischer Bereichsleiter bringt seine Unzufriedenheit auf den Punkt: „Wenn die Zentrale eine Strategie vorgibt, soll die Zentrale sie auch implementieren."

Wie passt diese Diskrepanz von Anspruch und Wirklichkeit zusammen? Fragen Sie doch mal einen erfolgreichen Unternehmenslenker in der Öffentlichkeit, welches Erfolgsrezept er angewendet hat. Ein ausführlicher Vortrag über systematisches und planvolles Vorgehen mit Rundumsicht und Optionen- sowie Risikobewertung durch ein großartiges Managementteam wird nicht lange auf sich warten lassen. Was oft ursprünglich Ergebnis einer ordnungslosen Entwicklung und eines schmerzvollen Lernprozesses ist, wird im Nachhinein rationalisiert und als Resultat einer systematischen Strategischen Planung verkauft. Die Folge ist wieder einmal, hinterher zu glauben bereits vorher schlauer gewesen zu sein und sich so selbst die Möglichkeit zu nehmen, aus eigenen Fehlern und Erfolgen zu lernen.

In der Strategieliteratur wurde der Einstieg von HONDA um das Jahr 1960 in den amerikanischen Markt für Motorräder als Ergebnis professioneller Strategischer Planung dargestellt. Einige Jahre später flog RICHARD PASCALE, damals Stanford-Professor, nach Japan und interviewte die verantwortlichen Manager, um sich selbst ein Bild zu machen. Diese belehrten ihn: „In Wirklichkeit bestand unsere ganze Strategie darin, einfach nachzusehen, ob wir in den Vereinigten Staaten überhaupt irgendetwas verkaufen können.“ Eine Planung lag überhaupt nicht vor.[32]

Der amerikanische Wirtschaftsprofessor RICHARD RUMELT fragte 1977 in der MBA-Abschlussprüfung an der University of California, ob Honda, damals ausschließlich im Motorrad-Geschäft tätig, ins globale Autogeschäft einsteigen sollte. Die Frage war geschenkt, da die Märkte gesättigt waren und HONDA keinerlei Erfahrungen im Automobilsektor hatte. Jeder der mit „Ja“ geantwortet hatte, fiel durch. Acht Jahre später fuhr seine Frau einen HONDA.[33]

Aber ist es wirklich so einfach? Reichen Intuition, Unternehmergeist und Herrschaftsanspruch aus, ein Unternehmen erfolgreich zu führen? Oder liegt auch in den besprochenen Fällen eine strategische Orientierung unter der Oberfläche? Besteht die Strategie von HONDA nicht darin, schnell hohe Marktanteile zu erzielen und neue Käuferschichten zu erschließen, um günstig produzieren, hohe Automatisierungsgrade und Economies of Scale realisieren zu können?

Zum Zeitpunkt des Markteintritts von HONDA in den USA fahren nur schwere Jungs Motorräder. Motorräder werden nicht als Transportmittel gekauft – sondern als Gefühl und Weltanschauung. Die Maschinen sind groß und die Biker tragen schwarze Jacken. HONDA betritt den amerikanischen Markt mit ganzen 250.000 USD. Eine Handvoll HONDA-Mitarbeiter mietet ein Lager in einem heruntergekommen Stadtteil an, das sie selbst putzen und sie bauen auch die Motorräder selbst zusammen. Hört sich die Geschichte nun immer noch nach großem Unternehmergeist gepaart mit unfehlbarer Intuition an, die keiner Planung bedarf? Oder eher nach einem kleinen Projekt, bei dem nicht viel schief gehen kann. Nach einem Versuchsballon. Billig und aufschlussreich. Nach einer Marktanalyse mit angeschlossener Produktionsabteilung. Das Projekt war die Strategische Planung! Im Markt der Wettbewerber. Direkt bei den Kunden. Umsetzungsorientiert fügt sich das Projekt in die Politik und Ausrichtung des Unternehmens ein, ob das nun jemand auf ein Papier geschrieben hat, oder nicht. Der Rest der HONDA-Story ist bekannt: Mittelklasse-Amerikaner stiegen auf und die Umsätze auch.

[32] Vgl. Pascale, R. (1984).

[33] Vgl. Mintzberg, H. (2005).

Drei Faktoren verhelfen der Strategischen Planung insbesondere in den Siebziger- und Achtzigerjahren zum Aufstieg:[34] Erstens wandelt sich die Stabilität der Nachkriegsjahre zu einer komplexen Dynamik. Zweitens ist die ansteigende Diversifizierung der Unternehmen ein relevanter Treiber der Nachfrage nach Methoden zur Beherrschung eines komplexen Gebildes aus höchst unterschiedlichen Geschäftseinheiten, in denen die Manager ihre primäre Aufgabe darin sehen, eine optimale Ressourcenallokation zwischen konkurrierenden Einheiten zu gewährleisten. Nicht zuletzt treibt, drittens, die zunehmende Konsultation von Beratungsunternehmen standardisierte Methoden und Instrumente der Strategischen Planung zur Blüte. Eines der prominentesten Beispiele dafür ist die Portfolio-Matrix der BOSTON CONSULTING GROUP, die genau auf das beschriebene Bedürfnis der Komplexitätsbewältigung zielt.

In der ökonomischen Wissenschaftstheorie haben zwei Ansätze erheblichen Einfluss auf die Strategische Planung: die Industrieökonomie und der ressourcenbasierte Ansatz. Eine der zentralen Fragestellungen der Industrieökonomie beschäftigt sich mit der Frage, was den Unterschied in der Performance (z. B. Wachstumsgeschwindigkeit, Gewinn, EVA) von Unternehmen beeinflusst. Vereinfacht gesagt, erklärt die Industrieökonomie diese Unterschiede external durch verschiedene Industrien (Branchen und Märkte), auf denen sich die Unternehmen bewegen. Wichtige Erklärungsmuster sind Eintrittsbarrieren, Economies of Scale, Kooperationen, oligopolistische Strukturen und vor allem die Höhe der Marktanteile, durch die ein Unternehmen Verhandlungsmacht gewinnen und hohe Profite realisieren kann.

Dieser Zusammenhang zwischen Marktanteil und Performance wird jedoch in den Achtzigerjahren als zu stark simplifizierte Erfolgsformel in Frage gestellt.[35] Der Unterschied zwischen Geschäftseinheiten innerhalb einer bestimmten Branche kann wesentlich höher sein, als der Unterschied verschiedener Branchen zueinander.[36] Der ressourcenbasierte Strategieansatz dagegen gründet sich auf die internale Perspektive.[37] Die Vertreter des ressourcenbasierten Ansatzes kritisieren die einseitig auf die Positionierung im Markt ausgerichtete Sicht der Industrieökonomie. Sie fordern, unternehmensindividuelle Ressourcen, Kompetenzen und Entscheidungsprozesse stärker in den Fokus zu rücken.[38] Im Mittelpunkt des ressourcenbasierten Ansatzes liegt nicht mehr die Produkt-Markt-Kombination, sondern der Ressourcenfluss zwischen Geschäftseinheiten und Produkt-Markt-Kombinationen. Die zentrale Frage lautet: Was sind die einzigartigen Ressourcen eines Unternehmens? Erst dann wird untersucht, auf welchen Märkten diese sinnvoll einzusetzen sind. Unternehmen werden als Bündel physischer und abstrakter Ressourcen betrachtet.

---

[34] Vgl. Rumelt, R.; Schendel, D.; Teece, D.J. (1991).

[35] Vgl. Jacobson, R.; Aaker, D.A. (1985).

[36] Vgl. Rumelt, R. (1991).

[37] Vgl. Penrose, E.T. (1959).

[38] Vgl. McWilliams, A; Smart, C. (1993).

Solche Ressourcen können im Markennamen, der Unternehmenskultur oder der F&E liegen. Wissen, Fähigkeiten, Kundeninformationen und Reputation werden als wahre Quellen komparativer Wettbewerbsvorteile ausgegeben.[39] Dabei bestimmt sich der Wert einer Ressource, im Kontext des Zusammenspiels der Marktkräfte, nach ihrer Imitierbarkeit, Substituierbarkeit und Entwertbarkeit.[40]

Interessant ist nun die Frage, ob die Strategische Planung eine wertvolle „Ressource" eines Unternehmens aus Sicht des ressourcenbasierten Ansatzes darstellt. Der Wert wäre begrenzt, wenn eine potenziell leichte Imitierbarkeit gegeben wäre. Die Frage lautet daher, ob eine professionelle Strategische Planung tatsächlich leicht imitierbar ist, stellt sie doch selbst wieder ein Bündel verschiedener Ressourcen des Unternehmens dar, seien es Wissen, Fähigkeiten oder Unternehmenskultur.

An die einhundert Arbeiten haben bislang den Zusammenhang von Strategischer Planung und Unternehmensperformance untersucht. Die Ergebnisse sind widersprüchlich und die Versuche, den positiven oder negativen Nachweis zu führen, bislang gescheitert.[41] Dies hat allerdings nicht nur mit den Ergebnissen, sondern auch mit den Eingangsprämissen zu tun. Was ist Strategische Planung? Ist HONDAS Vorgehen in den USA nun Ausdruck intuitiven Handelns spontanen Unternehmertums oder doch Baustein einer strategisch orientierten Gesamtlenkung?

Die angeführten Beispiele und Erklärungsmuster sind symptomatisch für den Diskussionsstand um die Strategische Planung. Steht es unentschieden in einem unvereinbaren Spiel von Handeln, Intuition und spontanem Unternehmergeist gegen Denken, Planung und prozessualem Formalismus? Inwieweit kann eine Untersuchung in Form von Befragungen und Interviews hier überhaupt Ansatzpunkte und Handlungsempfehlungen geben? Liefert sie doch nicht mehr als den Durchschnitt, das hässliche Mittelmaß. Mit solchen oder ähnlichen Fragen sehen sich Wirtschaftsforscher und Psychologen immer öfter konfrontiert. Das Mittelmaß in einer Untersuchung zur Strategischen Planung zu befragen, ist das nicht, wie den sprichwörtlichen Bock zum Gärtner zu machen?

Nein, ist es nicht, sagen Forscher, die sich mit diesem Phänomen seit Jahrzehnten befassen. Besser als Experten kann der Durchschnitt das Wetter vorhersagen, Börsenkurse, Inflationsraten, Pferderennen oder den Ausgang von Wahlen.[42]

Warum tun wir uns so schwer damit, zu glauben, dass der Durchschnitt zu den besten Experten zählt? Ganz einfach, meinen die Psychologen JACK SOLL und RICHARD LARRICK: Die meisten Menschen vermuten unbewusst, dass die Qualität eines Resultats der Güte des Prozesses entsprechen müsse, der es hervorgebracht hat. Deshalb glauben wir, dass eine Methode der Durchschnittsbildung nur durchschnittliche Ergebnisse hervorbringt. Das Gegenteil ist der Fall. Aber das Mittel-

---

39 Vgl. Nelson, R.R.; Winter, S.G. (1982).

40 Vgl. Collis, D.J.; Montgomery, C.A. (1995).

41 Vgl. Nicolai, A.; Kieser, A. (2002).

42 Vgl. Grötker, R. (2005).

maß ist ein bescheidenes Genie. Wenn es wahrscheinlicher ist, dass der Durchschnitt besser ist als ein Einzelner, zeigt sich das Expertentum zerknirscht. Anders gesagt: Der Publikums-Joker wird unterschätzt.

Die Durchschnittsbildung ist immer dann von Vorteil, wenn sich nicht „der eine Experte“ identifizieren lässt, dessen Urteilsvermögen besonders hoch ist. Eine Voraussetzung ist beim Prinzip des Mittelmaßes allerdings zu beachten. Es funktioniert nur, wenn sich die Befragten unabhängig ihre Meinung bilden. Unabhängigkeit ist Garant der Unterschiedlichkeit. Und Unterschiedlichkeit setzt das Prinzip des Mittelmaßes erst in Bewegung. Den ersten großen Auftritt hatte das Mittelmaß in Amerika. In einem Experiment der Soziologin KATE GORDON in den Zwanzigerjahren. Sie bittet 200 Studenten, Gegenstände nach dem geschätzten Gewicht anzuordnen. Am Ende erfasst sie die Einzelwerte und bildet den Durchschnitt: Das bis dato ungeliebte Mittelmaß hat eine Traumquote von 94 Prozent erreicht. Lediglich fünf der 200 Teilnehmer erzielen eine bessere Einzelwertung.

Der Durchschnitt hat die Einzelnen besiegt und ist zudem, noch viel wichtiger, annähernd so gut wie die besten 2,5 Prozent der Befragten. Finden Sie die mal im Voraus.

2.2 Positive Einflussfaktoren

Für die Entwicklung der Strategischen Planung zeichnen unterschiedliche interne und externe Faktoren verantwortlich. Die Rolle, Akzeptanz und Relevanz der Strategischen Planung stellen sich gleichsam als Funktion dieser konkurrierenden positiven und negativen Einflussfaktoren dar. Welche Einflussfaktoren wirken sich nun positiv auf die Ein- und Durchführung der Strategischen Planung aus?

Externe Anspruchsgruppen

Die zunehmende Relevanz von Kontrollgremien, unter anderem durch Aufkommen bzw. Verschärfung von Corporate-Governance-Vorgaben, gesetzlichen Vorschriften und erhöhtem öffentlichen Interesse sowie Macht und Einfluss von Analysten und Investmentbanken führen neben dem Bedürfnis nach erhöhter Kommunikation inhaltlicher Aspekte der Unternehmensstrategie (Content) auch zur Forderung nach einer glaubwürdigen Vermittlung der Art und Weise (Process) von Unternehmensplanung und entsprechender Umsetzung.

Eine Befragung von 200 institutionellen Investoren und Analysten zeigt ein deutliches Verlangen nach einer verständlichen, nachvollziehbaren und plausiblen Strategischen Planung.[43] Analysten und Anleger suchen nachvollziehbare Belege, dass Top-Manager die Unternehmensführung im Griff haben. Eine seit einiger Zeit beobachtbare Folge ist die stark gewachsene Bedeutung von Investor Relations-Abteilungen, deren Aufgabe darin besteht, Investoren und Analysten die Unter-

[43] Vgl. Epstein, M.; Palepu, K. (1999).

nehmenshandlungen zu veranschaulichen.[44] Die fehlende Nachvollziehbarkeit der Strategischen Planung führt gelegentlich dazu, dass selbst Planungsabweichungen nach oben negativ sanktioniert werden.[45] Dies ist insbesondere in neuen oder überhitzten Märkten zu vermuten, wie beispielsweise in der Fotovoltaik, Solarthermie oder Geothermie, die mehr oder weniger willkürlich unter dem Label „Erneuerbare Energien“ zusammengefasst werden.[46]

In diesem Licht müssen auch die Vorgaben der internationalen Corporate Governance-Regelwerke und -Richtlinien gesehen werden, in denen die Forderung zum Ausdruck kommt, dass Aufsichtsorgane zukünftig verstärkt die Implementierung strategischer Konzepte begleiten und diesbezügliche Aktivitäten kontrollieren, um der angemessenen Vertretung der Aktionärs- und Stakeholderinteressen in strategischen Fragen einer Publikumsgesellschaft gerecht zu werden. Der Deutsche Corporate Governance Kodex wörtlich: „Der Vorstand stimmt die strategische Ausrichtung des Unternehmens mit dem Aufsichtsrat ab und erörtert mit ihm in regelmäßigen Abständen den Stand der Strategieumsetzung.“[47]

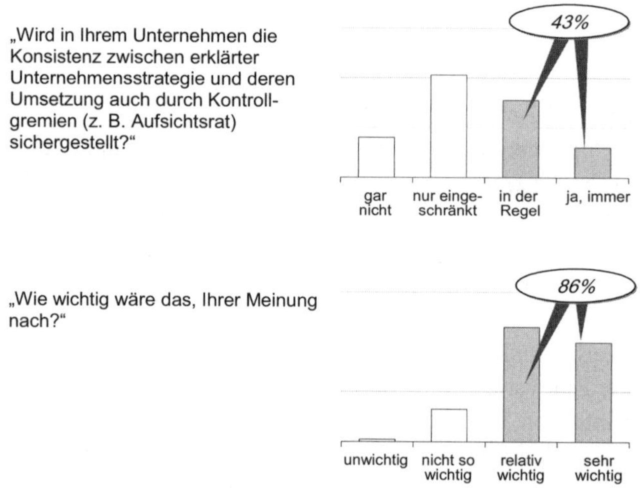

Abbildung 17: Konsistenzsicherung erklärter und umgesetzter Strategien

Die Zusammenarbeit von Arbeitnehmer- und Arbeitgebervertretern ist konfliktär, da beide Gruppen unterschiedliche, zum Teil gegensätzliche Interessen vertreten. Eine umfassende Information des Aufsichtsrates über relevante Geschäftsvorgänge wird hierdurch nicht einfacher. Bislang konzentriert sich die Arbeit der Aufsichtsräte zumeist auf eine ex-post Betrachtung von Finanzkennzahlen, in denen sich die

[44] Vgl. Abrahamson, C.; Rodgers, J. (1992).

[45] Vgl. Nicolai, A.; Thomas, T. (2004).

[46] Vgl. Huber, A. (2007).

[47] Vgl. Cromme, G. (2002).

Auswirkungen einer Strategieimplementierung nur indirekt und mit zeitlicher Verzögerung niederschlagen, sodass diese keine ausreichende Grundlage für die Begleitung der Strategieimplementierung darstellen. Wesentlich geeigneter scheint die Prüfung konkreter Schritte oder Maßnahmen, die zur Strategieimplementierung eingeleitet werden sowie deren Umsetzungsgrad. Mit diesem Vorgehen kann die Konsistenz erklärter und durchgeführter Unternehmensstrategien erhöht werden.[48] Die Dringlichkeit dieses Ansatzes ist überdeutlich, da nur etwas über 40 Prozent der befragten Manager in ihrem Unternehmen derzeit eine Sicherstellung der Konsistenz von Strategie und Umsetzung feststellen, aber die Notwendigkeit dazu von mehr als 85 Prozent gesehen wird (Abbildung 17).

Eine Studie der Universität Dortmund stellt Schwächen der deutschen Aufsichtsräte im Zusammenhang mit der Strategiekontrolle bloß.[49] Aufsichtsräte reagieren zu spät und kontrollieren nur die Resultate der Unternehmensstrategie. Das sind zwei der zentralen Untersuchungsergebnisse. Die meisten der ca. 50 befragten Aufsichtsräte halten eine umfassende strategische Überwachung für unwichtig. Ihre Arbeit hat eher reaktiven Charakter: Die Kontrolleure orientieren sich an Kennzahlen aus dem Jahresabschluss und sehen die nachträgliche Ergebniskontrolle als ihre wichtigste Tätigkeit an. Lediglich zehn Prozent der Aufsichtsräte besprechen die strategischen Unternehmensziele mit ihrem Top-Management, die Mehrheit nickt sie nur ab. Plausibilitätsüberprüfung der Strategie und entsprechende Umsetzungskontrolle erhalten entsprechend wenig Aufmerksamkeit.

Unternehmen in den USA sind bei diesem zentralen Aspekt, nicht zuletzt getrieben durch nationale Richtlinien der Corporate Governance, schon etwas weiter: Unter Konsistenz wird hier Widerspruchsfreiheit zwischen expliziter Strategie und Umsetzungsaktionen bzw. -ergebnissen verstanden. Die Erzielung einer hohen Konsistenz ist dabei nicht nur für das eigene Unternehmen und seine Mitglieder von zentraler Bedeutung, sondern – vor allem bei Publikumsgesellschaften – auch für externe Interessens- und Anspruchsgruppen. Analysten und Ratingagenturen messen der Konsistenz von erklärter und realisierter Unternehmensstrategie bei ihrer Bewertung hohes Gewicht bei.[50] Die Konsistenz wird als Maßstab für die Leistung der Unternehmensführung heran gezogen. Umgekehrt gilt eine geringe Konsistenz zwischen erklärter und implementierter Strategie als wichtiger Frühwarnindikator im Rahmen des Risikomanagements.[51] Da Unternehmen von der Finanzierung durch Kapitalmärkte abhängen, ist dies von besonderem Interesse.[52] Zur Sicherung

[48] Vgl. Schmidt, S.; Brauer, M. (2005).

[49] Vgl. Groethe, P. (2005).

[50] Vgl. Thommen, J.-P. (2003).

[51] Vgl. Dörner, D. et al. (2000).

[52] Vgl. Müller, M. (2000).

des erforderlichen Kapitals – und auch um die Aktionäre „bei Laune" zu halten – haben Unternehmen die Möglichkeit, über konsistente, überzeugende Strategien die Kapitalmärkte zu ihren Gunsten zu beeinflussen.

Wechsel an der Führungsspitze

Eine weitere zukünftige Aufgabe des Aufsichtsrats lässt sich innerhalb der Kontinuitätssicherung erwarten. Unbestritten ist, dass durch häufigeren Wechsel an der Führungsspitze die Relevanz einer stärkeren, formaleren Verankerung der Unternehmensführung steigt und auch eingefordert wird. Mag ein neuer Unternehmenslenker für innovative Impulse sorgen, so ist doch die Art und Weise, wie ein Unternehmen geführt wird, Teil der Unternehmenskultur. Natürlich kann es sinnvoll sein, diese über Bord zu werfen und neu zu definieren, was allerdings nicht aus Versehen geschehen, sondern Resultat einer besonnenen Entscheidung sein sollte. Eine greifbare Vorgehensweise, die deutlich über einen „PowerPoint-Zeitplan" hinausgeht und nur vom Aufsichtsrat eingefordert werden kann, bietet hier Unterstützung und Orientierung.

Qualitätsmanagement

Im Zuge des aufblühenden Qualitätsmanagements und insbesondere dem zunehmenden Einfluss von ISO-Vorgaben (z. B. DIN EN ISO 9000, 9001 und 9004), an die sich viele Unternehmen schon deshalb anlehnen, weil die entsprechende Zertifizierung bei potenziellen Aufträgen immer öfter eine Grundvoraussetzung darstellt, finden sich definierte Vorgaben zu Prozess, Rollen und Verantwortlichkeiten sowie zeitlichen Abläufen, die sich häufig in so genannten Managementsystemen oder Management-Handbüchern niederschlagen.

Kundenstruktur

Einen positiven empirischen Einfluss auf die Strategische Planung entfaltet auch die Kundenstruktur eines Unternehmens: Wenige große Kunden begünstigen eine professionelle Strategische Planung. Kundenstrategien können dann relativ einfach in die eigenen Handlungsüberlegungen einbezogen werden.[53]

Fazit

Die bislang dargestellten Einflussfaktoren der Strategischen Planung sind hauptsächlich externer Natur. Wie aber steht es mit internen Faktoren, der Eigenmotivation aus unternehmerischer Sicht, das Engineering des Unternehmens auf systematische und nachvollziehbare Beine zu stellen? Inwieweit sind Äußerungen und Analysen, die allesamt die Relevanz der Strategischen Planung hervorheben eher Lippenbekenntnisse als mit Nachdruck angestrebte Zustände?

---

[53] Vgl. Leitner, K.-H. (2001).

Ein gutes Indiz zur Einschätzung der Glaubwürdigkeit solcher Aussagen und Analyseergebnisse ist die Betrachtung von Situationen, in denen sich Unternehmen in Krisenlagen befinden. Wird gerade dann die Strategische Planung genutzt – oder zerfällt das Unternehmen eher in unkoordiniert geführte Segmente, in denen die ad hoc Planung überwiegt und jeder ums eigene Überleben kämpft? Der Zweifel an dem ernsthaften Willen, Strategische Planung als zentrales Instrument zu nutzen bzw. einzuführen, wird durch knapp 60 Prozent der befragten Manager gestützt, die erklären, dass die Strategische Planung in ihrem Unternehmen in Krisensituationen herunter gefahren wird (Abbildung 18).

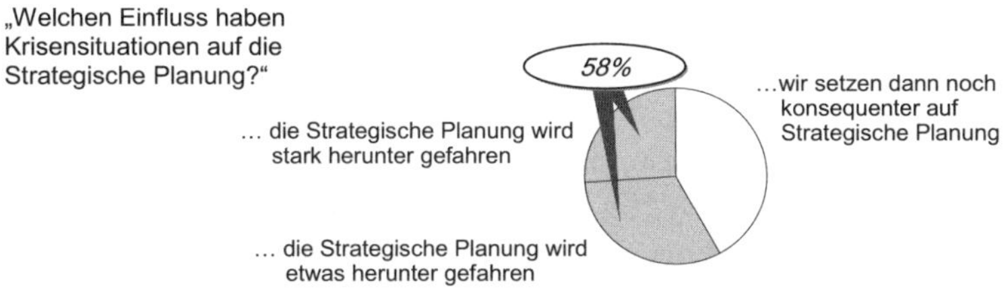

Abbildung 18: Krisen als Messfühler der Robustheit der Strategischen Planung

Kennzeichnend für die operative Orientierungslosigkeit sind oft unabhängige und konfliktäre Einzelmaßnahmen. Der Führung gelingt es nicht, einzelne Konzepte zu einem gemeinsamen Ansatz zu verbinden. Während die Einen Strategische Planung auf ein Minimum eindampfen, sie also sozusagen durch den „akuten Handlungsbedarf“ von der Agenda verdrängt wird, setzen die Anderen gerade in solch problematischen Situationen auf eine besonders intensive und systematische Auseinandersetzung mit Unternehmenssituation und Gestaltungsoptionen.

Der Leiter eines mittelständischen Pflegemittelherstellers macht seine Einschätzung klar: „Wenn wir die Strategische Planung nicht nutzen würden, wäre unsere Anfälligkeit für Krisen höher. Dennoch, in Krisensituationen setzen wir nicht auf Reha-Maßnahmen. Dann müssen wir in die Notaufnahme und dort ist kein Platz für Strategische Planung.“

2.3 Negative Einflussfaktoren

Welche Gründe gibt es, wenn das Top-Management die Strategische Planung nicht als wichtige und ureigenste Aufgabe annimmt? Welche Einflussfaktoren wirken sich negativ auf die Konstitution einer Strategischen Planung aus?

Wechsel an der Führungsspitze

Eines der wichtigsten Motive ist wiederum in der steigenden Wechselfrequenz an der Unternehmensspitze zu erkennen, und damit sind Vorstände und das operative Management (Leiter der Geschäftseinheiten) umfasst. Dieses Phänomen besetzt somit gleichzeitig einen wichtigen Platz auf der Positiv- und Negativliste der Strategischen Planung; mit dem Unterschied, dass positive Faktoren eher external und negative Faktoren eher internal verursacht sind.

Das Risiko für einen deutschen Top-Manager, wegen schlechter Leistung entlassen zu werden, ist nach Erkenntnissen von BOOZ ALLEN HAMILTON in den letzten Jahren stark gestiegen. Die Gefahr liegt in Deutschland mittlerweile höher als im Mutterland des Hire-and-Fire, den USA. Dort entwickelte sich die Wechselfrequenz an der Spitze – relativ – moderat: Für 1995 wird von ca. zehn Prozent ausgegangen, im Jahr 2005 von ca. 16 Prozent. In Deutschland zeichnet sich dagegen ein dramatischer Anstieg von ein Prozent im Jahr 1995 auf knapp elf Prozent im Jahr 2005 ab. Damit haben 2005 in Deutschland so viele Top-Manager ihren Posten geräumt wie nie zuvor. Wen verwundert es da, dass es in der teutonischen Sicherheitsgurt-Ökonomie nichts Aufregenderes gibt, als wenn mal ein echter Unternehmer-Manager gegen die Lethargie steuert.

In Teilen der deutschen Wirtschaft scheinen die schönen Zahlen (Cashflow, Gewinn und Rendite) zu den einzig bestimmenden Faktoren geworden zu sein – was wir damit anfangen, bleibt unbeantwortet. Konzerne horten Milliardengewinne und erkennen erst, wenn sie sich auf ihre angeblichen Kernkompetenzen zurechtgeschrumpft haben, die strategische Leere: das Geld wird als Sonderausschüttung an die Aktionäre ausgegeben oder eigene Aktien werden zurück gekauft. Der Fokus auf Heute und die Angst vor Morgen schürt die vorherrschende Abspaltungswut. Lieber zerlegen und unterlassen, als zulegen und unternehmen.

Die Personalberatung EGON ZEHNDER spricht deutschen Managern ein „klares Profil auf die Ausrichtung in der Zukunft“ ab, was in Zusammenhang mit der erwarteten Verweildauer eines Top-Managers steht. Diese jedoch nimmt hohen Einfluss auf Entscheidungen; Maßnahmen, die erst nach dem erwarteten Verlassen messbare Erfolge zeigen, werden seltener eingeleitet.[54] Zusammen mit der gestiegenen Relevanz, kontinuierlichen (d. h. quartalsweisen) Erfolg nachzuweisen, wobei sich „Erfolg“ in der Regel nach finanziellen Kenngrößen bemisst, sowie den verbreiteten Motiven der Machterhaltung, kommt es zur organisationalen Myopie.

Detailverliebtheit

Aus dem Top-Management hört man oft: „Ich kenne mich mit den Details nicht aus, das überlasse ich den Experten.“ Ein Satz, der, wie man in jedem zweiten Management-Buch nachlesen kann, zum Pflicht-Sprachgebrauch des Managers gehört. Die Realität allerdings sieht anders aus: Viele der Top-Manager sind allzu gut ver-

---

[54] Vgl. Nicolai, A.; Thomas, T. (2004).

traut mit allen möglichen Details und reisen in der operativen Welt von Kriseneinsatz zu Kriseneinsatz. Warum? Weil das von ihnen erwartet wird.

Wie kann eine eilig am Wochenende in einem Workshop zusammengezimmerte und durchgewunkene Unternehmensstrategie Akzeptanz im ganzen Unternehmen erlangen? Wird eine solche Strategie dann als wirklich verbindlich angesehen? Im ganzen Unternehmen? Weltweit? Kann das Top-Management deren Umsetzung ernsthaft einfordern? Und wäre die Umsetzung dann überhaupt sinnvoll?

Solange es höher eingeschätzt wird, dass sich das Top-Management an allen Ecken und Enden eines Unternehmens in den Details verliert, als einen nachvollziehbaren und plausiblen Weg in die Zukunft aufzuzeigen und durchzusetzen, bleibt für die Strategische Planung nur die Möglichkeit der Abschiebung in die Zentral- oder Stabsabteilung.

Zentralen und Stäbe

Wie kann ein Manager sicherstellen, dass die Strategische Planung ihren letzten Todesstoß erhält? Er legt sie zusammen mit der Strategieentwicklung in die Hände der Planer. Was passiert nun? Die Protagonisten der Planungsabteilung sehen sich damit beauftragt, die Unternehmensstrategie zu entwickeln.

Zu dem Zeitpunkt, an dem sie feststellen, dass sie damit scheitern, haben sie bereits jegliche Akzeptanz verloren und verlagern ihre Tätigkeitsschwerpunkte nunmehr auf die Erstellung immer genauerer Analysen, für die sie konsequenterweise auch immer detailliertere Abfragetemplates benötigen. Das bringt ihnen zwei Vorteile: In diesem Aufgabenfeld werden sie einerseits nicht angegriffen und die detaillierten Analysen (in langen Nachtschichten entstanden) sind andererseits praktisch unangreifbar, weil alle vorhandenen Daten eingeflossen sind, wozu die vielen Templates mit der Bitte, diese schnell auszufüllen und zurückzusenden in die genervten operativen Einheiten geschickt werden.

Damit entsteht die Paradoxie der Strategischen Planung. Die Planer beschäftigen nicht nur sich, sondern auch das Management mit komplexen Zahlenkolonnen und einer unüberschaubaren Methodenflut, in der kein operativer Manager mehr einen Zusammenhang sehen kann. Daher hat natürlich jeder der Manager Ideen, was man noch anders und vor allem besser machen könnte. Nun ist das Schicksal besiegelt: Die Planer fühlen sich gebraucht und wichtig. Und produzieren dennoch Zahlen, die kaum einen interessieren. Deshalb gibt das Management Feed-back, was man noch alles „optimieren" könnte und glaubt gleichzeitig nun auch selbst, spürbar zum Prozess der Strategischen Planung beizutragen, da ständig irgendwelche Analysen und Abfragetemplates auf dem Schreibtisch landen, mit denen es sich herumschlagen muss.

Der Vorstandsvorsitzende eines großen aber nicht börsennotierten Unternehmens mit 4.000 Mitarbeitern spricht Zentralen im Zusammenhang mit der Strategischen Planung sämtliche Daseinsberechtigung ab. Er erklärt: „Die Zentralabteilungen und ihre Aufgaben sind samt und sonders unternehmensberaterinduziert. In meinem Unternehmen läuft die Strategische Planung ausschließlich über mein Top-Management und mich. So handeln wir flexibel, verantwortlich und schnell."

Analysemethoden sind angesagt. Echte strategische Erkenntnisse und deren Validierung und Operationalisierung führen dagegen ein Nischendasein. Strategisches Denken wird allzu oft mit Strategischer Planung gleichgesetzt.[55] Ein häufiges Argument lautet: Innovation und Strategieentwicklung lassen sich nicht institutionalisieren. Bloß: Es geht gar nicht um Strategieentwicklung. Die Strategieentwicklung ist kein Bestandteil der Strategischen Planung. Die Strategieentwicklung kann nicht an eine Zentral- oder Stabsabteilung übertragen werden. Sie gehört zu dem ureigensten und nicht delegierbaren Aufgabenspektrum der Unternehmensleitung.

Aber wer ist in deutschen Unternehmen verantwortlich für die Strategische Planung? Ist es das Top-Management, eine Zentral-/Stabsfunktion oder eine Mischung aus beiden? Die Ergebnisse dieser Untersuchung zeigen – geordnet nach Unternehmensgröße – wie die Top-Manager ihre Verantwortung ganz oder teilweise mit zunehmender Unternehmensgröße kontinuierlich an Zentral-/Stabsfunktionen abgeben (Abbildung 19). Während in Unternehmen von bis zu 50 Mitarbeitern noch mit über 70 Prozent die Strategische Planung als alleinige Aufgabe des Top-Managements angesehen wird, ist dies in Unternehmen ab 5.000 Mitarbeitern nur noch in etwas mehr als zehn Prozent der Fall.

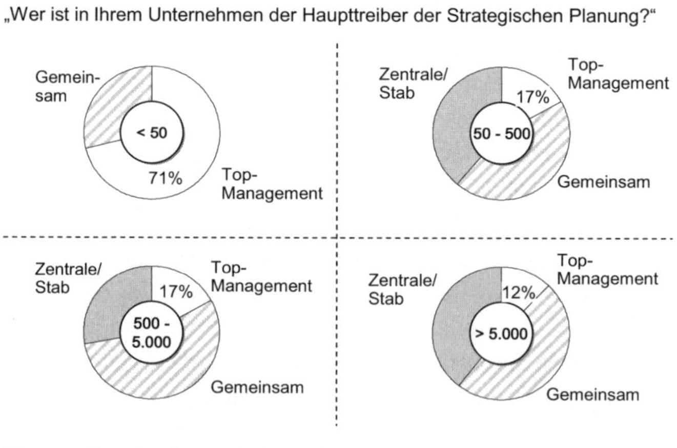

Abbildung 19: Haupttreiber der Strategischen Planung nach Unternehmensgröße

Der Einfluss der Zentralen/Stäbe ist auffallend: Insgesamt werden knapp 90 Prozent der sehr großen deutschen Unternehmen und fast 85 Prozent der Unternehmen ab 50 Mitarbeitern von Zentralen und Stäben mitregiert. Eines der erstaun-

[55] Vgl. Wilson, I. (1994).

lichsten Ergebnisse dieser Untersuchung ist, dass bei 40 Prozent der Unternehmen mit mehr als 50 Mitarbeitern die Zentralen und Stäbe sogar als die Haupttreiber der Strategischen Planung identifiziert wurden. Die Ausprägung der Rolle und Verantwortung von Zentrale/Stab lässt dann interessanterweise auch den direkten Rückschluss auf ihre Akzeptanz zu: Die Rolle und Verantwortung der Zentrale korreliert exakt mit entstehenden Akzeptanzproblemen: Je größer die Verantwortung der Zentral-/Stabsfunktion, desto geringer ist ihre Akzeptanz (s. gepunktete Linie in Abbildung 20). Diese eindrucksvolle Bestätigung der Paradoxie der Strategischen Planung mutet gleichsam als Treppenwitz an, da doch das Top-Management einst selbst ihre ureigenste Verantwortung an die Zentrale abgegeben hat.

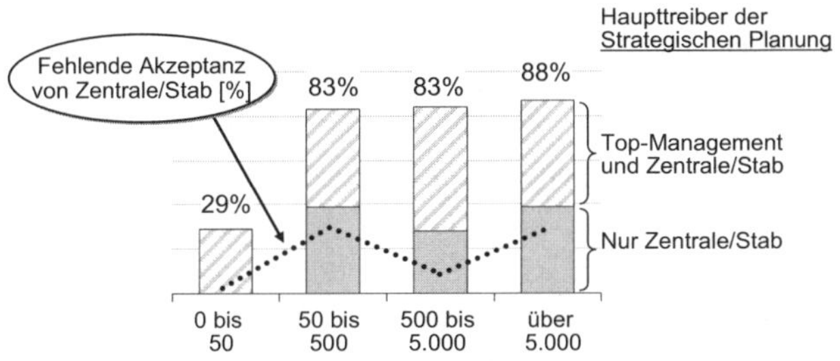

Abbildung 20: Akzeptanz der Zentralfunktion in Abhängigkeit ihrer Rolle

> Der Geschäftseinheits-Leiter eines Kommunikationstechnikanbieters stellt in einem Interview fest, dass es nicht seine Aufgabe sei, die Zukunft zu kennen. „Dafür gibt es schließlich die Abteilung Unternehmensstrategie.“ Hat er Recht? Oder wäre hier der Unterschied zwischen „Verantwortung“ und „Durchführung“ zu klären?

85 Prozent von den in einer 2005 durchgeführten Studie befragten 600 Managern geben auf die Frage: „Was behindert Ihrer Meinung nach die Entscheidungsfindung in Unternehmen?“ zur Antwort, dass zu viele Personen am Entscheidungsprozess beteiligt sind.[56] Dabei befürchten über drei Viertel der Befragten, dass Macht- und Interessenskonflikte ein Votum für die beste Entscheidung verhindern.

Begriffslandschaft

Fehleinschätzungen resultieren oft aus sprachlichen Unklarheiten. Beispielsweise werden „Strategie“ und „Unternehmensziele“ in mehr als der Hälfte der Fälle verwechselt: Fragt man nach der Strategie eines Unternehmens, werden Marktanteils-, Umsatz- und EBIT-Ziele genannt. Mehr als ein Drittel der befragten Manager gibt an, dass die Begrifflichkeit der Strategischen Planung den verantwortlichen Personen gar nicht oder nur eingeschränkt klar sei (Abbildung 21). Unternehmen mittle-

[56] Vgl. Akademie-Studie (2005).

rer Größe (zwischen 50 und 500 Mitarbeitern) haben hier scheinbar die meisten Probleme (ca. 56 Prozent), während größere und kleinere Unternehmen bei dieser Frage weniger Unklarheiten angeben (ca. 38 Prozent bei größeren, nur etwa zehn Prozent bei kleineren).

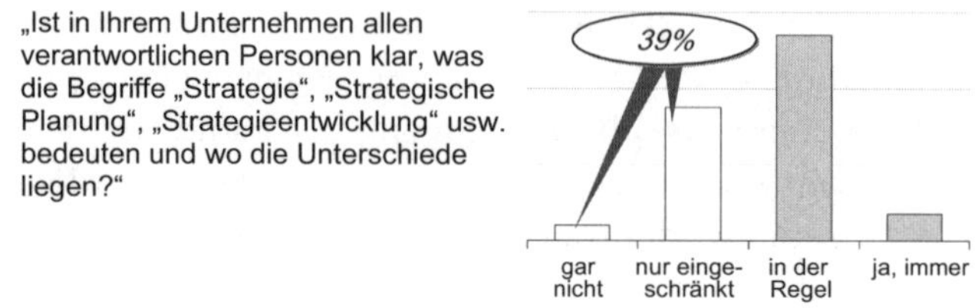

Abbildung 21: Klarheit über die Begriffslandschaft der Strategischen Planung

Biblische Strategie

Zentrales Merkmal unternehmerischen Handelns ist nicht regelbefolgendes, sondern regelbrechendes Verhalten. Die Gefahr, dass der Raum für regelbrechendes Verhalten eingeengt wird, wiegt schwer. So schürt die vermeintlich starre Strategische Planung Angst vor Inflexibilität und die Befürchtung, dass die „Formulierung“ während und nach der „Implementierung“ nicht weitergehen kann. Hemmt der hybride Charakter der Strategischen Planung, die Zusammenfassung von intuitiver Strategieentwicklung und formaler Analyse, die Entwicklung innovativer Strategien? Oder wird Unternehmertum und eine Kultur der Verantwortungsübernahme durch unklare Vorgaben, welche Risiken eingegangen werden können, begrenzt? Sind immer konsensuale Entscheidungen nötig, um zu vermeiden, dass einer am Ende der vermeintlich Schuldige ist?

Die Angst vor der „biblischen Strategie“ entsteht, die vom Himmel fällt und gleich einer Naturgewalt, als endgültig formulierte und starre zur Implementierung bereiten Perspektive – alle nicht konformen Aktivitäten sanktioniert.[57] Strategien und der Prozess der Strategischen Planung können für Unternehmen entscheidend sein, und zwar sowohl in den Fällen, in denen sie vorliegen, als auch wenn es sie nicht gibt. Strategische Planung braucht derjenige nicht, der keine Strategie hat. Einige wissenschaftliche Betrachtungen gehen davon aus, dass dies kein Nachteil sein muss. Als Vorteile der Nichtexistenz werden höhere Flexibilität, unbürokratische Organisation und die Dominanz des Handelns angegeben.[58] Dieser hypothetischen Überlegung allerdings steht entgegen, dass nahezu alle befragten Manager die Definition und Umsetzung von Strategien als wichtig erachten (Abbildung 22). Dies ist eines der deutlichsten Ergebnisse der gesamten Umfrage.

[57] Vgl. Mintzberg, H. (2005).

[58] Vgl. Inkpen, A.; Choudhury, N. (1995).

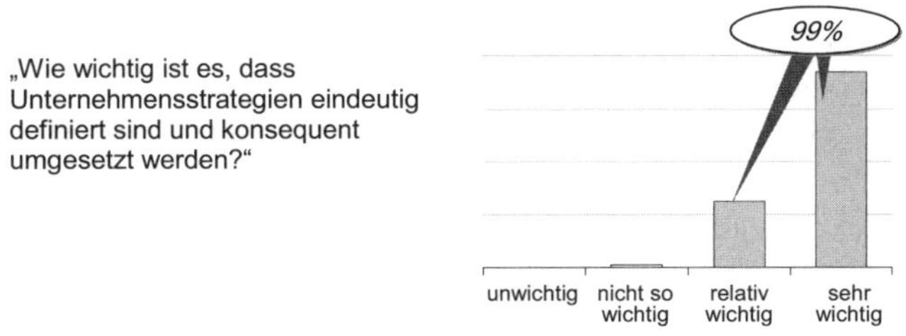

Abbildung 22: Relevanz der Strategiedefinition und -umsetzung

Strategieimitation und strategisches Benchmarking

Die unterstellte Trivialität strategischer Optionen bzw. deren Auswahl („Die richtigen Strategien liegen doch auf der Hand“) führt zu einer durch eine Reihe von Studien mittlerweile gut belegten Imitationsdynamik der Strategiebildung insbesondere börsennotierter Unternehmen.[59] Beispiele für solche „Mode-Strategien“ sind die Verbreitung der Matrixorganisation, die Business Reengineering-Welle, die Internationalisierung in immer die gleichen Länder, organisches bzw. anorganisches Streben nach Marktführerschaft oder Konzentration auf die gleichen Kernkompetenzen bzw. Outsourcing ähnlicher Funktionen.

Die Problemfelder der Strategieimitation sind hinlänglich bekannt: Insbesondere wird der Wettbewerb, nachdem Organisation, Geschäftsmodell und Prozesse homogenisiert sind und Produkte immer schneller in ihrem Lebenszyklus Commodity-Charakter erreichen, ausschließlich über die Effizienz geführt, was für keines der beteiligten Unternehmen von Vorteil ist. Die Schnelligkeit, in der vermeintlich innovative Produkte zu Commodities werden, nimmt stetig zu. Ein Beleg dafür ist die Branche der so genannten „Erneuerbaren Energien“: Auch wenn Geschäftsmodelle noch nicht definiert sind, Spielregeln des Marktes an vielen Stellen noch offen scheinen – eine Standard-Solarzelle oder ein Standard-Windrad wird schneller zum Schüttgut, als es den Unternehmen lieb ist.[60] Ein interessanter Nebeneffekt ist die entstehende Dynamik auf dem Markt für das zu imitierende Gut selbst: Imitation führt zu gesteigerter Nachfrage, gesteigerte Nachfrage zu höheren Preisen, beispielsweise auf dem Markt für Unternehmen oder auf dem Markt für Outsourcing-Leistungen. So sinkt langfristig die Attraktivität des Marktes für homogene strategische Optionen.[61]

Ein begünstigendes Moment für homogene Strategien ist die Durchführung des so genannten strategischen Benchmarking. Strategisches Benchmarking dient dazu, denjenigen Punkt in der strategischen Landschaft zu identifizieren, den der jeweils erfolgreichste Wettbewerber bereits besetzt. Untersuchungen zeigen deutlich, dass

[59] Vgl. Fligstein, N. (1990).

[60] Vgl. Huber, A.; Helfer, F. (2007).

[61] Vgl. Varaiya, N. (1988).

dies in aller Regel sinnlos ist und höchstens kurzfristige Erfolge verspricht.[62] Viele Unternehmen haben noch nicht verstanden, dass Benchmarking in erster Line ein operatives Werkzeug ist und reihen sich ein in die Herde derer, die sich nicht nur durch immer höheren Anteil an Commodities von Produkten und Services auszeichnen, sondern nun auch mit Kopien von Organisation, Strategie, Vertrieb, Marketing oder Geschäftsmodell ins Rennen gehen.

So hat die Annäherung und Vereinheitlichung von Geschäftsmodell und Strategie deutscher Mobiltelefonie-Anbieter zwischen 1993 und 1998 zu einem Margenverfall von ca. 50 Prozent auf diesem Markt geführt. Deren Hauptleistung (die Übermittlung von Sprache und Daten) stellt ein waschechtes Commodity dar. Erst gegen Mitte 2005 befreien sich einige der Anbieter, im Regelfall semiinkognito durch Gründung von Tochterunternehmen, von selbst erzwungenen Branchenstandards und definieren sich neu.

Durch „Copy & Paste" der Wettbewerberposition erreichen zumindest große Player über kurz oder lang einen ähnlichen Punkt in der strategischen Landkarte. Die benchmarkinginduzierte Migration wird solange durchgeführt, wie einer der Wettbewerber profitabler und umsatzstärker bleibt als der Rest. Nur dieser kann sich durch kontinuierliche Differenzierung wirklich absetzen.

Ein Unternehmen, das sich nicht in die Herde treiben lässt, ist die Schwedische Firma IKEA, die in Deutschland, als ihrem wichtigsten Markt, ca. 20 Prozent der Umsätze realisiert. IKEA sucht stetig nach der Balance zwischen Qualität und Preis hinsichtlich angebotener Möbel, die in über 220 Einrichtungshäusern in mehr als 30 Ländern erhältlich sind. Im Gegensatz zu praktisch allen anderen Anbietern limitiert IKEA seine Outsourcing-Aktivitäten streng und behält Kontrolle über Design, Konstruktion und Bestände. IKEA konnte seinen Umsatz weltweit zwischen 1994 und 2004 von 3,8 Mrd. auf 12,8 Mrd. EUR ausbauen. Das entspricht einer jährlichen, durchschnittlichen Wachstumsrate (CAGR[63]) von 13 Prozent. Der Branchendurchschnitt liegt bei drei Prozent.

Fragt man nach den Gründen, warum Benchmarking als strategisches Werkzeug dennoch so beliebt ist, stößt man bald wieder auf die beiden Hauptmotive für die Auswahl homogener und imitierender strategischer Optionen: Absicherungsmentalität und fehlendes Unternehmertum. Managemententscheidungen, basierend auf und vor allem abgesichert durch ein umfangreiches Benchmarking, sind quasi unangreifbar. Schließlich kommen die Konzepte und Ideen vom wichtigsten und er-

---

[62] Vgl. Nattermann, P. (2000).

[63] CAGR: Compund Annual Growth Rate.

folgreichsten „best in class“ Wettbewerber. Keinem Entscheidungsträger kann dies je vorgeworfen werden.

2.4 Voraussetzungen und Rahmenbedingungen

Einerseits zeichnet sich der Wunsch nach systematischer, nachvollziehbarer Strategischer Planung mehr als deutlich ab und die Sinnhaftigkeit wird überwiegend bejaht. Betrachtet man allerdings die derzeitige Reife der Strategischen Planung, bleibt einem externen Beobachter nichts anderes übrig, als eine ambivalente Situation zu konstatieren.

Diese Unentschlossenheit kann man in den Umfrageergebnissen auch daran ablesen, dass auf die Frage, ob momentan eine definierte Strategische Planung existiert, etwa die Hälfte der befragten Manager mit „ja“ – die andere Hälfte mit „nein“ antworten (Abbildung 23).

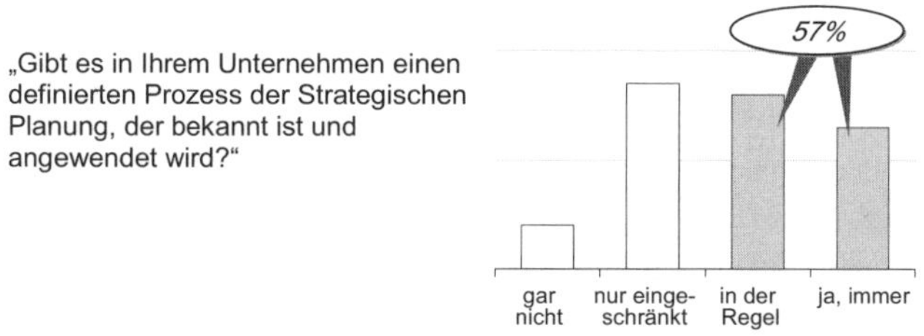

Abbildung 23: Implementation und Anwendung des Strategieprozesses

Trotz dieses relativ niedrigen Niveaus kann immerhin eine signifikante Zunahme des Einsatzes der Strategischen Planung beobachtet werden. Kommt eine Anfang der Achtzigerjahre durchgeführte Studie noch zu dem Ergebnis, dass rund 45 Prozent der deutschen Unternehmen mit über 1.000 Mitarbeitern eine Strategische Planung durchführen[64], sind dies den Ergebnissen der vorliegenden Untersuchung zufolge knapp 65 Prozent. Eine kritische Schwelle hinsichtlich der Unternehmensgröße scheint beim Übergang vom mittleren zum großen Unternehmen zu liegen. So planen kleine und mittlere Unternehmen verschiedener Größen (unter 500 Mitarbeitern) durchgängig mit etwa 45 Prozent strategisch. Ab einer Mitarbeiteranzahl von über 500 steigt die Planungsquote dann auf knapp 65 Prozent an und bleibt auch bei sehr großen Unternehmen (mehr als 5.000 Mitarbeiter) auf diesem Niveau.

Weitere wesentliche Faktoren, die zur Strategischen Planung in Unternehmen führen, sind die internationale Ausrichtung, Umweltdynamik, kurze Innovationszyklen des bedienten Marktes und vor allem eine starke Wachstumsorientierung. Auch hinsichtlich der Geschäftsart, der Unterscheidung nach Service- oder Pro-

[64] Vgl. Kirsch, W. et al. (1983).

duktgeschäft, werden Unterschiede deutlich: Geben überwiegend im Produktgeschäft tätige Unternehmen zu etwa zwei Drittel an, strategisch zu planen, liegt der Anteil bei Unternehmen, die auch oder überwiegend im Servicegeschäft tätig sind, bei nur 50 Prozent. Auch die Frage nach dem Vorliegen einer eindeutigen Unternehmensstrategie wird ähnlich unscharf beantwortet. 54 Prozent der Manager geben an, dass eine Unternehmensstrategie „in der Regel" vorliegt, lediglich acht Prozent der Befragten bejahen diese Frage uneingeschränkt (Abbildung 24).

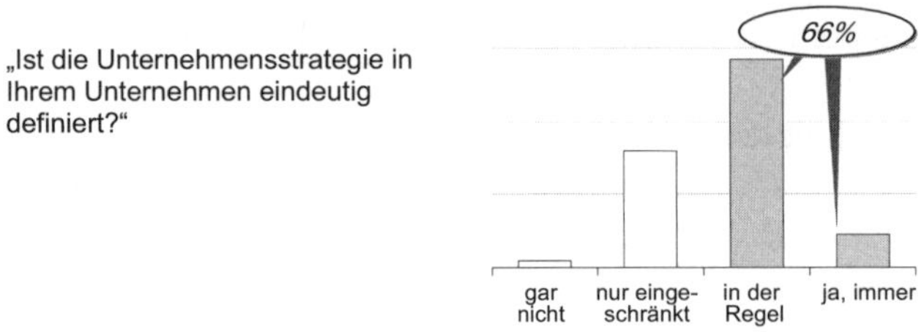

Abbildung 24: Definition der Unternehmensstrategie

Nach einer Untersuchung von 150 deutschen Unternehmen aus dem Jahr 2004 gibt die Mehrheit der Unternehmen einen Zeithorizont für die Strategische Planung von drei bis fünf Jahren an (Abbildung 25). Eine Planung über einen Zeitzhorizont von fünf Jahren hinaus erscheint für 90 Prozent der befragten Unternehmen nicht sinnvoll[65]. Es zeigt sich jedoch eine Korrelation zwischen Unternehmensgröße und Zeithorizont: In den zehn Prozent der Unternehmen, die länger als fünf Jahre in die Zukunft planen, sind insbesondere große Unternehmen und Konzerne vertreten. So ist beispielsweise der Planungszeitraum von DAIMLERCHRYSLER konzernweit auf zehn Jahre festgelegt.[66]

Abbildung 25: Zeithorizont der Strategischen Planung

Augenscheinlich zielen einige Unternehmen mit ihrer Strategischen Planung eher darauf ab, sicherzustellen, dass alle Entscheider des Unternehmens ein gleichartiges Verständnis des Geschäftes und der Unternehmensumwelt erlangen – um so eine solide gemeinsame Basis zu erreichen. Andere Firmen setzen das Finden und For-

[65] Vgl. Seufert, A.; Schäfer, R. (2004).

[66] Vgl. Cordes, E. (2001).

mulieren innovativer Strategien an die erste Stelle. Mehrere Untersuchungen haben gezeigt, dass es kaum ein Unternehmen gibt, das beide Ziele gleich gut erreicht.[67]

Fragt man jedoch nach den Zielen der Strategischen Planung, treten die Informationsfunktion („Gemeinsame Sicht des Managements auf die Unternehmenssituation“) und die aktive, marktgestaltende Funktion der Strategischen Planung deutlich hinter den drei Formalzielen: Definition von Unternehmenszukunft, konkreten Maßnahmen und wichtigsten Strategien zurück (Abbildung 26).

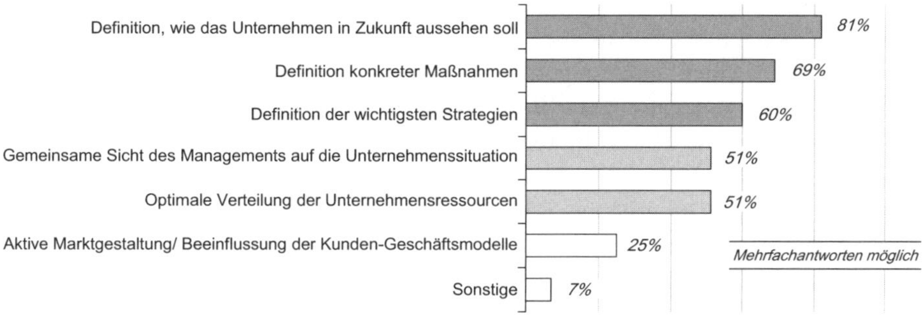

Abbildung 26: Hauptziele der Strategischen Planung

Interessanterweise scheint auch das Ziel „Optimale Verteilung der Unternehmensressourcen“ noch nicht wirklich im Bewusstsein der Entscheider verankert zu sein. Vielmehr wird die Allokation in mehrdeutigen und unsicheren Situationen implizit zur Akquisition umdefiniert.

Wenn hohe Unsicherheit darüber besteht, wie sich die Zukunft entwickelt und unterschiedliche Realitätsvorstellungen nebeneinander stehen, versuchen einzelne Gruppen sich durch eine Formalisierung ihrer Praktiken die Unterstützung der Entscheidungsträger zu sichern. Gleichzeitig stehen sie jedoch vor dem Dilemma, sich möglichst informell und unpräzise zu verhalten, um sich auch die Unterstützung anderer Interessensgruppen zu sichern. Die Strategische Planung wird zum Politikum, zur zentralen Arena, innerhalb derer um Legitimation, Unterstützung und letztlich Ressourcen gerungen wird.[68] Bei Beachtung der vorliegenden Ergebnisse kann von einer stärkeren Verankerung der Strategischen Planung in der betrieblichen Praxis nur unter bestimmten Rahmenbedingungen ausgegangen werden:

1. *Individualisierung:* Mit die wichtigste Voraussetzung für die Implementierung einer Strategischen Planung ist der Wille und die Möglichkeit der Unternehmensleitung, eine individuelle Unternehmensstrategie zu erarbeiten, die sich

[67] Vgl. Beinhocker, E.; Kaplan, S. (2002).

[68] Vgl. Stone, M.M.; Brush, C.G. (1996).

von den generischen Wettbewerbsstrategien einerseits und homogenen Mode-Strategien andererseits absetzt.

2. *Strategische Planung als Kernelement der Unternehmensleitung:* Strategische Planung und deren Ergebnisse werden im Unternehmen nur dann akzeptiert, wenn Definition, Umsetzung und Kontrolle der Strategien anerkannte Chefsache ist und zentrales, richtunggebendes Thema jedes Management-Team-Meetings. Dazu muss sich die Unternehmensleitung allerdings stärker als bisher von Detailfragen und operativer Einbindung lösen und sich konsequent der Entwicklung des Unternehmens widmen. Da Detailkenntnisse und starkes operatives Engagement bekanntlich nach wie vor von vielen Seiten eingefordert werden, ist das nicht ganz ungefährlich.
3. *Intensivierung externer Kontrollforderungen:* Eine externe Rahmenbedingung stellt die steigende Kontrollintensität bezüglich strategischer Maßnahmen und die Konsistenzsicherung hinsichtlich Strategie und deren Umsetzung dar (z. B. aus Corporate-Governance-Vorgaben, gesetzlichen Vorschriften, ISO-Zertifizierung). Je ausgeprägter externe Kontrollanforderungen werden, desto besser sind Unternehmen mit einer systematischen und transparenten Strategischen Planung darauf vorbereitet, diese adressatengerecht zu erfüllen.
4. *Kontinuitätssicherung:* Eng verbunden mit den externen Kontrollanforderungen ist die Frage der Sicherung von Kontinuität und Langfristigkeit in Hinblick auf die zunehmende Wechselfrequenz des Top-Managements. Kann die Kontinuität der Unternehmensführung insbesondere hinsichtlich der Art und Weise nicht durch langfristige Bindung von Personen erreicht werden, müssen Substitutionsmechanismen zum Einsatz kommen. Dies wird naturgemäß eher von außen (z. B. Aufsichtsrat, Eigentümer) eingefordert.
5. *Rollen und Verantwortung:* Strategieentwicklung muss als kontinuierliche, eigenständige und nicht-institutionalisierbare Top-Management-Aufgabe verstanden werden. Die Strategieentwicklung ist kein Teil der Strategischen Planung. Lediglich das Ergebnis der Strategieentwicklung fließt in die Strategische Planung ein. Implizit ist damit auch die Aufgabe der Planer als unterstützende und nicht als verantwortliche Funktion der Strategischen Planung definiert.
6. *Prozess und Methoden:* Ein definierter und implementierter Prozess ist eine Grundvoraussetzung für die Strategische Planung. Dessen Bestandteile werden im folgenden Kapitel 3 erläutert. Innerhalb eines beschriebenen Prozesses lässt sich die Methodenanzahl stark einschränken. Ein guter Prozess ermöglicht die Zusammenführung bereits entwickelter Strategien und Strategieansätze und bietet hohe Flexibilität auch während der Implementierungsphase.

„Echte Strategen", also Unternehmen, die sich planerisch und offenen Auges in ihrer Umwelt und ihre Zukunft bewegen, zeichnen sich vor allem durch drei Faktoren aus:

1. Echte Strategen ziehen, neben ihren eigenen (expliziten oder emergenten) Strategien, die Strategien der Wettbewerber und vor allem der Kunden ins Kalkül.
2. Echte Strategen achten darauf, dass der Zusammenhang zwischen den Strategien einerseits und den entsprechenden Maßnahmen sowie Unternehmenszielen andererseits nachvollziehbar, transparent und umfassend ist. Sie koppeln die Unternehmensstrategie (Corporate Strategy) mit den Strategien der Geschäftseinheiten. Zur Validierung, Plausibilisierung, Machbarkeitsuntersuchung und zum Alignment setzen sie auf die Methode des Backplanning[69].
3. Echte Strategen implementieren ein umfassendes und transparentes Umsetzungscontrolling, das die Verantwortung auf Ebene des Top-Managements belässt und die Zielerreichung incentiviert.

Im Gegensatz dazu stehen weniger diejenigen Unternehmen, die keine dedizierte Strategische Planung durchführen, als vielmehr Unternehmen, die über das Ziel hinausschießen und den Zweck der Strategischen Planung aus den Augen verloren haben: Unternehmen, in denen die Strategische Planung zu einem selbstzweckorientierten, formalistischen und absolutistischen Planungsdogma mutiert, bei der weder Akzeptanz im Management noch der Zusammenhang zwischen den einzelnen Phasen der Planung festgestellt werden kann. Ein externer Beobachter könnte vermuten, dass es den Managern dieser Unternehmen lediglich darum geht, den Nachweis einer rationalen und erfolgreichen Tätigkeit zu führen.

Untersuchungen zeigen, dass es in einigen Unternehmen Prozesse gibt, die zwar nicht „Strategische Planung" heißen, aber dennoch deren Ziel, die Allokation von Unternehmensressourcen, verfolgen. Die Aufmerksamkeit und Relevanz, die der eigentlichen Strategischen Planung nun zukommt, hängt entscheidend davon ab ob es gelingt, sie als zentrales Instrument zur Ausgestaltung des Unternehmens und Verteilung der Ressourcen zu positionieren.

Gegen zahlreiche Widerstände, allen voran aus dem Finanzbereich, führten CEO und CTO eines süddeutschen Automatisierungstechnik-Herstellers eine Strategische Planung ein. Der Betrieb steckte seit drei Quartalen in den roten Zahlen und musste sich etwas einfallen lassen.

Mit Hilfe eines Strategie-Beraters konzipieren und implementieren beide Manager eine „state-of-the-art" Strategische Planung aus dem Nichts. Der entsprechende Prozess wird verbindlich vorgegeben, Tool-unterstützt und eng von den beiden Unternehmenslenkern gemessen. Mit hohem Aufwand sammelt das europaweit operierende Unternehmen nun Daten. CEO und CTO sind zufrieden. Bis sie merken, dass sich nichts, aber auch gar nichts ändert, sich nur alle – hinter

69 Backplanning ist eine der wichtigsten Methoden im Rahmen der Strategieformulierung und wird in Kapitel 8 des dritten Buchteils beschrieben.

vorgehaltener Hand – über den Zusatzaufwand beschweren. Die Resultate der Planung finden keine Beachtung. Die beiden gehen der Sache nach. Der entscheidende Hinweis kommt von einem Bereichsleiter, der zugibt, dass er keine Zeit hatte, sich um die Strategische Planung zu kümmern. Ein Mitarbeiter hat das Ausfüllen der Datenanforderung übernommen. Er selbst saß an der Investitionsplanung, die es in diesem Betrieb schon lange gibt. Es ist das zentrale Instrument zur Verteilung von Finanzmitteln und damit – Ressourcen. Daran hat auch die Einführung des neuen Instruments der Strategischen Planung nichts geändert.

Die Fäden der Investitionsplanung laufen beim CFO zusammen.

Einen Indikator dafür, welche Erkenntnisse und welchen Gewinn sich Unternehmen von ihrer Strategische Planung erwarten, stellt die Konsequenz dar, mit der die Planungsangaben ermittelt werden. Neue Strategien und neue Geschäftsmodelle führen zwangsläufig auch zu einer veränderten Zahlenwelt, die eben mehr erfordert, als die Planwerte des vergangenen Jahres um vier Prozent zu erhöhen. Vor diesem Hintergrund überrascht es nicht, dass zwei Drittel von 150 befragten deutschen Unternehmen (Abbildung 27) lediglich eine Fortschreibung von Vergangenheitswerten durchführen.[70]

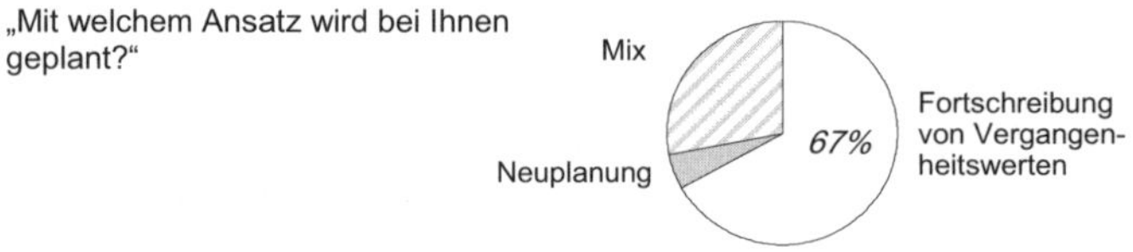

Abbildung 27: Ansatz der Strategischen Planung

Die einstige Prozessgläubigkeit ist in den Unternehmen einer breiten Ernüchterung gewichen. Waren bislang die Prozess-Visionäre am Werk, sind es nun die Prozess-Handwerker. Es setzt sich die Erkenntnis durch, dass es nicht genügt, Prozesse auf ein weißes Blatt Papier zu malen. Dass Prozesse keine Allheilmittel und vor allem keine Erfolgsgaranten sind, hat sich herumgesprochen. Ein formaler Prozess hat keinen steuernden Charakter. Trotzdem finden sich nur wenige größere Unternehmen, die nicht einen Prozess zur Strategischen Planung ihr Eigen nennen. Die Anwendung dieses Prozesses wird oft von der Konzernleitung getrieben und stellt so ihr eigenes Informationsbedürfnis an die erste Stelle. Die Strategische Planung erinnert eher an ein Informations- und Konsolidierungsinstrument als ein Planungs- und Steuerungswerkzeug.

Generell muss die Strategische Planung auf Konzernebene von der Strategischen Planung auf Geschäftseinheitsebene unterschieden werden. Zentrales Erfolgskriterium für die Akzeptanz der Strategischen Planung ist die Verzahnung die-

[70] Vgl. Seufert, A.; Schäfer, R. (2004).

ser beiden Ansätze. Für den Konzern dient die Strategische Planung vor allem als Hilfsmittel, zentrale Vorgaben durchzusetzen (sog. „Strategischer Rahmen“) und eine konsolidierte Sicht auf die Unternehmensentwicklung zu erhalten. Für die verantwortlichen Unternehmer, seien es Leiter von Konzern-Geschäftseinheiten oder die Geschäftsführer selbst, treten aber ganz andere Zielsetzungen und damit Ansprüche in den Vordergrund. Nachfolgend sind zwei Strategische Planungen aus Konzernperspektive skizziert.

SIEMENS AG

SIEMENS setzt mit dem „Strategy & Goals Information System“ (SGI) seit Jahren ein zentrales System zur Strategischen Planung auf Konzernebene ein.[71] Die Daten werden strukturiert weltweit erfasst, von Analysten zentral ausgewertet und für Entscheidungen im Konzern aufbereitet. „Die Planungsdaten beschreiben die Zukunft der SIEMENS AG.“ betont ein Direktor der Zentralabteilung „Corporate Strategy“.[72]

Der Geschäftszweig (als Ebene unter Konzern, Bereich und Geschäftsgebiet) ist die kleinste strategisch beplante Einheit im SGI. Das Planungssystem verarbeitet quantitative strategische Daten: Markt-, Wettbewerbs-, Segment- und qualitative Strategieinformationen (z. B. Marktumfeld, eigene Ausgangssituation). Weiterhin sind Informationen zur Technologiesituation, zur Produkt-Roadmap und individuelle Geschäftsfeldspezifika enthalten.[73] Die Strategische Planung umfasst folgende zehn Informationsbereiche:[74]

1. Geschäftsstrategie und Geschäftsauftrag
2. Finanzielle Geschäftsdaten (Ist, Plan und Forecast)
3. Markt- und Wettbewerbsinformationen
4. Marktcharakteristika (Werte zu Zyklizität, Renditepotenzial und Wettbewerbsintensität)
5. Trends (inkl. Chancen und Risiken)
6. Leistungsfähigkeit und Erfolgsfaktoren als Vergleich zum Gesamtwettbewerb und detailliert zum Hauptwettbewerber
7. Technologie- und Kompetenzsituation im Vergleich zum Wettbewerbsumfeld
8. Produkt- und Servicesegmentierung (inkl. Produkt- und Service-Roadmap)
9. Kundensegmentierung bezüglich der Hauptkunden
10. Regionale Markt- und Wettbewerbssituation mit Marktvolumen, Wettbewerbern und Marktanteilen in Hinblick auf Länder, Regionen und Wirtschaftsräume

[71] Vgl. Neubürger, H.-J.; Sen, M. (2001).

[72] Vgl. Mattei, S. (2004).

[73] Vgl. Feldmayer, J.; Zimmermann, A. (2005).

[74] Vgl. Mirow, M. (2000).

DAIMLERCHRYSLER AG

Das Ziel der Strategischen Planung bei DAIMLERCHRYSLER ist explizit nicht auf die Prognose zukünftiger Entwicklungen gerichtet, sondern auf das aktive Gestalten der eigenen Geschäfte innerhalb eines strategischen Gesamtrahmens und das Erkennen neuer Chancen, Gefahren und Handlungsbedarfe. DAIMLERCHRYSLER setzt dabei insbesondere auf das Denken in verschiedenen Szenarien. Der Fokus der Strategischen Planung liegt in der Diskussion der Wettbewerbsposition und der aggregierten Sichtweise über alle Geschäftsbereiche des Konzerns. DAIMLERCHRYSLER unterscheidet drei Ebenen der Strategischen Planung.

Unterste Ebene ist die so genannte „Unterjährige Gemeinsame Strategiearbeit". Auf dieser Ebene wird zwischen Bereichen, Regionen und Konzern die Basis für die Strategische Planung gelegt. Die Strategiearbeit ist nicht an feste Termine gebunden, sondern findet bedarfsgesteuert statt. Hier erfolgt die Weiterentwicklung und Validierung der Bereichsstrategien. Das Kernelement der Strategischen Planung ist das „Strategisch Wirtschaftliche Gespräch" (SWG) auf der zweiten Ebene. In dem SWG werden einmal jährlich zwischen Konzern und Bereichsleitung konkrete strategische Ziele vereinbart. Die oberste Ebene der Strategischen Planung bildet die Konzernstrategieklausur. Hier wechselt der Fokus auf den Konzern in der Gesamtbetrachtung. Das SWG als Kernelement der Strategischen Planung enthält folgende Informationsbereiche:[75]

1. Executive Summary (Zusammenfassung von Veränderungen und Entscheidungsbedarf)
2. Markttrends und Wettbewerbsumfeld (inkl. Größe, Segmente und Erfolgsfaktoren in verschiedenen Szenarien)
3. Kernthemen (Handlungsbedarfe, die sich explizit auf das Schließen der Lücke zwischen Ist-Situation und strategischen Zielen beziehen)
4. Kennzahlen (inkl. Markt, Umsatz, Absatz, Profit – diese stellen weitgehend die Daten der operativen Planung dar)
5. Projekte (besondere Projekte zur Umsetzung der Strategie)
6. Handlungsempfehlungen (für die Umsetzung der diskutierten Strategie)
7. Szenarien (als Beschreibung möglicher, in sich konsistenter Zukunftsentwicklungen zur Ableitung realistischer Strategien)
8. Funktionalstrategien (z. B. Technologie, Personal)

[75] Vgl. Cordes, E. (2001).

3 Prozess

Die Strategische Planung bringt Denken und Handeln zusammen. Das Ziel des Strategieprozesses besteht darin, deren Reaktion optimal zu unterstützen. Wie bereits im ersten Buchteil erläutert (Abbildung 9), folgen die theoretischen Modelle der Strategischen Planung im Grundsatz einer einheitlichen Logik: Unter Einbeziehung von Unternehmensvorgaben, vorhandener Strategien und neuer Strategieansätze werden in den beiden ersten Schritten Umwelt und Unternehmen analysiert. Strategiealternativen werden im nächsten Schritt evaluiert, konsolidiert, kaskadiert und zu konkreten Strategien ausformuliert. Die letzten beiden Schritte umfassen die Implementierung und das Controlling.

Welche Phasen der Strategischen Planung sind in der deutschen Wirtschaft implementiert und welche Instrumente und Methoden werden eingesetzt? Abbildung 28 stellt die Relevanz der einzelnen Strategieprozess-Phasen der momentanen Reife, d. h. der tatsächlichen Implementierung gegenüber.

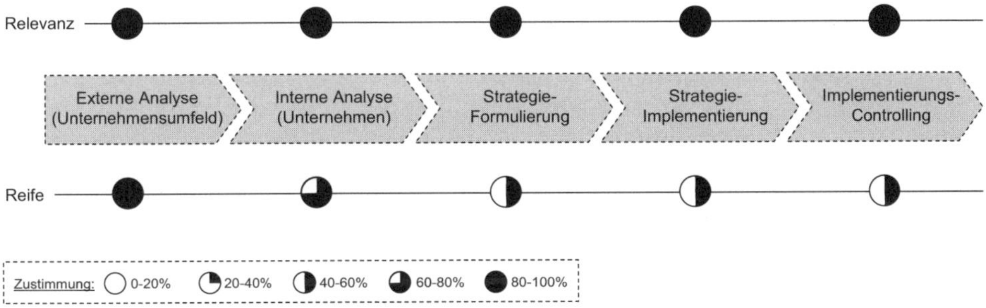

Abbildung 28: Relevanz und Reife des Strategieprozesses

Die befragten Manager beurteilen die Relevanz der einzelnen Phasen einheitlich hoch (im Durchschnitt mit fast 90 Prozent Zustimmung als „relativ wichtig"/„sehr wichtig"). Dieses Ergebnis bestätigt auch die weiter oben besprochene Aussage, nach der 95 Prozent der befragten Manager einen definierten Prozess der Strategischen Planung für wichtig halten (Abbildung 16).

Interessanterweise fällt die Beurteilung der Reife des Strategieprozesses differenzierter aus und nimmt im laufenden Prozess kontinuierlich ab: Während noch über 80 Prozent der Befragten angeben, dass die Phase der externen Analyse „häufig" bzw. „immer" durchgeführt wird, bestätigen dies für die Implementierungs-Phase nur etwas mehr als die Hälfte. Fragt man sich, warum das so ist, bieten sich mehrere Antwortoptionen: Im fortschreitenden Prozess tritt der durchaus arbeitsintensive Charakter der Strategischen Planung in den Vordergrund, und die Erkenntnis reift, dass Entscheidungen aus der Strategischen Planung tatsächlich operative und sehr wohl kurzfristige sowie signifikante Auswirkungen auf das Tagesgeschäft haben, und sich nicht erst in irgendeiner fernen Zukunft zeigen. Gepaart mit dem fehlenden Glauben an die Relevanz und Umsetzbarkeit der Strategien etabliert sich im Laufe des Prozesses ein Gedanke der Unverbindlichkeit. Wird das Geld an der richtigen Stelle ausgegeben? Man könnte vermuten, dass ein Großteil der Ressourcen aufgewendet wird, um die vermeintlich notwendigen Grundlagen zu schaffen: Interne und externe Analysen werden in riesigen Excel-Tabellen festgehalten, bis ein Zustand der Pseudogenauigkeit erreicht und nur noch wenig Ressourcen für die intuitiven und fantasiereichen Phasen der Strategieentwicklung und -formulierung sowie die Umsetzung und das Controlling vorhanden sind. Etablierte Methoden, wie sie in den ersten beiden Phasen des Strategieprozesses eingesetzt werden, stehen für die letzten Phasen kaum zur Verfügung. Wie noch gezeigt werden wird, stellt aber alleine die Verfügbarkeit und Akzeptanz von Methoden einen entscheidenden Treiber dar, welche Tätigkeiten im Rahmen des Gesamtprozesses überhaupt durchgeführt werden.

Nach einer internationalen Kompetenzanalyse von 3.600 Top-Managern, die 2003 von EGON ZEHNDER durchgeführt wurde, steht die strategische Orientierung der deutschen Manager als das mit Abstand am schlechtesten bewertete Kriterium abgeschlagen auf dem letzten Platz. Auf dem ersten Platz steht, wenig überraschend, die Tiefe ihres Fachwissens.

Ein ehemaliger Leiter einer Strategieabteilung beschreibt den jährlichen Strategieprozess als „wenig mehr als das Aufwärmen bekannter Inhalte der letztjährigen Präsentationen in neuen Folien. Natürlich kennen die wirklichen Entscheider diese schon im Vorfeld.“

Die Teilnahme an der Strategiesitzung ist nur der Anfang. Schwieriger als Visionen zu haben ist es, diese auch umzusetzen. An den damit verbundenen Restriktionen und der entstehenden Arbeitslast scheitern manche der hehren Ansprüche.

Einer der befragten Manager erklärt: „Ich muss Zeit haben für die Strategiesitzung, denn da kommt der Vorstand. Alles Weitere ist mir überlassen. Das müsste ich dann aufsetzen und controllen, dazu fehlt mir die Zeit.“

Die Resultate sind deutlich: Es fehlt an Konsequenz und Überzeugung.

Ein Manager aus einem IT-Dienstleistungsunternehmen meint: „Die Wahrheit zu sagen ist nicht opportun, unrealistische Versprechungen machen schon. Untererfüllung von Zielen auch über längere Dauer zieht bei uns keinerlei Konsequenzen nach sich.“

Die ganze Prozedur läuft Gefahr, zu einem zeitintensiven und nutzlosen Schaulauf zu degenerieren und stellt so das gesamte Unterfangen in Frage. Wenn die Phasen der Umsetzung und des Controlling nicht vollständig implementiert und gelebt sind, ist die einzig verbleibende Funktion des Strategieprozesses auf die interne Informationsverteilung gerichtet. In einer Freitextfrage dieser Umfrage wurden die Manager gefragt, welche Themengebiete momentan zu den konkreten Schwächen der Strategischen Planung in ihrem Unternehmen gehören. Auf dem ersten Platz landet – mit deutlichem Abstand – Strategie-Umsetzung und -Controlling.

Fehlende Ernsthaftigkeit zeigt sich auch in der Wahl und Durchführung der eingesetzten Methoden. Masse statt Klasse lautet anscheinend die Devise. In keiner Strategiepräsentation darf eine SWOT-Analyse, ein Benchmarking, eine Wettbewerbs- oder Marktanalyse fehlen: Keiner soll uns vorwerfen können, wir hätten nichts getan.

Der operative Leiter des internationalen Service eines Kommunikationstechnik-Unternehmens erläutert, wie seine letzte SWOT-Analyse zustande gekommen ist: „Wir wissen, wenn wir keine SWOT in unserer Strategie-Präsentation haben, gibt es Ärger. Also beauftrage ich meinen Leiter Business Development und der wiederum einen Werksstudenten, der seit drei Wochen bei uns beschäftigt ist. Nach ein paar Stunden habe ich die SWOT in meinen Händen – Was ich damit mache? Ich präsentiere sie, dann vergesse ich sie. Was da drauf steht, weiß sowieso jeder. Und das stellt noch einen sehr glücklichen Verlauf dar, in der „nur" ein Werksstudent beschäftig wird. In anderen unserer Bereiche beginnt dann eine Zentralfunktion damit, die Organisation zu beschäftigen, Interviews durchzuführen und Vorlagen ausfüllen zu lassen, damit auch sie zu Papier bringen kann, was der Rest der Firma schon weiß."

4 Methoden

Angesichts der von Stabsabteilungen, Strategieberatern und Wissenschaftlern diskutierten, weiterentwickelten und neu geschaffenen Methoden, Analysen und Instrumente konnte sich in den letzten Jahren und Jahrzehnten eine unüberschaubare Flut von Ansätzen herausbilden, die das alleinige Seelenheil der Strategischen Planung versprechen.

„Strategische Planung ist die Kunst, einfache Sachverhalte komplex darzustellen" bringt der kaufmännische Bereichsvorstand eines deutschen Konzerns seine Einschätzung auf den Punkt.

Die zentrale Frage lautet: Welche Methoden sind für eine pragmatische, zielorientierte Strategische Planung wichtig, welche nicht? Wie hängen die Methoden zusammen? Wie wird gewährleistet, dass die Durchführung der Methoden keinen Selbstzweck darstellt, sondern relevante Entscheidungshinweise liefert? Kurz: Wie kann der Zielkonflikt zwischen Planungszeit und -komplexität einerseits und handlungsorientiertem Pragmatismus andererseits aufgelöst werden?

Über einhundert Manager wurden hinsichtlich des Einsatzes und der Relevanz verschiedener Methoden befragt. Die Analyse ihrer Antworten erlaubt einen Blick auf die eingesetzten Methoden, die geordnet nach Relevanz und Reife (konkrete Implementierung im eigenen Unternehmen) dargestellt sind (Abbildung 29).

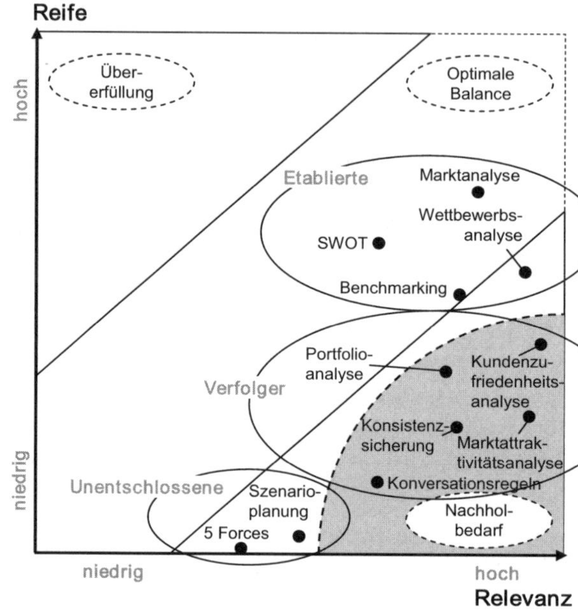

Abbildung 29: Relevanz und Reife eingesetzter Methoden

Die Analyse zeigt, dass grundsätzlich diejenigen Methoden, die auf eine Bewertung der Unternehmensumwelt abzielen, im Gegensatz zu den eher intern ausgerichteten Instrumenten, eine relativ hohe Reife erreicht haben. So sind die Portfolioanalyse, die Sicherung der Umsetzungskonsistenz und die Instrumente der Strategischen Konversation mit relativ geringer Reife bewertet worden, während die klassische Markt- und Wettbewerbsanalyse eher hoch bewertet wurden.

Diese klassischen Analyseformen haben sich, zusammen mit dem Benchmarking, über Jahre hinweg zum Quasi-Standard erheben können und stellen die Gruppe der Etablierten dar. Dies bedeutet interessanterweise nicht, dass es sich hierbei um die Methoden mit der höchsten Relevanz handelt. Vielmehr kann eine Gruppe der Verfolger identifiziert werden, die eher auf interne Analyse, Befähigung und Kunden ausgerichtet ist, der im Durchschnitt eine höhere Relevanz bescheinigt wird, als den Etablierten.

Nach der nun schon länger zurück liegenden Boomphase der Szenarioplanung zeigen die vorliegenden Daten, dass sie sich zumindest in ihrer ursprünglichen Form nicht durchsetzen konnte. Ein Aspekt, der teilweise in andere Planungsmethoden Eingang gefunden hat und sich auf die Szenarioplanung zurückführen lässt, stellt die Unterteilung von Planwerten in „best“, „realistic“ und „worst case“ dar.

Bemerkenswert ist die Stellung der Branchenstrukturanalyse (sog. „5 Forces“). Dieser seit Jahrzehnten propagierte und hoch gelobte Ansatz, der wohl zu den in Wissenschaft und Beratung am weitesten verbreiteten Methoden zählt, zeigt in der Unternehmenspraxis die geringste Relevanz und Reife. Dies ist insbesondere auch deshalb interessant, da mit der SWOT-Analyse ein naher Verwandter und ebenso Vertreter der klassischen Methoden in der Gruppe der etablierten Methoden gelandet ist. Nun darf spekuliert werden, ob die SWOT-Analyse deshalb diese Stellung erreicht hat, weil sie als sinnvoll angesehen wird, oder einfach weil für ihre Durchführung häufig nur sehr wenig Zeit aufgewendet wird.

Zwei der drei wichtigsten Methoden zeigen erheblichen Nachholbedarf: Es ist anzunehmen, dass aufgrund der bereits identifizierten und geäußerten Relevanz, insbesondere die Kundenzufriedenheits- und Marktattraktivitätsanalyse in nächster Zeit verstärkt zum Einsatz kommen, was auch in den persönlichen durchgeführten Interviews immer wieder bestätigt wurde. Ferner ist zu erwarten, dass auch die eher intern ausgerichtete Portfolioanalyse, die Sicherung der Umsetzungskonsistenz und die Instrumente der Strategischen Konversation langsam stärker in den Fokus der Strategischen Planung rücken.

Unabhängig vom formalen Prozess der Strategischen Planung kommt der Art und Weise, wie ein sprachlicher Umgang zwischen den Akteuren des Managements innerhalb des Prozesses stattfindet, hohe Bedeutung zu. Operative und strategische Konversationen weisen beide zumeist hohen fachlichen und sachlichen Charakter auf. Mit nur einer Ausnahme werden in keinem der untersuchten und befragten Unternehmen besondere Sprachregeln zugelassen oder gefördert. Kreativität und Themenspektrum sind dadurch eingeschränkt und bestehende Grenzen werden nicht herausgefordert. Die meisten Unternehmen müssen eine erweiterte Sprachform und deren Regeln erst erlernen, da operative Gespräche im Regelfall dominieren und so vorherrschende Konversationsregeln und die Kommunikationskultur prägen.[76]

In empirischen Untersuchungen wird beobachtet, dass analytisches Denken, Objektivität und Rationalität auch in strategischen Diskursen vorherrschend sind. Ausgehend von Machterhaltung, der Stellung im Unternehmen und Absicherung der eigenen Position kommt Intuition und Gefühl noch ein geringer Stellenwert zu.[77] Ordnet man die Methoden der Strategischen Planung den einzelnen Phasen des Strategieprozesses zu, fällt sofort ins Auge, dass es in den hinteren Prozessphasen kaum fest verankerte Methoden gibt. Nahezu alle bekannten und verbreiteten Methoden zielen auf die Analysephasen. Mit der Phase der Formulierung beginnt die Orientierungslosigkeit. Das fehlende Gleichgewicht, die „Imbalance“ der ein-

[76] Vgl. Krogh, G. von; Roos, J. (1995).

[77] Vgl. Hurst, D. et al. (1989).

zelnen Phasen, spiegelt sich in der beurteilten Reife der hinteren Phasen des Strategieprozesses wider (Abbildung 28).

Getrieben durch die hier identifizierte stärkere Ausrichtung auf die interne Analyse und die Maßnahmenumsetzung ist davon auszugehen, dass erfolgreiche Unternehmen insbesondere Methoden für die Phasen der Formulierung, Umsetzung und des Controlling in den Fokus der Strategischen Planung rücken, wie sie im dritten Buchteil beschrieben werden.

Formulierung

Im Rahmen der Formulierung sind vor allem die Strategische Konversation zu nennen, die durch ein Backplanning unterstützte Strategieevaluation, -konsolidierung und -kaskadierung sowie die Ausschlussdefinition, also die Nennung derjenigen Strategien, die nicht verfolgt werden. Zur Ausschlussdefinition, einer wichtigen Voraussetzung zur Formulierung und Umsetzung von Strategien, zeigt sich ein bemerkenswertes Bild: Mehr als die Hälfte der befragten Manager geben an, dass eine Ausschlussdefinition in ihren Unternehmen nicht oder nur eingeschränkt stattfindet (Abbildung 30).

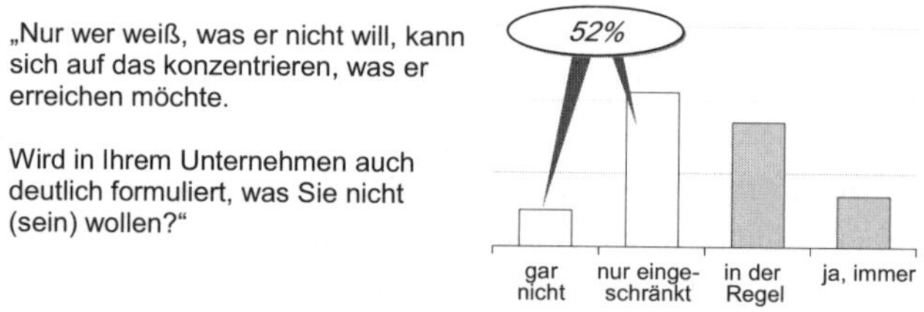

Abbildung 30: Ausschlussdefinition als Teil der Strategieformulierung

Nur eine deutliche Position in dieser Frage kann Ablenkung und ständige Reorientierung vermeiden. Nur wer genau weiß, was er nicht will, kann sich voll auf das konzentrieren, was er will. MICHAEL PORTER geht sogar noch einen Schritt weiter. Er sagt: „The essence of strategy is choosing what not to do.“

> In einem Interview stellt BILL GATES klar: „Wir werden weder den Besitz von Telekom-Netzen oder Telefongesellschaften anstreben. Wir werden nicht in die Systemintegration einsteigen und nicht in die Beratung auf dem Feld der Informationssysteme.“

Umsetzung und Controlling

Im Rahmen der Umsetzung sind vor allem die konsequente Ausrichtung auf die Maßnahmenplanung inkl. eindeutig definierter Verantwortlichkeiten und die zunehmende Incentivierung von Zielvereinbarungen zu erwarten. Eine von zwei Strategieimplementierungen scheitert in deutschen Unternehmen (Abbildung 31). Die beiden Hauptgründe sind das Versäumnis der Unternehmen, Strategien in konkrete Projekte zu überführen und die fehlende Kontrolle während der Umsetzung.

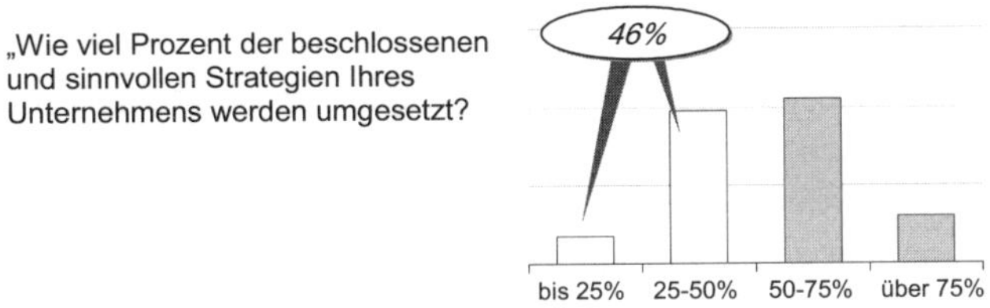

Abbildung 31: Umsetzungsgrad von Strategien

Die Schöpfer der Balanced Scorecard, ROBERT KAPLAN und DAVID NORTON, erklären, es fehle schlicht und einfach an einer durchgängigen Verbindung zwischen Planung und Umsetzung. Etwa 95 Prozent der Mitarbeiter kennen ihre eigene Unternehmensstrategie nicht. In einer Befragung gaben zwei Drittel der Personal- und IT-Führungskräfte an, dass die von ihnen verfolgten Strategien nicht im Einklang mit den Unternehmenszielen stehen.[78] Dies stellt jedoch einen wesentlichen Erfolgsfaktor für die effektive Strategische Planung dar. Ist der Zusammenhang zwischen Unternehmenszielen und Strategien nicht nachvollziehbar und transparent, wie lässt sich dann Verständnis und Committment in der Organisation erzielen?

Die Umsetzung ist derjenige Schritt, der im Rahmen der Strategischen Planung den höchsten Einfluss auf die Menschen hat. Wer das vergisst, hat schon verloren. Auch wenn PETER HEINTEL, der „Entschleunigungsprofessor", anmerkt, dass Motivieren lediglich bedeute, zu reden „bis die Leute den Scheiß von alleine machen."[79] Wer es nicht schafft seine Mitarbeiter zu motivieren, kämpft gegen Windmühlen. Die Motivation für die Umsetzung hängt im Wesentlichen von fünf Fragestellungen ab, die sich die Betroffenen stellen und für sich positiv beantworten können müssen:

1. Was ist das Ziel?
2. Nutzt es mir?
3. Ist es ernst gemeint?
4. Kann es funktionieren?
5. Kann ich das – habe ich die erforderlichen Mittel?

Zur Durchsetzung der Strategien werden in der Regel ein Maßnahmenbündel und ein Masterplan erstellt. Durch Operationalisierung des strategischen Plans entsteht allerdings oft ein derart komplexes System an Plänen und Unterplänen, dass manche Kritiker vermuten, der Strategischen Planung gehe es weniger um Umsetzung als um Planung.

---

78 Vgl. Norton, D.; Kaplan, R. (2006).

79 Vgl. Heintel, P. (2005).

In einem mittelständischen Unternehmen der Automobilzulieferindustrie kam vor einiger Zeit das Thema der Strategischen Planung auf den Tisch. Die Unternehmensleitung entscheidet sich für die konsequente Einführung. Nachdem die kleine Stabsabteilung mit reichlichen Finanzmitteln ausgestattet ist, beginnt die aufwändige Analysephase. Hoch motiviert wirkt die Unternehmensleitung begeistert an der Strategieentwicklung mit. Die Formulierung der Strategien wird als die eigentliche Herausforderung betrachtet und mit vereinten Kräften abgeschlossen. Das Top-Management geht nun selbstverständlich davon aus, dass die Umsetzung ihrer herausragenden Strategien kein größeres Problem mehr darstellt und betraut die Stabsabteilung und sich selbst mit neuen wichtigeren Aufgaben. Keine einzige der Strategien wird realisiert.

Die Umsetzung von Strategien hängt immer davon ab, inwieweit das Management überhaupt die Fähigkeit hat, die Organisationen zu verändern. In einer branchenübergreifend angelegten Studie zeigte sich, dass Führungskräfte in der IT-Industrie viel besser in der Lage sind, ein Unternehmen nachhaltig zu prägen, als ihre Kollegen in der Öl- und Gasindustrie.[80] Situative Kontexteinflüsse sind die Ursache: Es ist einfacher, organisatorischen Wandel in einer sich dynamisch verändernden Branche herbei zu führen, als in einer relativ stabilen Industrie.

Ein weiteres Kriterium ist die Größe und Schwerfälligkeit eines Unternehmens. Wie kommen Unternehmen, die derzeit vielleicht auf Platz drei oder vier stehen, an die Spitze? Sie haben nur eine Chance: Sie müssen ihren Markt gestalten. Was das heißt? Es bedeutet: Diese Unternehmen müssen ihr Geschäftsmodell und die Wertschöpfungskette ihrer Kunden neu definieren. Darauf muss die Strategische Planung ausgerichtet sein.

Ein Gesprächspartner ist gleichzeitig im Business Development eines auf Nr. 3 im Weltmarkt platzierten Unternehmens der I&K-Branche tätig und dort mit dem Aufbau einer innovativen Technologie befasst. Er erklärt: „Die größten Probleme unserer Organisation sind nicht die Wettbewerber sondern die eigene Inflexibilität, fehlende Aggressivität und unsere unzureichenden Kundenbeziehungen. Kleine Nischenplayer können dies wesentlich besser. Wir schaffen es heute nicht, den Markt aktiv zu gestalten, obwohl wir von unserer Größe und Innovationskraft her gesehen dafür prädestiniert sind.“

Für die Phase des Controlling bieten sich ein systematisches Strategie-Review, transparente Maßnahmen zur Konsistenzsicherung und vor allem ein Top-Management-orientiertes, konsequentes Umsetzungscontrolling an, das an Metriken zur Messung des Grades der Umsetzung orientiert ist. Natürlich existieren be-

[80] Vgl. Hambrick, C.; Abrahamson, S. (1995).

reits heute hilfreiche Werkzeuge, aber anscheinend sind diese bislang nicht fest genug verankert. Dies lässt den Schluss zu, dass die hinteren Phasen des Strategieprozesses derzeit nicht immer als integrale Bestandteile der Strategischen Planung angesehen werden, sondern als eher eigenständige und vor allem operative Aufgaben, deren Verantwortung nicht beim Top-Management liegt. Dieses Phänomen stellt nach allgemeiner Einschätzung eines der größten Probleme für Akzeptanz, Ernsthaftigkeit und letztlich Konsequenz der Strategischen Planung und somit die größte Hürde für die Etablierung einer professionellen Strategischen Planung dar.

5 Optimierungsansätze

In einem zentralen Abschnitt der Untersuchung können die Befragten äußern, welche wesentlichen Verbesserungspotenziale sie derzeit in ihrem Unternehmen bei der Durchführung der Strategischen Planung sehen (Abbildung 32).

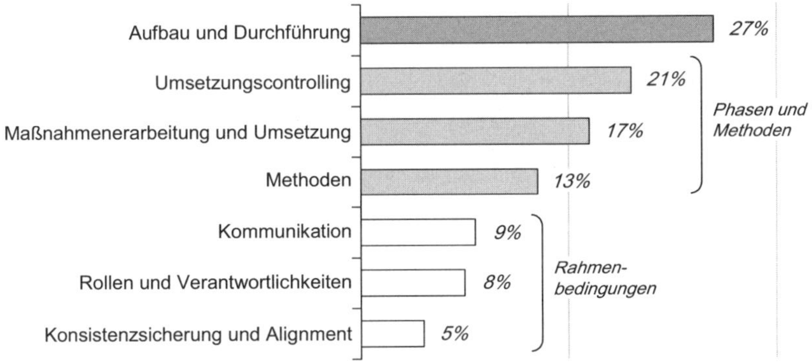

Abbildung 32: Identifizierte Verbesserungspotenziale

Während der generelle Aufbau und die Durchführung der Strategischen Planung als einzelnes Handlungsfeld die höchste Relevanz erzielt, liegt der Hauptfokus der Aussagen hinsichtlich der Themengebiete mit deutlichem Abstand auf den Phasen und Methoden. Interessanterweise liegt dabei das Umsetzungs-Controlling noch deutlich vor der eigentlichen Umsetzung, was einen weiteren Hinweis auf die bereits angesprochenen Schwierigkeiten und mangelnden Konsequenzen bei der Implementierung gibt. Ein Teil der Controlling-Nennungen sind möglicherweise auch darin begründet, dass die Umsetzung nicht für alle Beteiligten in jeder Phase transparent ist. Vielmehr lässt sich der strategische Planungsprozess zumeist nur bis zur Phase der Formulierung und dann erst wieder anhand der Ergebnisse beurteilen.

Das Phänomen der mangelnden Transparenz wird wohl durch die Häufigkeit der Controlling-Nennung mit zum Ausdruck gebracht. Als Hauptgrund für die Dominanz des Controlling konnte in den persönlich durchgeführten Interviews allerdings ein anderer identifiziert werden: Das Umsetzungscontrolling wird von den

Entscheidern als notwendige Voraussetzung für die eigentliche Umsetzung betrachtet.

Fasst man obige Verbesserungspotenziale der Strategischen Planung mit den weiteren Resultaten der Befragung sowie den Ergebnissen der persönlich durchgeführten Interviews zusammen, können wir uns einen Blick auf die konkret zu erwartenden wesentlichen Aktionen und Maßnahmen in ihrer Gesamtheit erlauben. Wo sehen deutsche Manager derzeit die Hauptansatzpunkte zur Verbesserung der Strategischen Planung? Welche Voraussetzungen müssen geschaffen werden? Wie bringt man letztlich die PS auf die Straße?

5.1 Akzeptanz & Konsequenz

Die Stellung der Strategischen Planung als das zentrale Instrument der Unternehmensführung wird weiter ausgebaut. Dabei ist auf eine zunehmende Beständigkeit dieses Instruments besonders in Krisenzeiten zu spekulieren. Dem Highlander-Prinzip folgend („Es kann nur einen geben"), ist zu erwarten, dass die Allokation von Unternehmensressourcen stärker als bislang über den Prozess der Strategischen Planung läuft. Die Chancen stehen gut: über 90 Prozent der befragten Manager wünschen sich die Strategische Planung als zentrales Instrument der Unternehmensführung.

Die Untersuchung hat gezeigt, dass der Einfluss und die Rolle der Zentrale erheblich sind. Dadurch erwachsen, neben den zweifelsfrei positiven Wirkungen einer dedizierten auf die Strategie ausgerichteten Zentralfunktion, eine Reihe von Problemen insbesondere im Bereich der Prozess- und Ergebnisakzeptanz. Für die erfolgreiche Strategische Planung ist entscheidend, ob es gelingt, Rollen und Verantwortlichkeiten zwischen operativem Management und Zentralfunktion auszubalancieren. Ansatzpunkte werden vom Management in der eindeutig definierten Aufgabentrennung hinsichtlich Verantwortung und Unterstützung gesehen, damit geht auch die Herauslösung der Strategieentwicklung aus der Strategischen Planung einher. Die Akzeptanz der Zentrale lässt sich zusätzlich erhöhen, wenn sich das Profil ihrer leitenden Funktionsträger ändert. Und zwar von der heute vorherrschenden Zentral-Kaminkarriere in Richtung einer rollierenden, zeitlich befristeten Besetzung mit den besten Managern aus dem operativen Geschäft, die zum Zeitpunkt ihres Eintritts in die Zentrale bereits wissen, dass sie nach einem Zeitraum von vielleicht zwei oder drei Jahren, mit neuem Wissen um die Praxis der Strategie ausgestattet – und erweitertem Verantwortungsumfang – wieder ins Unternehmertum zurückkehren und dann mit den selbst geschaffenen Templates und Prozessen leben müssen.

Die verantwortlichen Akteure akzeptieren zunehmend, dass die Erreichung des einen vermeintlich optimalen Punkts auf der strategischen Landkarte – den die Herde der Wettbewerber bereits besetzt oder zumindest anstrebt – und der damit verbundene Effizienzkampf langfristig keine Vorteile schafft. Die Suche nach dem eigenen Weg, der individuellen Strategie, die der Kultur und den Ressourcen des Unternehmens entspricht, verdeutlicht die Relevanz einer effektiven Strategischen Planung.

Scheingenauigkeit und Instabilität sind die Waffen der Bedenkenträger, die vor lauter Problemen, die sie ihren Kollegen mitteilen müssen, den Blick aufs Ganze verloren haben. Ist der Marktanteil in Usbekistan tatsächlich von 4,344 Prozent auf 4,322 Prozent geschrumpft? Und das, obwohl der Markt im letzten Jahr um 0,367 Prozent gewachsen ist? Dann wird es höchste Zeit, die gesamte Strategie zu überdenken.

Strategie, so drückt es ein Gesprächspartner, Leiter eines erfolgreichen Pflegemittelherstellers aus „ist nicht opportunistisch. Strategie ist wie ein rostiges Wetterfähnchen – wenn eine leichte Brise weht, ändert sich erstmal gar nichts. Erst ab einer bestimmten Windstärke und da muss es einem aber schon in den Ohren pfeifen, wird umgeplant – dann aber komplett.“

5.2 Alignment & Konsistenz

Eine der anspruchsvollsten Aufgaben, denen sich Manager in Zukunft stellen wollen, ist das Alignment von Unternehmenszielen, Unternehmensstrategien, Strategien der Geschäftseinheiten und operativen Plänen. Operative Planungen, insbesondere Finanz- und Personalplanung, müssen zumindest auf hohem Level mit der Strategischen Planung in Einklang stehen. Da Strategien nur in einem vermutbaren Zusammenhang zu den Unternehmenszielen stehen können, gestaltet sich diese Aufgabe äußerst komplex. Dennoch muss es gelingen, einen glaubhaften Ursache-Wirkungs-Zusammenhang zwischen diesen beiden Elementen zu schaffen. Nur wenn der Erfüllung abgeleiteter Maßnahmenpakete plausibel zur Erreichung der Strategien und diese zur Erreichung der Unternehmensziele führen, ergibt die Übung einen Sinn. In diesem Zusammenhang ist das stärkere Alignment von Unternehmensstrategie, Regionalstrategie und den Strategien der Geschäftseinheiten zu erwarten. Die herkömmliche Zielvereinbarung auf Basis finanzieller Kenngrößen oder Absatzmengen reicht dafür bei weitem nicht aus.

Mit dieser Aufgabe geht der Wunsch nach Einbeziehung bestimmter Gremien (z. B. Aufsichtsrat, Beirat, Interne Revision) einher. Es ist zu vermuten, dass sich deren Blickfeld zukünftig von der bislang verbreiteten Finanzkennzahlenperspektive und ex-post Orientierung in Richtung einer stärkeren Einbeziehung in der Konsistenzsicherung von Strategien, Zielen und Maßnahmen öffnet. Dabei wird neben den inhaltlichen Tätigkeiten, der Schwerpunkt darauf liegen, adressatengerechte Sichten auf die Strategische Planung zu vermitteln (z. B. für Analysten oder Ratingagenturen). Im Fokus steht der Konsistenznachweis zwischen Strategien, Zielen und Maßnahmen sowie die Erläuterung, wie Konsistenz sichergestellt wird.

5.3 Prozess & Methoden

Zusehends lösen sich Unternehmen von Methoden, die keinen Nutzen bringen. Doch wie lässt sich die fehlende Wirkung einer Methode erkennen; ist nicht immer jemand da, der emotional begründet, dass dieses oder jenes Instrument unverzichtbar ist, um das Unternehmen, seine Stärken und Schwächen oder die Branche insgesamt überhaupt zu verstehen? Die Ergebnisse dieser Untersuchung zeichnen ein anderes Bild. Manager priorisieren klar ihre Favoriten. Methoden mit mangelnder Wirkung werden konsequent aussortiert. Dagegen geben sich ihre Nachfolger deutlich zu erkennen. Diese sind, eher intern, auf Unternehmensressourcen ausgerichtet und ihnen wird eine glänzende Zukunft bescheinigt. Zwei bislang vernachlässigte Varianten der klassischen Methoden stehen ebenso hoch im Kurs: die Kundenzufriedenheitsanalyse und die Marktattraktivitätsuntersuchung, von denen sich das Management neue Impulse erhofft. Durch gezielte Beeinflussung des Geschäftsmodells der Kunden und deren Wertschöpfungskette erwarten die Unternehmen Vorteile, die ebenso durch eine konsequentere Nutzung der Wettbewerbsanalyse angestrebt werden: vom ungeliebten, oft finanz- und zahlengetriebenen, generischen „Wettbewerberprofil“ zum bedarfsgerechten Versorgungsprozess der Anspruchsgruppen mit konkreten Stärken, Schwächen, Angriffstaktiken und Handlungsempfehlungen. Die mit ihrer Strategieumsetzung zufriedensten Unternehmen setzen auf das Instrument des Backplanning als eines der Grundprinzipien der Strategieformulierung. Dabei wird das sukzessive „nach vorne Planen“, bei dem erst zu spät auffällt, dass nicht alle notwendigen Voraussetzungen zur Zielerreichung gegeben sind, durch das Denken vom Ergebnis her ersetzt. Bei dieser Methode wird erschreckend schnell deutlich, wie viel noch zu tun ist und welche Meilensteine bereits in allernächster Zeit erreicht werden müssen. Das Backplanning vermittelt so auch gerade am Anfang den oft fehlenden „Sense of Urgency“. Backplanning schließt sich nicht an die Formulierung der Strategien an, im Gegenteil, Backplanning ist die zentrale Methode der Strategieformulierung. Backplanning stellt sicher, dass Ziele und Strategien valide, plausibel und machbar sind. Zentrales, keineswegs aber triviales Ergebnis ist: zu wissen, was man schon heute tun muss, um die gesetzten Ziele zu erreichen: Auch wenn „strategisch“ manchmal mit „langfristig“ verwechselt wird, ein guter strategischer Plan hat ganz operative und kurzfristige Implikationen auf das Tagesgeschäft.

Dass die Phase der Umsetzung denjenigen Punkt im Prozess der Strategischen Planung darstellt, an dem die meisten der hehren Visionen scheitern, ist eine Binsenweisheit. Nur in zwölf Prozent der Fälle, das zeigen vorliegende Untersuchungsergebnisse, werden drei Viertel oder mehr der beschlossenen und als sinnvoll erachteten Strategien tatsächlich umgesetzt. Ungezählte Untersuchungen belegen, dass immer detailliertere Planungen oder bessere Umsetzungswerkzeuge zu nichts führen. Nur eine einzige Maßnahme hilft wirklich, das ist aber leider nichts Neues: konsequente Umsetzungsverantwortung auf Top-Management-Level. Konsequent bedeutet Konsequenz; ohne signifikante Incentivierung und mühsames

Controlling, das nicht etwa vom operativen Controlling mal eben „miterledigt" werden darf, erwarten sich die befragten Manager keine Besserung. Sicher gibt es Ideen, wie Umsetzung und Controlling zu verbessern sind: Zu den Erfolg versprechenden Kandidaten gehört die Messung des Grades der Umsetzung. Letztlich steht und fällt die Umsetzung aber immer mit dem Bündel von Aufgabe, Kompetenz und Verantwortung.

6 Zusammenfassung

Zusammenfassend lassen sich neun Hebel zur konkreten Verbesserung der Strategischen Planung erkennen (Abbildung 33). Diese Hebel stellen gleichsam die Elemente erfolgreicher Strategischer Planung dar.

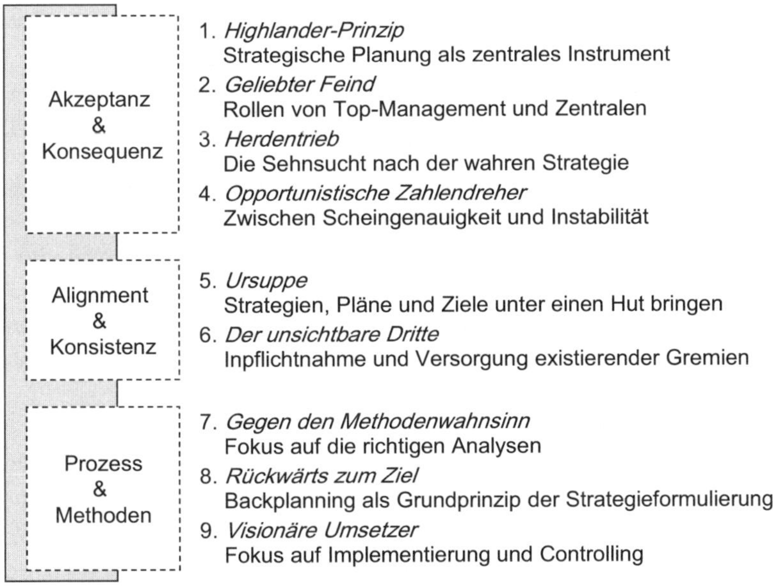

Abbildung 33: Die neun Elemente erfolgreicher Strategischer Planung

Über 90 Prozent der befragten Manager wünschen sich eine Strategische Planung als das zentrale Element der Unternehmensführung. Gleichzeitig wird sie aber von nur von etwas über der Hälfte tatsächlich eingesetzt, und lediglich acht Prozent geben an, dass in ihrem Unternehmen eine eindeutige Strategie vorliegt. In der Wissenschaft werden momentan die „zehn verschiedenen Denkschulen" der Strategischen Planung diskutiert. Zehn Schulen! Die meisten Unternehmen schätzen sich glücklich, wenn sie einen wirklich gelebten Ansatz verwirklichen konnten, der tatsächlich zur Umsetzung von Strategien führt, wie pragmatisch er auch immer sein mag. Gerade in Krisensituationen zeigt sich, dass von echtem Vertrauen in die Strategische Planung keine Rede sein kann: Knapp 60 Prozent der Unternehmen fahren ihre Strategische Planung in schwierigen Lagen herunter.

Welches sind die Gründe für dieses Missverhältnis zwischen angeblicher Relevanz und tatsächlicher Reife? Was ursprünglich Ergebnis einer ordnungslosen und intuitiven Entwicklung ist, wird im Nachhinein zumeist rationalisiert und als Resultat einer systematischen Planung verkauft. Warum? Weil alle an Richtig und Falsch glauben. Wir berauben uns so der Möglichkeit, aus Fehlern zu lernen, da wir hinterher glauben, bereits vorher schlauer gewesen zu sein.

Ein weiterer zentraler Grund ist in der Rolle der Zentralabteilungen und Stäbe zu vermuten: 80 Prozent der Unternehmen mit mehr als 50 Mitarbeitern werden von Zentralen mitregiert. Bei der Hälfte dieser Unternehmen stellt die Zentrale sogar den Haupttreiber der Strategischen Planung dar. Je höher die Verantwortung der Zentrale, das zeigen die Resultate dieser Studie, desto geringer sind Akzeptanz und Vertrauen des Top-Managements. Knapp die Hälfte der operativen Manager ist mit dem Einfluss starker Zentralen unzufrieden.

Die Strategische Planung scheint entweder auf Informationsverteilung oder auf innovative Strategieentwicklung gerichtet zu sein – Unternehmen, die beide Ziele in Einklang bringen, sind selten. „Echte" Strategen zeichnen sich vor allem durch dadurch aus, dass sie die Strategien der Wettbewerber und Kunden ins Kalkül einbeziehen, einen transparenten Zusammenhang zwischen Strategien und Unternehmenszielen herstellen und die Unternehmensstrategie (Corporate Strategy) eng mit den Strategien der Geschäftseinheiten verzahnen. Zur Evaluation setzen sie auf die Methode des Backplanning, und die Verantwortung für das Umsetzungscontrolling ist vollständig auf der Ebene des Top-Managements verankert, das hinsichtlich des Umsetzungsgrades signifikant incentiviert ist.

Die Strategische Planung wird in den meisten Unternehmen durch einen recht ähnlichen Prozess unterstützt, mag es auch im Detail einzelne Unterschiede geben. Die Ergebnisse der Untersuchung zeigen, dass zwar die dem Prozess zugesprochene Relevanz über allen Phasen konstant hoch ist, jedoch die Reife – also die tatsächliche Phasen-Implementierung in deutschen Unternehmen – im fortschreitenden Prozess stetig abnimmt. Während noch 80 Prozent der Manager angeben, die Phase der externen Analyse „häufig" bzw. „immer" durchzuführen, bestätigen dies für die Implementierungs-Phase nur noch die Hälfte. Interessanterweise liegt der Hauptansatzpunkt dabei nicht in der Umsetzung selbst – sondern im Controlling, denn dieses wird von den Entscheidern als notwendige Voraussetzung für die eigentliche Umsetzung betrachtet.

Nur 40 Prozent der befragten Manager können in ihrem Unternehmen derzeit eine Überprüfung der Konsistenz von Strategie und Umsetzung feststellen, die Notwendigkeit dazu wird aber von fast allen gesehen. Die Erzielung einer hohen Konsistenz ist dabei nicht nur für das eigene Unternehmen von zentraler Bedeutung, sondern auch für externe Anspruchsgruppen wie Analysten oder Ratingagenturen, die der Konsistenz von erklärter und realisierter Strategie bei ihrer Bewertung hohes Gewicht beimessen.

Bei den im Rahmen des Strategieprozesses eingesetzten Methoden scheint die Devise zu gelten: Masse statt Klasse. Eine unüberschaubare Anzahl von Methoden wird propagiert und zum Einsatz gebracht. Die tatsächliche Nutzung der Methoden wird durch die Ergebnisse dieser Studie in ein völlig neues Licht gerückt: Die höchste Reife haben umweltorientierte Methoden erlangt – dagegen wird die Sicht auf interne Ressourcen derzeit vernachlässigt. Legt man die Resultate dieser Untersuchung zugrunde, ist anzunehmen, dass insbesondere Methoden der Kundenzufriedenheits- und Marktattraktivitätsanalyse in nächster Zeit verstärkt zum Einsatz kommen.

Die momentan oft eingeschränkte Perspektive deutscher Unternehmen, Kurzfristorientierung und Management mit angezogener Handbremse, gereichen dem strategischen Benchmarking zum Vorteil. So werden immer die gleichen Punkte auf der strategischen Landkarte angestrebt. Eine beispiellose Imitationsdynamik schürt einen Wettbewerb, der nur noch über die Effizienz auszutragen ist. Von der Sinnlosigkeit eines strategischen Benchmarking ahnen die meisten, dennoch lockt das Instrument durch seinen mitgelieferten Vollkasko-Schutz: Managemententscheidungen, basierend auf einem umfangreichen Benchmarking, sind quasi unangreifbar. Schließlich kommen die Konzepte und Ideen vom wichtigsten und erfolgreichsten Wettbewerber. Keinem Entscheidungsträger kann dies je vorgeworfen werden. Beachtet man die dramatisch zunehmende Wechselfrequenz an der Spitze deutscher Unternehmen, die durch den Sprung in den letzten zehn Jahren von ein Prozent im Jahr 1995 auf 18 Prozent im Jahr 2004 mittlerweile auch die USA weit hinter sich gelassen hat, werden die Motive augenscheinlich.

Insgesamt vermittelt das Bild der Strategischen Planung in deutschen Unternehmen derzeit eher den Eindruck einer halbherzigen, auf die Zufriedenstellung befürchteter Anforderungen gerichteten, wenig innovativen Planung. Dennoch ist, auf einem relativ geringen Entwicklungsstand, eine signifikante Zunahme ihres Einsatzes zu verzeichnen. Kommt eine Anfang der Achtzigerjahre durchgeführte Studie noch zu dem Ergebnis, dass rund 45 Prozent der deutschen Unternehmen eine Strategische Planung durchführen, sind dies den Ergebnissen der vorliegenden Untersuchung zufolge annähernd zwei Drittel. Wesentliche Faktoren, die eine Strategische Planung begünstigen, sind internationale Ausrichtung, hohe Umweltdynamik, kurze Innovationszyklen, zunehmender Druck externer Anspruchsgruppen, eine starke Wachstumsorientierung und vor allem die tapfere Sehnsucht nach der individuellen Strategie, durch die sich das eigene Unternehmen von der Herde derjenigen absetzt, die alle den gleichen Punkt in der strategischen Landkarte zu erreichen suchen.

Strategie ist eben nicht das Wiederholen und Imitieren angeblicher Gesetzmäßigkeiten.

Dritter Teil:
Neun Elemente erfolgreicher Strategischer Planung

Dritter Teil: Neun Elemente erfolgreicher Strategischer Planung

Aus der Erhebung „Strategische Planung in deutschen Unternehmen“ lassen sich neun Elemente erfolgreicher Strategischer Planung abgeleiten (Abbildung 33). In der Konsequenz geben diese neun Elemente die weitere Struktur dieses Buches vor. Die einzelnen Elemente werden, in der obigen Reihenfolge besprochen und fügen sich zu einem pragmatischen und integrierten Ansatz für die Praxis der Strategischen Planung zusammen. Die Strategische Unternehmensplanung wird so von Planungsrhetorik und Innenorientierung befreit und zum wirksamen Instrument erfolgreichen Unternehmertums umdefiniert.

1 Highlander-Prinzip: Strategische Planung als zentrales Instrument der Unternehmensführung

Kernthesen:
- Für jedes Unternehmen kann es nur ein zentrales Führungsinstrument geben.
- Die Ergebnisse dieses Führungsinstruments müssen auf die Ressourcenallokation gerichtet sein, terminierte Zielzustände aufzeigen und deren Erreichung plausibel darlegen.
- Alle anderen Prozesse oder Instrumente ordnen sich hierarchisch unter, d. h. basieren auf den Ergebnissen des zentralen Führungsinstrumentes.
- Eine bildhafte, lebendige, unerwartete Geschichte (ausgedrückt in einer Vision oder Mission) ist besser als ein abstraktes Strategie-Statement.

Nicht selten sind Strategien oder nach außen getragene Unternehmensvisionen abstrakt und wenig aussagefähig: „Wir wollen unsere Kunden begeistern“, „Wir wollen der effizienteste Hersteller werden“ oder „World-Class Customer Service“ geben weder Kunden noch dem eigenen Management Halt und Entscheidungssicherheit. Wer nun glaubt, dass sich solche Gemeinplätze nur in zur externen Veröffentlichung bestimmten Publikationen, etwa Geschäftsberichten oder Web-Seiten finden, der irrt. Genauso werden auch die Mitarbeiter in einem Unternehmen informiert und behandelt. Woran liegt das?

Zwei zentrale Gründe sind für unerträgliche Simplifizierung und Abstrahierung verantwortlich, durch die kein leitender Gedanke Halt bietet und den Interpretationsspielraum begrenzt: Zum kleineren Teil ist die Ursache in der Angst des Top-

Managements zu sehen, dass „ihre" Strategie über das Unternehmen hinaus bekannt wird. Das Spannungsfeld zwischen Vertraulichkeit und Verbreitung von Strategien muss aufgelöst werden. Es führt kein Weg daran vorbei: Diejenigen Führungskräfte, die in der Lage sind, Einfluss auf das Geschäftsmodell des Unternehmens, einer Geschäftseinheit oder Abteilung zu nehmen, müssen Teil des an der Strategie beteiligten Führungskreises sein. Diese Beteiligung bedeutet nicht unbedingt die Einbindung bei der Strategieformulierung – aber doch die offene, ausführliche, ehrlich auf Anregungen ausgerichtete Diskussion und Kommunikation der Strategie. Dabei besteht der wesentliche Punkt des vorbereitenden, kleineren Strategie-Kernteams darin, die Strategie plausibel und erreichbar darzustellen sowie klar aufzuzeigen, welchen Einfluss die Strategie mittel- und langfristig, aber eben auch ganz kurzfristig auf das Unternehmen, eine Geschäftseinheit oder eine Abteilung hat (z. B. hinsichtlich Marketing, Personalentscheidungen oder Produktentwicklung).

Häufiger jedoch, als die fehlende Vertrauensbasis zu den eigenen Managern, ist der feste Glaube daran anzutreffen, dass die kommunizierte Strategie oder Vision doch alle wesentlichen Elemente – natürlich „reduced to the max" – enthält! Spitzenmanager haben große Teile ihres beruflichen Lebens damit verbracht, Sachverhalte abstrakt zu betrachten – und zu formulieren. Mitarbeiter können die „zwischen den Zeilen" enthaltene Botschaft aber nicht entschlüsseln. Dieses Phänomen wird unter dem Begriff „Curse of Knowledge"[81] diskutiert.

> Die Psychologin ELIZABETH NEWTON von der Stanford University verdeutlicht die „Curse of Knowledge" Problematik mit einem simplen Spiel[82]: Einige Studenten suchen sich ein sehr bekanntes Lied aus, klopfen den Rhythmus dazu. Die Zuhörer haben dagegen die Aufgabe, das geklopfte Lied zu erraten. Keine große Überraschung: Die Zuhörer erraten bei über einhundertzwanzig Durchführungen gerade einmal drei Lieder. Wohl eher Zufall. Die spannende Frage ist aber gar nicht, ob die Zuhörer das Lied erraten können. Die entscheidende Frage ist, ob die „Klopfer" im Vorfeld glauben, dass ihr Lied erraten wird. Das Ergebnis: Die Klopfer sind sich zu 50 Prozent sicher, dass ihr geklopftes Lied erraten wird. Warum?
>
> Die Klopfer haben gar keine Möglichkeit, das Lied nicht zu hören, während sie es klopfen! Sobald wir etwas wissen, die Melodie in unserem Kopf hören, sind wir kaum noch in der Lage uns vorzustellen, wie es ist, nicht über dieses Wissen zu verfügen.

Die ersten beiden Sätze der Philosophie des erfolgreichen Berliner Design-Labels REDMALOO lautet: „We're not trying to be new. If anything – we're trying not to

[81] Vgl. Heath, C.; Heath, D. (2007).

[82] Vgl. Newton, E. (1990).

be." Die Kunst besteht darin, eine Vision konkret und fassbar zu formulieren. Trotzdem, wenn eine Vision aus Gemeinplätzen besteht, gibt es wenig Hoffnung, dass sie dort „ankommt", wo sie ankommen muss. Eine gute, bildhafte, lebendige und unerwartete Geschichte ist besser als ein abstraktes Strategie-Statement.

TRADER JOE'S ist eine US-amerikanische Handelskette, mit mehr als fünf Mrd. USD Jahresumsatz, die besondere Lebensmittelspezialitäten zu günstigen Preisen anbietet. Bereits 1979 erwarb THEO ALBRECHT (einer der ALDI-Brüder) das Unternehmen, beließ aber den Gründer am Ruder und griff kaum in das Geschäft ein. Die Mission des Unternehmens lautete: „Wir bieten unseren Kunden die besten Lebensmittel und die besten Getränke. Zudem verschaffen wir ihnen alle Informationen, die sie brauchen, um Kaufentscheidungen zu treffen."[83] Dieses Statement, über einem x-beliebigen Supermarkt als großes Transparent aufgehängt, passt zu jedem und bietet folglich für die Manager, Mitarbeiter und Kunden des Unternehmens keinerlei Halt und Orientierung.

Die Manager von TRADER JOE'S lösten sich vom „Course of Knowledge" und konkretisierten ihre Mission. Sie begannen damit, ihren Kunden zu beschreiben. Die Manager hatten einen bestimmten Menschen im Kopf, die ein Marketing-Fachmann normalerweise als „Person, die einer gehobenen sozioökonomischen Gruppe angehört, qualitätsbewusst lebt, aber dennoch preisbewusst ist und Abwechslung sowie neue Erfahrungen wertschätzt" beschreiben würde. Hilft das den Mitarbeitern ein Bild von ihrer Zielgruppe, von ihrem Kunden, zu erhalten? Bitte wiederholen Sie die Definition – hat sie sich Ihnen eingeprägt?

Was TRADER JOE'S dann tatsächlich tat, war den Kunden folgendermaßen zu definieren: „Arbeitsloser Gymnasiallehrer, der einen sehr, sehr alten Volvo fährt." Sofort hatte jeder im Unternehmen ein einheitliches und greifbares Bild des Kunden, das er nicht mehr vergisst: Wird der Lehrer die neue, exotische Paprika-Suppe mögen? Na klar!

Auch auf seiner Web-Site liebt TRADER JOE'S die offenen Worte, wenn es um den Wert (Value) geht, den das Unternehmen seinen Kunden bietet: „Value is one of those words that gets tossed around by marketing people all the time. So it's easy to forget sometimes that value is about more than just a great price. So just what do we mean by 'Value'? We mean everyday prices on all our products. That means we don't have sales. We don't have gimmicks. We don't have clubs to join or special cards to swipe. Just honest prices on terrific products, every day."[84]

Noch in der 1997er-Ausgabe des Gabler-Wirtschaftslexikons findet sich unter dem Stichwort „Vision": „Teilgebiet der künstlichen Intelligenz (KI), das sich mit der

[83] Vgl. Heath, C.; Heath, D. (2007).

[84] http://www.traderjoes.com/value.html

Entwicklung bildverstehender Systeme beschäftigt." Der Duden schreibt bis in die 90er Jahre hinein unter der Eintragung „Vision": „Gesichts- oder Sinnestäuschung, optische Halluzination." Für Jahrhunderte waren dies die Bedeutungen dieses Begriffs. Erst später wurde hinzugefügt: „Vorstellung; besonders in Bezug auf die Zukunft entworfenes Bild." Bei jeder anfangs sinnvollen Bewegung, die durch inflationäre Verwendung an Substanz und Gehalt verliert, bildet sich bald eine Gegenbewegung. Wie so oft: vom einen ins andere Extrem. So erklären einige prominente Management-Gurus, beispielsweise FREDMUND MALIK, Professor an der Universität St. Gallen und Leiter des Malik Management Zentrum St. Gallen: „Management ist wie kaum ein anderes Gebiet durchsetzt von Modewörtern. Eines der dominierenden der vergangenen Jahre ist Vision. Ich schlage vor, dieses Wort in einem Unternehmen nicht mehr zu verwenden."[85] MALIK schreibt diesem Begriff mithin eine fast magisch-zerstörende Bedeutung zu: „Der größte Teil der aktuellen Unternehmensdebakel im Banken- und Versicherungsbereich, im Versorgungs- und Mediensektor ist fast ausschließlich darauf zurückzuführen, dass man den Begriff „Vision" ungehemmt grassieren ließ." [86]

CLARIANT:[87]

- Unser Ziel ist es, das *führende*, auf Service spezialisierte *Unternehmen* und der bevorzugte Partner *in der Spezialchemie* zu werden.
- Unsere Verpflichtung, ausgezeichneten Service zu leisten, trägt zum *Erfolg unserer Kunden* bei.

DEGUSSA:[88]

- Wir werden das *weltweit führende Unternehmen für Spezialchemie* und darüber hinaus.
- Wir schaffen *Werte für Kunden*, Aktionäre und Mitarbeiter.

Die Definition und Kommunikation einer Unternehmens-Vision ist sinnvoll, wenn sie bestimmte Kriterien erfüllt: Eine Vision ist kein Selbstzweck, sie ist darauf gerichtet, den Stakeholdern eines Unternehmens Orientierung und Entscheidungssicherheit zu geben. Eine gute Vision ist glaubhaft, verständlich, konkret, unerwartet und greifbar. Leider ist in der Praxis (wie in der Wissenschaft) festzustellen, dass weder eine gemeinsame Sprachregelung hinsichtlich der Begrifflichkeiten von Vision, Mission, Unternehmensphilosophie, Unternehmensziel oder Leitbild besteht – noch die getroffenen Inhalte wirklich den o. g. Kriterien genügen. Stellt man beispielsweise die aktuelle Vision/Mission von DEGUSSA und CLARIANT, zwei kon-

[85] Malik, F. (2003).

[86] Malik, F. (2003).

[87] http://www.clariant.de

[88] http://www.degussa.com/degussa/de/unternehmen/grundsaetze/vision_mission_leitlinien/

kurrierenden Unternehmen, die im Bereich der Spezialitätenchemie tätig sind, gegenüber, erkennt man sofort deren beliebige Austauschbarkeit. Kein objektiver Dritter, der die beiden Unternehmen noch so gut kennt, könnte die eine oder andere Vision/Mission dem einen oder anderen Unternehmen zuordnen.

Wenn sich zwei Wettbewerbsunternehmen in solcher Art und Weise positionieren, wird jede Möglichkeit zur Differenzierung ausgeschaltet. Ersetzen wir das Wort „Spezialchemie" durch einen beliebigen anderen Branchennamen, sind diese Visionen praktisch auf jedes Unternehmen projizierbar, damit inhaltsleer und willkürlich.

Welchen Charakter tatsächlich einer Vision zuzuschreiben ist – darüber besteht im wissenschaftlichen Diskurs Uneinigkeit. Während einige Vertreter die Erreichbarkeit einer Vision explizit voraussetzen („Visionen tragen also ihr Verfallsdatum mit sich."[89]), Visionen somit eher als weit entfernte Unternehmensziele betrachten, setzen andere Autoren gerade darauf, dass eine Vision sich nicht erreichen lässt, gar nicht erreicht werden kann, da sie von ihrer Natur her kein erreichbares Ziel darstellt: „Auch in der Unternehmung brauchen die Mitarbeiter eine Vision, der sie wie dem Polarstern folgen können. Der Stern ist nicht das (zu erreichende) Ziel, gibt jedoch die Richtung an, in die sie ihr Denken, Handeln und Fühlen lenken können."[90]

Gerade durch den erstgenannten, zielorientierten Ansatz besteht die Schwierigkeit darin, Vision und Unternehmensziel abzugrenzen, die Entstehung sinnentleerter Visionen (s. CLARIANT und DEGUSSA) wird gefördert. Vielmehr bietet eine gute Vision eine konkrete doch unerreichbare Konstanz – die eben dadurch erst Halt geben kann. STEVE JOBS und STEPHEN WOZNIAK hatten die Vision, den Computer zu demokratisieren, die Hilfsorganisation CARE hat die Vision einer Welt der Hoffnung, Toleranz und sozialen Gerechtigkeit, in der die Armut besiegt ist und die Menschen in Würde, Frieden und Sicherheit leben, HENRY FORD wollte ein Auto bauen, das für alle Menschen erschwinglich ist, das SOS-KINDERDORF will allen in Not geratenen Kindern eine Familie geben, der Lebensmittelhersteller BARILLA möchte den italienischen Lebensstil in die ganze Welt verbreiten.

Keine dieser Visionen wurde „erreicht" oder ist abschließend erreichbar, dennoch sind die Bilder die, Marken gleich, im Kopf des Betrachters entstehen, klar und eindeutig. Wenn HENRY FORD diese Vision hatte – dann braucht er dafür ein Fließband! Wenn die APPLE-Gründer ihre Vision verfolgen wollen, können sie dies nicht auf der Basis der damals üblichen Großrechner tun – sie müssen die Spielregeln verändern. Wenn sich BARILLA einer italophilen Sehnsuchts-Vision verschrieben hat, wie kann dann nur die Begrüßung auf der Web-Site lauten? Richtig: „Willkommen in Italien!" Wir sind angekommen.

---

[89] Müller-Stewens, G.; Lechner, Ch. (2005).

[90] Hinterhuber, H. (2004a).

Die Aufgabe der Findung einer Vision stellt sich in der Regel dann, wenn ein Unternehmen neu gegründet wird, oder aber sich selbst eine fundamentale strategische Neuorientierung gibt. Wie kommt nun eine Vision zustande? Natürlich gibt es kein automatisiertes Modell, dennoch einige Leitsätze:

Was ist eine Vision?
- Eine Vision gibt eine Richtung an – sie hat erzieherischen Charakter.
- Eine Vision hat symbolischen Charakter – sie spricht Herz und Gefühle an.
- Eine Vision ist bildhaft-vergleichend, einfach, verständlich – und wirkt dadurch motivierend.
- Eine Vision ist überraschend und unkonventionell.
- Eine Vision erlaubt dem Sohn des Logistik-Leiters, seiner neuen Freundin zu erklären, wo der Papa arbeitet.

Was ist eine Vision nicht?
- Eine Vision ist kein „erreichbares" Unternehmensziel.
- Eine Vision ist keine Maßnahme.
- Eine Vision beinhaltet keine Zahlen.

> HANS HINTERHUBER, Professor an der Universität Innsbruck, stellt die für einen Unternehmer zentrale Frage zur Überprüfung der Vision: Was könnte – im Alter zurückblickend – Dein ganz persönliches Werk sein? Um was wäre die Welt ärmer, wenn es Dich und Dein Unternehmen nicht gegeben hätte?[91]

Während also die Vision (i. d. R. gleichgesetzt mit der Unternehmensphilosophie) auf die Beantwortung der Frage „Was wollen wir erreichen?" zielt und somit in die Zukunft gerichtet ist, gibt die Mission (synonym/ergänzend: Unternehmensleitbild, -grundsätze, -werte, -zweck, Verhaltensrichtlinie oder Führungsgrundsätze) Antwort auf die Frage „Wie wollen wir es erreichen?" und ist daher eher auf die Gegenwart gerichtet. Die Mission ist üblicherweise der Vision nachgelagert und wesentlich detaillierter. Beispielhaft ist die Mission der FRAUNHOFER-GESELLSCHAFT (FhG) in Auszügen wiedergegeben, die außergewöhnlich klar, und sicherlich in einigen Punkten überraschend, dargestellt ist. In dieser Mission wird der differenzierende Charakter deutlich – keine andere Organisation könnte sich eine derartige Mission geben.

[91] Vgl. Hinterhuber, H. (2004a).

Mission/Leitbild der FRAUNHOFER-GESELLSCHAFT *(Auszug)*[92]

- Die Mitarbeiterinnen und Mitarbeiter erwerben Kenntnisse und Fähigkeiten, um später auch außerhalb der FRAUNHOFER-GESELLSCHAFT anspruchsvolle Positionen ausfüllen zu können.
- In der FRAUNHOFER-GESELLSCHAFT setzen sich Teams möglichst ausgewogen zusammen. Sie nutzen daher das kreative Potenzial beider Geschlechter, verschiedener Altersstufen, Kulturen und Fachrichtungen und erhöhen dadurch die Qualität ihrer Ergebnisse.
- Die Führungskräfte der FRAUNHOFER-GESELLSCHAFT leiten personen- und ergebnisorientiert. Sie delegieren Verantwortung umfassend an ihre Mitarbeiterinnen und Mitarbeiter und gewähren dadurch den höchstmöglichen Freiraum für kreatives und eigenverantwortliches Arbeiten.
- Die FRAUNHOFER-GESELLSCHAFT forscht aufgaben- und ergebnisorientiert. Ihr Ziel ist die Umsetzung von Innovationen in Wirtschaft und Gesellschaft.
- Die FRAUNHOFER-GESELLSCHAFT forscht dezentral. Das parallele Vorgehen der Institute führt zu einem breiten Spektrum kreativer Lösungen.
- Die FRAUNHOFER-GESELLSCHAFT führt öffentlich geförderte Vorlaufforschung durch. Diese ist die Basis der Auftragsforschung für Kunden. Durch solche externen Erträge finanziert die Fraunhofer-Gesellschaft ihren Haushalt zu großen Teilen selbst.
- Die FRAUNHOFER-GESELLSCHAFT beachtet in ihrer Forschung die Grundsätze guter wissenschaftlicher Praxis. Sie folgt eindeutigen Regeln zur Klärung wissenschaftlichen Fehlverhaltens.
- Die Mitarbeiterinnen und Mitarbeiter bestimmen durch ihre fachlichen, unternehmerischen und sozialen Kompetenzen die Leistungsfähigkeit der FRAUNHOFER-GESELLSCHAFT weitgehend mit.
- Die Führungskräfte stellen die Transparenz von Entscheidungen sicher.

Die Vision eines Unternehmers bietet einen wesentlichen Anker für Strategie und Strategische Planung. Organisationen aller Größenordnungen verfügen über zum Teil dokumentierte und zertifizierte, zum Teil nur informell vorhandene Prozesse, Methoden und Instrumente. Entfernen wir, gedanklich, vorhandene Hierarchien und betrachten wir das gesamte System, stellt sich die Strategische Planung als nur eine Methode, ein Prozess unter vielen dar. Die Qualität eines Systems an Prozessen, Methoden und Instrumente lässt sich, unabhängig von der Ergebnisqualität, leicht beurteilen: Ein System hat dann eine hohe Qualität, wenn die Ergebnisse (Output) zueinander entweder komplementär oder detaillierend sind. Im Umkehrschluss muss einem solchen System dann eine geringe Qualität zugesprochen werden, wenn mehrere Prozesse, Methoden oder Instrumente zum gleichen Ergebnis-

[92] http://www.fraunhofer.de/fhg/Images/leitbild_tcm5-5801.pdf

typ (z. B. der Ressourcenallokation für eine bestimmte Unternehmensebene) führen.

Wie hängt dieser Gedanke nun mit dem Prozess der Strategischen Planung zusammen? Ganz einfach: in vielen Unternehmen existieren parallel, als einzelne Teile des Prozesssystems, eine Reihe von im Ergebnis konkurrierenden Prozessen, Methoden und Instrumenten. Dies resultiert vor allem aus dem unterschiedlichem Verständnis, das der Strategischen Planung zugesprochen wird. Strategische Planung wird interpretiert als Langfristplanung, als Planung von Investitionsentscheidungen, als Instrument zur Visionserstellung, als Kontrollmechanismus, als Führungsmodell und vieles andere mehr. Daher sind, auch historisch geprägt und beraterinduziert, viele Methoden und Instrumente im Einsatz, die auf eben das vorherrschende Verständnis der Strategischen Planung, deren wesentliche Charaktereigenschaften ausgerichtet sind: Kernergebnis der Strategischen Planung ist die zielgerichtete Allokation von Ressourcen (z. B. Budget, Arbeitszeit). Genau dieses Ergebnis hat aber auch die Durchführung vieler anderer Prozesse, Methoden und Instrumente (z. B. Finanzplanung, Budgetdurchsprache, Investitionsplanung, Customer Relationship Management, Product Lifecycle Management, Balanced Scorecard, EFQM-Modell) im Unternehmen zum Ziel.

Dies ist solange unproblematisch, wie sich die Ressourcenallokation in ein hierarchisches oder komplementäres Gesamtbild einfügt. Die Praxis zeigt jedoch, dass dies eher die Ausnahme ist. So kann ein etablierter Prozess zur Investitionsplanung (der vielleicht im Finanzbereich durchgeführt wird) im Ergebnis zu einer bestimmten Verteilung des Budgets führen, während der Strategieprozess eine ganz andere Budgetallokation vorsieht. Probleme entstehen also dann, wenn die Ergebnisse der eingesetzten Methoden konkurrieren und nicht in einer komplementären oder hierarchischen Beziehung zueinander stehen. Den Einwand, dass dies sofort auffallen müsse, kann man getrost ins Reich der Wunschvorstellungen verbannen. Dass, in großen Unternehmen, die oft zentral geplante und streng vertraulich behandelte Strategie tatsächlich auf den operativen, ausführenden Ebenen ankommt bzw. verstanden wird, ist eher selten. In den operativen, geschäftsführenden Einheiten entstehen in den verschiedenen Abteilungen und unter Regie verschiedener Führungskräfte, unter Verwendung unterschiedlicher Instrumente, eigene Vorstellungen über die Entwicklung des Unternehmens. Verschiedene Auffassungen und der Streit um die bestmögliche Entwicklung ist natürlich förderlich und gewollt, eine schädliche Konkurrenz entsteht aber, wenn, mit großem Aufwand, auf unteren Ebenen Strategien entstehen, die im Glauben ihrer Ersteller „fertig“ und „durchdacht“ sind, aber keine Relevanz entfalten können, da die Gesamtstrategie des Unternehmens auf andere Ziele und Maßnahmen gerichtet ist.

Dieses Phänomen wird insbesondere dadurch gefördert, dass in großen Unternehmen die Strategische Planung oftmals de facto eher auf das Informations- und Kontrollbedürfnis des Top-Managements gerichtet ist, als auf eine echte Gestaltung der Unternehmenszukunft. In einer solchen Situation fehlt ganz offensichtlich ein strategisches top-down Führungsinstrument. Da diese Lücke nun durch die Erarbeitung von Strategien auf den Ebenen der Geschäftseinheiten oder Abteilungen geschlossen wird, sind die Voraussetzungen für Konflikte geschaffen.

> Der Küchenhersteller ALNO ist fast pleite als FRANK GEBERT den Vorstandsvorsitz übernimmt.[93] „Ich habe hier eine in weiten Teilen völlig informationslose Führungsmannschaft vorgefunden. Von der ersten, zweiten und dritten Ebene wusste keiner, wo das Unternehmen steht, geschweige denn, wo es hingeht." Seine Mitarbeiter machten auf ihn den „Eindruck einer fatalistischen Gruppe." Ohne Orientierung, ohne Strategien und Vision. GEBERT ist sich sicher: „Wenn keine Steuerung da ist, entsteht von oben nach unten unglaublicher Druck, der zur persönlichen Bedrohung werden kann. Viele haben sich wohl gedacht: Ich entscheide nichts mehr. Soll sich lieber ein anderer die Finger verbrennen."

Der Schlüssel zu einer erfolgreichen Strategischen Planung liegt weniger in einem Vergleich konkurrierender Prozessergebnisse, sondern vielmehr in der hierarchischen Anordnung der Ergebnisgranularität, die aus sich heraus eine bestimmte Prozesshierarchie induziert. Für die Strategische Planung gilt das „Highlander-Prinzip". Es kann nur eine geben. Schreiben wir dem Prozess der Strategischen Planung eine für das Unternehmen gesamtsteuernde Aufgabe zu, muss sichergestellt sein, dass andere Prozesse nicht zum gleichen Ergebnistyp (z. B. der Ressourcenallokation auf SGE-Ebene) führen. In der Praxis lässt sich feststellen, dass dies oft zu Lasten bisheriger, individueller Autorität einzelner Personen geht, deren Kompetenz zukünftig in Teilen auf ein Gremium verlagert wird. Daher verwundert es nicht, wenn entsprechende Änderungen oft zu erheblichem Widerstand in der Organisation führen. Diese Widerstände werden selten mit der Kompetenzverschiebung begründet, in der Regel wird die Auseinandersetzung über die Aufgabe und Verantwortung geführt, die, so stellen es die Protagonisten dar, nicht mehr erbracht bzw. übernommen werden kann.

An dieser Stelle ist die Einführung eines aus der verwaltungswissenschaftlichen Terminologie bekannten Konstruktes, dem so genannten „AKV-Prinzip"[94] angebracht, demzufolge die Verantwortung für ein Ergebnis (das durch Erledigung von Aufgaben erbracht wird) organisatorisch dadurch abgesichert werden muss, dass auf allen Ebenen zwischen fachlicher Produktverantwortung, Ressourcenverantwortung und aufbauorganisatorischer Leistungsverantwortung Deckungsgleichheit geschaffen wird. Dieses Prinzip, der Zusammenführung von Aufgabe, Kompetenz und Verantwortung wird als AKV-Prinzip bezeichnet.[95]

---

[93] Vgl. Andres, M.-S. (2006).

[94] A: Aufgabe, K: Kompetenz, V: Verantwortung.

[95] Vgl. Hoffmann-Riem, W. (1997).

Sofern die Argumente hinsichtlich der eingeschränkten Möglichkeit der Aufgabenerbringung und Verantwortungsübernahme, durch Verletzung des AKV-Prinzips, als gerechtfertigt erscheinen, gibt dies ein gutes Indiz dafür, dass Aufgabe und Verantwortung vielleicht der falschen Stelle zugeordnet sind, selten aber, dass die Neuordnung der Kompetenz zu überdenken ist.

Die Unausgewogenheit des AKV-Prinzips wird an einer Stelle besonders deutlich: in der Zentralabteilung. Strategische Planung als zentrales Instrument heißt nicht Strategische Planung als Instrument der Zentrale! Was ist aber dann die Aufgabe der Zentrale?

2 Geliebter Feind: Rollen von Top-Management und Zentralen

Kernthesen:
- In größeren Unternehmen ist eine Strategie-Zentralfunktion notwendig.
- Die Mitarbeiter dieser Zentralfunktion zeichnen sich durch eine wesentliche Kernkompetenz aus: Sie haben Zeit.
- Die Aufgabe der Zentralfunktion ist auf Dienstleistung gerichtet – nicht auf Governance.
- Ist die Zentralfunktion für die inhaltliche Strategieentwicklung verantwortlich, ist der Eintritt in einen Effizienzwettbewerb vorprogrammiert.
- Zentralen entwickeln, auch ohne formale Richtlinienkompetenz, schnell faktische Macht. Die Eigendynamik und Selbstorganisation von Strategie-Zentralen muss begrenzt und über vier Hebel gesteuert werden.
- Die Einbindung des Vorstands in die Strategieentwicklung, wie auch die Aufgabenteilung zwischen Vorstand und Aufsichtsrat, sind derzeit nicht geregelt.

Das Themenfeld der Rollenverteilung, der Zuordnung von Kompetenz und Verantwortung zwischen Zentralabteilung und Management im Bereich der Strategischen Planung wurde in der wissenschaftlichen Literatur bisher kaum diskutiert. Der wesentliche Grund für dieses Phänomen ist in der Ausrichtung der wissenschaftlichen Forschung zu sehen, die sich historisch eher den theoretischen Fragen des „Was“ und des „Wie“ annimmt[96], als sich mit dem praxisorientierten „Wer“ zu befassen:

- Das „Was“ wird von der so genannten *Strategy Content-Forschung* adressiert. Bei diesem Forschungszweig stehen primär inhaltliche Aspekte im Vordergrund, also das Ergebnis des Strategieprozesses. Hier werden generische Strategietypen wie Wachstumsstrategien (z. B. Diversifikation, Produktentwicklung), Kostenführerstrategien oder Funktionsbereichsstrategien in Hinblick auf ihre Erfolgssausichten in spezifischen Situationen untersucht (s. Kapitel 3 des ersten Buchteils).
- Das „Wie“ wird im Rahmen der so genannten *Strategy-Process-Forschung* behandelt und geht der Frage nach, wie Strategien in einem Unternehmen erarbeitet, validiert und implementiert werden. Hier werden die einzelnen Phasen und Aktivitäten eines Strategieprozesses betrachtet (s. Kapitel 4 des ersten Buchteils).

Weit über diese beiden Aspekte hinaus geht die Frage, wer eigentlich im Unternehmen mit der Strategischen Planung befasst ist, diese verantwortet und steuert. In

[96] Vgl. Welge, K.; Al-Laham, A. (2003).

der hier vorgestellten Studie wurde diese Frage erstmals umfangreich und empirisch aus der Praxis heraus beleuchtet (s. Kapitel 2 des zweiten Buchteils). Studieren wir die wissenschaftliche Fachliteratur, lesen wir: „Strategische Planung ist das ureigenste und nicht-delegierbare Aufgabengebiet des Top-Managements.“ Soweit die Theorie. Wer die Praxis kennt, weiß, dass Strategien oft, wenn nicht sogar zum überwiegenden Teil, von Zentralen erstellt werden.

Die ursprüngliche und sinnvolle Idee der Konstitution von Zentralen im Bereich der Strategischen Planung war es, aufwändige Recherche-, Analyse- und Auswertungstätigkeiten des operativen Managements in eine Zentralfunktion zu verlagern. Gleichzeitig wurde häufig eine wesentliche Aufgabe der Zentralen darin gesehen, den Strategieprozess zu steuern, d. h. das Management durch eine Prozessstruktur zu leiten und beispielsweise mithilfe von Workshops sicherzustellen, dass sich das Management die notwendige Zeit nimmt und diese gleichzeitig effektiv und effizient genutzt wird. Die Zentralen waren somit in einer klar definierten Dienstleister-Rolle. Und diese Rolle umfasste eben nicht die Beschäftigung mit den Inhalten der Strategie: der Strategieentwicklung und -formulierung.

Mit fortschreitendem Lebenszyklus der Zentrale beginnt sich ihr Tätigkeitsspektrum nun aber auch auf die Inhalte der Strategie auszuweiten – damit einher geht die Veränderung der Rolle von einer Dienstleistungsfunktion in eine Governancefunktion mit Richtlinienkompetenz und Weisungsbefugnis. Ist sie erst einmal konstituiert, verleibt sich die Zentrale, ihrer Natur entsprechend, nach und nach weitere Teile der Strategischen Planung ein. Dieses Phänomen ist auch in keiner Weise verwunderlich: Wie jedes Unternehmen, jede Organisation, jede Abteilung und jede erfolgreiche Führungskraft ist auch der Anspruch einer Zentrale darauf gerichtet, zu wachsen, zusätzliche Verantwortung zu übernehmen und so, augenscheinlich, unverzichtbarer zu werden. Wurde die Zentrale einst zur Entlastung des Managements errichtet, um wichtige, zeitintensive Fragestellungen für das Management zu beantworten, dreht die Zentrale alsbald den Spieß um und ist selbst diejenige, die die Fragen stellt. Wie könnte es auch anders sein, im Gegensatz zum Management, das sich neben dem operativen Geschäft kaum um Fragen der Strategie, der Organisation und der Politik kümmern kann, hat die Zentrale überhaupt nichts anderes zu tun – und projiziert diese Fragestellungen selbstverständlich auch auf die ureigene Situation. Nur vor diesem Hintergrund lässt sich überhaupt erklären, dass ein weltweit operierender Konzern wie die SIEMENS AG es für nötig befindet, in die Geschäftsordnung für den Vorstand zu schreiben: „Die Gesamtinteressen des Hauses haben Vorrang vor den Interessen der [...] Zentralabteilungen.“[97] Diese Erfahrung, dass die tatsächliche Organisation eines sozialen Gebildes nicht der geplanten entspricht, ist seit langem bekannt und wird unter der Existenz

[97] Geschäftsordnung für den Vorstand der Siemens Aktiengesellschaft in der aktuellen Fassung (vom 24. Juli 2002)

selbstorganisierender Phänomene und Prozesse subsumiert.[98] JACK WELCH lernte die 200 Mitarbeiter umfassende Zentralfunktion bei GE in seiner Rolle als operativer Manager der Geschäftseinheit PLASTICS kennen und hassen. Kurz nach seinem Amtsantritt als CEO zerschlägt er die Zentrale und führt Aufgaben, Kompetenz und Verantwortung in operative Geschäftseinheiten zurück.

Die zunehmende Stärke der Zentralen ist auch deren Akteuren geschuldet, die mit zu den best ausgebildeten gehören, die es in den Unternehmen gibt. Insbesondere in Zentralen, die sich mit der Strategischen Planung befassen (z. B. Corporate Development, Corporate Strategy, Unternehmensplanung) sind üblicherweise nicht diejenigen Mitarbeiter eines Unternehmens beschäftigt, die sonst nicht unterkommen – im Gegenteil. Unter dem Hinweis auf ihre unternehmenswichtige und gestaltende Rolle verschafft sich die Zentrale, zumeist in Eigenregie, Zugang zu sehr fähigen und gut ausgebildeten Mitarbeiter. Nicht selten bietet die Tätigkeit in einer Zentrale das Sprungbrett für Highpotentials. Zahlreichen Top-Managern hat die Zentralen-Karriere sogar bis an die Spitze von Unternehmen verholfen.

So ist der im März 2007 über dubiose Zahlungen an den Chef der Unabhängigen Arbeitnehmervertretung (AUB) gestürzte und verhaftete SIEMENS Zentralvorstand JOHANNES FELDMAYER dafür ein glänzendes Beispiel. Stieg er nach seiner Ausbildung als zentraler Wirtschaftsplaner in das Unternehmen ein, wurde er 1982 Referent des „Zentralbereichs Betriebswirtschaft". Verschiedene Stationen im Controlling führten Feldmayer schließlich 2001 in die Position des Leiters der Zentralabteilung „Corporate Strategies", von wo aus der Sprung in den Vorstand und 2003 in den Zentralvorstand der SIEMENS AG gelang.

Parallelen zu diesem Lebenslauf zeigt auch die Vita des im Sommer 2007 zurückgetretenen Vorstandsvorsitzenden des Unternehmens. KLAUS KLEINFELD kam 1987 zu SIEMENS und stieg dann auch gleich in die erste Zentralfunktion ein: Er wurde Referent bei der damaligen Zentralstelle „Vertrieb und Werbung". Ein Jahr später wechselte er in den Zentralbereich Unternehmensplanung und -entwicklung, die ihm sogar die Möglichkeit bot, seine eigene Zentralstelle zu errichten: KLEINFELD gründete die Zentralstelle „Siemens Unternehmensberatung", die heute unter SMC (Siemens Management Consulting) firmiert. Bevor er in den Vorstand und schließlich Anfang 2005 zum Vorstandsvorsitzenden berufen wurde, leitete KLEINFELD die SIEMENS-Zentrale in den USA, und hatte somit zwar auf dem Papier 65.000 Mitarbeiter unter sich, gleichwohl keinerlei operative Geschäftsverantwortung, diese obliegt im SIEMENS-Modell den so genannten „Weltunternehmern", den Geschäftsgebietsleitern bzw. Bereichsvorständen sowie den Landeschefs der Bereiche.

[98] Vgl. Bea, F.X.; Haas, J. (2005).

Das Dilemma, vor dem die Manager stehen, lässt sich leicht zusammenfassen: Die Unternehmen haben entweder die Möglichkeit, ohne Strategiezentrale zu arbeiten, was kaum denkbar erscheint, da den Vorständen, Geschäftsführern und operativen Managern in großen aber auch in mittelständischen Unternehmen selten die Zeit bleibt, sich intensiv mit der Strategischen Planung auseinander zu setzen. Dies führt oft zur Nichtexistenz – oder einer schlecht definierten und damit (im besten Falle) wirkungslosen Strategie. Die andere Möglichkeit besteht nun darin, eine Zentrale zu etablieren die, wie obige Ausführungen und Beispiele zeigen, schnell eine Eigendynamik entwickelt. Warum aber ist es eigentlich so problematisch, wenn die Zentrale diejenige ist, die die Unternehmensstrategie vorgibt?

Drei wesentliche Faktoren lassen sich hier unterscheiden. Nehmen wir dazu einmal an, dass die Zentrale ganz formal die Aufgabe hat, die Strategie inhaltlich zu entwickeln und durchzusetzen. Damit würde, erstens, Aufgabe und Kompetenz auf der Seite der Zentrale liegen – die Umsetzungs-Verantwortung jedoch in den operativen Geschäftsbereichen und deren Management. Ein Scheitern, spätestens bei der Implementierung der Strategie, ist garantiert. Als einen wesentlichen Grund dafür können wir, und das ist der zweite Faktor, die abnehmende Motivation des Managements sehen, die eine Unternehmerschaft, die als unabdingbare Voraussetzung für eine erfolgreiche Strategieumsetzung gilt, von vornherein ausschließt. Wir erinnern uns an den kaufmännischen Bereichsleiter, der erklärt: „Wenn die Zentrale eine Strategie vorgibt, soll die Zentrale sie auch implementieren." Der dritte mitentscheidende Faktor ist darin zu sehen, dass sich die Zentrale auf den durch Zahlen konstruierten Markt und vor allem Wettbewerb stützt und, um das Beste für das eigene Unternehmen zu erreichen, selbstverständlich den gleichen Punkt auf der strategischen Landkarte anstrebt, wie dies auch alle anderen Wettbewerber tun. Der hautnah erlebte Markt, die direkten Gespräche und Kontakte mit den Kunden, Lieferanten und Wettbewerbern, vom operativen Management notgedrungen in die Templates der Zentrale gepresst, schaffen es nie und nimmer in die Herzen einer Zentralfunktion.

Hat sich ein Unternehmen erst einmal von der geschäftsführerzentrierten Orientierung in Richtung einer funktional organisierten Unternehmung gewandelt, beobachten wir, ab einer Unternehmensgröße von vielleicht 50 bis 100 Mitarbeitern, häufig eine Überlastung der Führungsspitze vor allem durch operative Fragestellungen. Es kann daher nicht verwundern, dass damit eine Vernachlässigung der strategischen Führung eines Unternehmens einhergeht. Zum ersten Mal entstehen nun die Notwendigkeit und das Bedürfnis der Bildung strategischer Zentralfunktionen. Die Mitarbeiter dieser Funktionen zeichnen sich zunächst gegenüber dem Management in erster Linie durch eine wesentliche Kernkompetenz aus, die dem operativen Management fehlt: sie haben Zeit.

Auch wenn den Zentralfunktionen (zunächst) Richtlinienkompetenz und Weisungsbefugnis fehlt, entwickeln diese, oft in relativ kurzer Zeit, eine hohe faktische

Macht.[99] Diese entsteht im Wesentlichen aus zwei Gründen: Erstens wird den Zentralen durch das vermutete Zusammenfallen von Aufgabe, Kompetenz und Verantwortung (s. AKV-Prinzip) schnell eine entscheidende Rolle zugesprochen. Zweitens erhalten sie, durch die Nähe zum Top-Management, meist die Aufgabe der Wahrnehmung einer aus entscheidungsvorbereitenden Tätigkeiten resultierenden Filterfunktion. Daraus entsteht für die anderen Mitglieder der Organisation die dringende Notwendigkeit, die Zentrale für ihre Ideen zu gewinnen, sie zu überzeugen. Nur so schaffen es ihre Ansichten und Vorstellungen überhaupt auf die Agenda. Diese widersprüchliche Situation, in der sich die Zentrale befindet (hohe faktische Macht – zunächst ohne formale Kompetenz) führt in Verbindung mit einer gleichzeitig geringen Marktorientierung und Kundennähe zu Motivationsproblemen in der Zentrale *und* bei den anderen Mitgliedern der Organisation. Ein weiterer Grund dafür, dass die Mitarbeiter der Zentrale immer versuchen werden, ihren wachsenden Verantwortungs- und Einflussbereich auch auf formale Beine zu stellen und so noch weiter auszubauen.

Wir müssen die Zentralstelle der Strategischen Planung in Zukunft als das begreifen was sie ist: der verlängerte Arm des Geschäftsführers oder Vorstands, nicht aber dessen Kopf. Dies induziert aber sofort die Notwendigkeit, dass es jemanden geben muss, der genau darauf achtet. Nur kann diese Aufgabe eben nicht vom Top-Management wahrgenommen werden – da sie ja höchstselbst diese Funktion erst etabliert hat. Bei Aktiengesellschaften kann diese Kontrollaufgabe folgerichtig nur dem bereits existierenden Kontrollgremium zugewiesen werden, dem Aufsichtsrat.

Aktuell wird durch diese Forderung allerdings eine klare Lücke in der Diskussion um die Aufgabenteilung zwischen Vorstand und Aufsichtsrat, wie sie beispielsweise im Deutschen Corporate Governance Kodex (DCGK) geregelt ist, erkennbar. Der DCGK (ausführlich in Kapitel 6) enthält in seiner aktuellen Version keinerlei Regelungen zur Zusammenarbeit zwischen Unternehmensführung und Zentralabteilungen, weder aus Sicht des Aufsichtsrates noch aus Sicht des Vorstands. In Bezug auf die Strategie des Unternehmens ist dort lediglich verbindlich geregelt: „Der Vorstand stimmt die strategische Ausrichtung des Unternehmens mit dem Aufsichtsrat ab und erörtert mit ihm in regelmäßigen Abständen den Stand der Strategieumsetzung.“[100] Generell bringt diese Vorgabe kaum Änderungen, vergleichen wir sie mit dem entsprechenden Paragraphen im Aktiengesetz (§ 90 Abs. 1 Nr. 1 AktG), hat der Vorstand dem Aufsichtsrat über „die beabsichtigte Geschäftspolitik und andere grundsätzliche Fragen der Unternehmensplanung [...]“ zu berichten. Da für andere Rechtsformen als die der Aktiengesellschaft keine vergleichbaren Vorschriften bestehen, kann lediglich für Unternehmen, in denen ein Aufsichtsrat besteht, eine Rechtspflicht zur Unternehmensplanung aus der analogen Anwendung des § 90 Abs. 1 Nr. 1 AktG abgeleitet werden. Inwieweit jedoch der

[99] Vgl. Bea, F.X.; Haas, J. (2005).

[100] Deutscher Corporate Governance Kodex in der aktuellen Fassung vom 12. Juni 2006.

Vorstand in die Strategieentwicklung eingebunden sein muss, bzw. der Aufsichtsrat dieses kontrolliert, bleibt in beiden Fällen (AktG und DCGK) offen. Betrachten wir GmbH-Unternehmen, ist dies nicht weniger kompliziert, da hier Kontrollgremien oft gänzlich fehlen. Hier könnte an die Einrichtung eines (freiwilligen) Beirats gedacht werden, oder aber an die Übernahme dieser Aufgabe durch die Gesellschafter. Aus dieser Zwickmühle kann nur der ausbrechen, der von Anfang an die Rolle der Zentralen im Unternehmen auf die Steuerung des Prozesses und Zulieferung angeforderter Analysen und Auswertungen begrenzt – ohne dass inhaltliche Funktionen (auch keine Filterfunktionen) ausgeübt werden. So kann sichergestellt werden, dass sich die Unternehmensführung aktiv an der strategischen Unternehmensplanung beteiligt, dies als ihre ureigenste Aufgabe ansieht und nicht (de facto) delegiert. Wie kann dies ein Unternehmen nun erreichen?

Vier wesentliche Hebel lassen sich identifizieren, die in gemeinsamer Anwendung zumindest eine hohe Wahrscheinlichkeit dafür bieten, dass die inhaltliche Strategieentwicklung in den richtigen Händen verbleibt bzw. dorthin zurückgeführt wird:

1. *Geschäftsauftrag:* Ein Geschäftsauftrag stellt das Mandat des operativen Managements an die Zentrale dar und beschreibt Rolle, Kompetenz, Verantwortung und Aufgaben der Zentrale – gegebenenfalls differenziert in eine Governance- und Dienstleisterrolle. Aus den Aufgaben lässt sich der quantitative und qualitative Personalbedarf ableiten. Insbesondere ist in einem Geschäftsauftrag auch die Aufgabenteilung zwischen operativem Management und der Zentrale zu definieren. Dabei hat sich – ergänzend zur Beschreibung der übertragenen Aufgaben – bewährt, diejenigen Aufgaben explizit zu nennen, die nicht durch die Zentrale übernommen werden können (sog. Negativdefinition). Insgesamt beantwortet der Geschäftsauftrag also im Wesentlichen die Frage nach dem „Was".
2. *Geschäftsordnung:* Die Geschäftsordnung wird auf Basis des Geschäftsauftrages erstellt und beschreibt das Zusammenspiel der Beteiligten. Themenfelder, die in der Geschäftsordnung zu spezifizieren sind, sind u. a. die:
   - Struktur der Zentrale,
   - Tätigkeitsdauer der Mitarbeiter (s. u. Punkt 4),
   - Zusammenarbeit zwischen Zentrale und operativen Geschäftseinheiten, beispielsweise Regelungen zur Kommunikation, zum Berichtswesen, zur Eskalation und zu Weisungsbefugnissen (Klärung der Auftraggeber/Auftragnehmerrolle: Wer darf beauftragen?, Wer darf Aufträge entgegennehmen?),
   - Zusammenarbeit zwischen Zentrale und Externen (z. B. Beratern) und
   - übergreifende Gremien zur Steuerung der Zentrale.

   Die Geschäftsordnung fasst alle Verfahrensanweisungen zusammen, die für die Zentrale gelten. Die Geschäftsordnung ist damit im Kern auf die Frage nach dem „Wie" gerichtet.

3. *Kontrolle:* Ein übergeordnetes Kontrollgremium (z. B. Aufsichtsrat, Beirat) gibt den Geschäftsauftrag und die Geschäftsordnung frei und überprüft regelmäßig deren Einhaltung. Aus diesen beiden Regelwerken lässt sich auch der quantitative und qualitative Personalrahmen ableiten – dessen Einhaltung ebenfalls von dem zur Überwachung bestimmten Gremium zu prüfen ist.
4. *Dauer:* Eines der wesentlichen Elemente der Geschäftsordnung (s. Punkt 2) ist die Tätigkeitsdauer von Mitarbeitern in der Strategiezentrale. Eine der zweifellos effektivsten Möglichkeiten zur Fokussierung der Zentralabteilung auf die vom Management definierten Arbeitsschwerpunkte besteht darin, die Tätigkeit aller Mitarbeiter in der Zentralfunktion auf eine Zeitspanne von zwei bis maximal drei Jahre zu begrenzen. Dies betrifft natürlich, und das ganz besonders, die Leitungsfunktion der Zentralabteilung. Kommen die Mitarbeiter aus den operativen Geschäftseinheiten in eine Zentralfunktion – und wissen sie heute schon, dass sie nach zwei bis drei Jahren wieder dorthin zurückkehren, werden sie ganz von selbst darauf achten, die verfügbare Zeit dazu nutzen, die Zentrale als effizientes Werkzeug des operativen Managements zu positionieren. Warum? Weil sie dieses Werkzeug selbst, nach Ablauf ihrer Tätigkeit in der Zentrale, als genau das nutzen möchten: Die Zentrale als Unterstützung für das operative Management – und nicht umgekehrt. Vom Grundsatz her bietet sich den Mitarbeitern der Zentrale daher die wunderbare Möglichkeit, ihr eigenes Werkzeug nach ihren eigenen Ansprüchen zu gestalten. Und das wird immer anders aussehen, wenn die Mitarbeiter der Zentrale wissen, dass sie in der Zukunft – als Teil des operativen Managements – selbst mit den von ihnen heute geschaffenen Tools und Templates leben müssen, als wenn sie eine lange Zentralen-Kaminkarrieren vor sich sehen und naturgemäß eine Verbreiterung ihres Aufgabengebietes und Vergrößerung ihres Verantwortungsbereiches anstreben.

An dieser Stelle seien noch einmal zwei Punkte hervorgehoben. Erstens: Strategie-Zentralfunktionen sind grundsätzlich sinnvoll, häufig unverzichtbar. In Unternehmen ab einer Größenordnung von vielleicht 100 Mitarbeitern hat das Management kaum noch eine andere Chance, die strategische Entwicklung und Positionierung des eigenen Unternehmens aktiv voranzutreiben, als sich von einer professionellen Zentralfunktion unterstützen zu lassen. Nicht die Existenz einer Zentralfunktion soll hier in Frage gestellt werden – aber die entstehende Eigendynamik, Defokussierung und Ausbreitung der Aufgaben einer Zentrale in die inhaltliche Entwicklung der Unternehmensstrategie. Diese ist nicht delegierbar.

Zweitens: Oben Gesagtes gilt nicht etwa für alle Zentralfunktionen, sondern bezieht sich explizit auf die Strategiezentrale. Betrachten wir dagegen andere Zentralfunktionen, beispielsweise eine zentrale CIO-Funktion, sind Richtlinienkompetenzen und Weisungsbefugnisse gegenüber operativen Einheiten elementare Bestandteile des Geschäftsauftrages. Dieser Unterschied kommt durch den unterschiedlichen Charakter der Funktionserfüllung bzw. des Mandats zustande.

Während die Strategieentwicklung gerade zu den wesentlichen Kompetenzen und Aufgaben des Top-Managements gehört, zählt beispielsweise die Gestaltung der IT-Landschaft in der Regel nicht dazu. Dass nun beide Funktionen als „Zentrale" bezeichnet werden, bedeutet eben noch lange nicht, dass beide auch eine Governance-Funktion ausüben.[101]

Die Zentrale hat gar keine andere Chance, als die Welt durch den Filter von Analysen, Instrumenten und Zahlen zu sehen. Wer könnte der Zentrale daraus einen Vorwurf machen, will sie doch das Beste für das eigene Unternehmen, indem sie im Kern danach fragt, was die besten Wettbewerber tun? Wettbewerbsvergleich und Benchmarking sind die Instrumente der Zentrale, die Umwelt zu verstehen und damit das eigene Unternehmen zu positionieren. In der Konsequenz, das eigene Unternehmen so zu positionieren, dass es in dem besonders gut ist, was alle anderen Unternehmen auch tun. Die Folge? Ein Ausbau des Wettbewerbs um die Effizienz. Die „wahre" Strategie, der Wettbewerb um die Effektivität des Geschäftsmodells, erschließt sich aber eben nicht im Blick auf die Wettbewerber. Wie aber kann die wahre Strategie dann entstehen?

[101] Um diese Unterschiede zu verdeutlichen, werden in einigen, zumeist größeren Unternehmen unterschiedliche Grade der Governance- oder Dienstleistungsfunktion einer Zentrale dadurch kenntlich gemacht, dass verschiedene Zentralen, je nach Charakter entweder als „Zentralabteilung", „Zentralfunktion" oder „Zentralstelle" bezeichnet werden.

3 Herdentrieb:
Die Sehnsucht nach der wahren Strategie

Kernthesen:
- Die Kombination bestimmter Mode-Strategien, Mode-Methoden, sowie dem Einfluss der zentralen Strategieabteilung und schlussendlich die Absolution eines Beraters geben der Strategieentwicklung eine zu starke Wettbewerbsorientierung.
- Die derzeitige Praxis der Incentivierung von Top-Managern hemmt eine langfristige und differenzierende Positionierung der Unternehmen.
- Strategie ist 98 Prozent Kunden und zwei Prozent Wettbewerb – nicht umgekehrt.
- Strategie ist eine differenzierende Position ohne Verwendung von Komparativ und Superlativ.

In der wissenschaftlichen Theorie wird auf den „Unternehmer" als zentralen Gestalter der Strategie abgestellt. Strategie sei ein „intuitiver und fantasiereicher Prozess, den Methoden und Instrumente nur unterstützen können." Soweit so gut, sicherlich ist das eine der Wahrheiten, von denen manch ein Wissenschaftler träumt.

Was aber, wenn die Anregungen, das Futter, das für Intuition und Fantasie so nötig ist, aus Analyseergebnissen stammen, die alle ein bestimmtes Muster aufweisen? Richten sich die Analysen auf den Wettbewerb, dann kommen mit großer Wahrscheinlichkeit Instrumente wie Benchmarking oder Methoden aus der Competitive Intelligence zum Einsatz. Die Ergebnisse solcher Analysen beschreiben, leider, zu 90 Prozent das, was der Wettbewerb besser macht: er positioniert sich als Qualitätsführer. Das Design seiner Produkte ist besser. Das Reverse Engineering hat ergeben, dass er sein Produkt von FLEXTRONICS in China herstellen lässt. Also: gleich mal MIKE MCNAMARA anrufen!

Natürlich, daran geht kein Weg vorbei, führt der Einsatz von Methoden, die auf den Wettbewerb gerichtet sind dazu, dass der Wettbewerb, und nicht der Markt, im Mittelpunkt der Gestaltung der eigenen Unternehmensziele und -strategien steht. Und wettbewerbsfokussierte Methoden haben gerade Konjunktur: Strategisches Benchmarking ist eines der am häufigsten eingesetzten Instrumente: In den Top 10 der weltweit am häufigsten eingesetzten Management-Instrumente konnte sich Benchmarking in Nordamerika und Europa auf den zweiten Platz schieben, direkt hinter die Strategische Planung. In Asien dagegen, der Region, in der sich die Unternehmen gerade neu erfinden, landet Benchmarking auf dem vorletzten Platz.[102] Strategisches Benchmarking begünstigt homogene Strategien und fehlende Differenzierung. Das Anstreben des Punktes in der strategischen Landschaft, den der

[102] Vgl. Rigby, D.; Bilodeau, B. (2007).

jeweils erfolgreichste Wettbewerber bereits besetzt, ist in aller Regel sinnlos und verspricht höchstens kurzfristige Erfolge.[103]

Neben den gerade aktuellen Mode-Methoden, die eine unternehmerische Fokussierung auf den gesamten Markt eher behindern als fördern, sind Mode-Strategien verantwortlich dafür, dass die angebliche freie Intuition und Fantasie einen engen Tunnel durchläuft und so in eine ganz bestimmte Richtung gelenkt wird. Resultierende Strategien sind geprägt von vorherrschenden, wettbewerbsorientierten Methoden und Instrumenten. Benchmarking induziert naturgemäß die Homogenität der Geschäftsmodelle und die Orientierung auf einen singulären Punkt in der strategischen Landkarte. Derzeit beliebte Mode-Strategien sind beispielsweise das unnachgiebige Anstreben der Nummer eins oder zwei hinsichtlich des Marktanteils oder die Verfolgung einer reinen Portfolio-Strategie, die – oft gepaart mit der Marktanteils-Strategie – gerade en vogue ist, die Internationalisierung in immer die gleichen Länder oder die Konzentration auf die gleichen Kernkompetenzen bzw. auf das Outsourcen ähnlicher Funktionen wie der Wettbewerb. Diese Imitationsdynamik der Strategiebildung ist insbesondere für börsennotierte Unternehmen mittlerweile gut belegt.[104]

Die Zentrale wirkt, wie bereits in Kapitel 2 beschrieben, nicht selten als Verstärker wettbewerbsorientierter Strategien. Spielt die Zentrale eine inhaltliche Rolle im Rahmen der Strategieentwicklung, kann sie ihre faktische oder formale Macht dazu nutzen, die Strategieentwicklung zu beeinflussen. Die letzte Legitimation, fast könnte man sagen: Absolution, erhält die Strategie unter den Augen eines renommierten Strategieberaters, der darauf hinweist, dass diese Strategie auch in anderen erfolgreichen Unternehmen, die er beriet, gut funktioniert hat. Für den Entscheider, der ursprünglich vielleicht eine echte unternehmerische Vorstellung von der Zukunft seines Unternehmens hat, ist nun klar, dass er gegen etablierte Methoden und Strategien, gegen Zentrale und Berater nicht ankommen kann, und springt auf den schon fahrenden Zug auf. Nicht nur das, er muss die Strategie nun auch als die seine annehmen, vertreten und verteidigen, schließlich ist er ja derjenige, der die Entscheidungen trifft. Letztlich hat er vielleicht sogar das Gefühl, intuitiv, fantasiereich und unternehmerisch entschieden zu haben und ist sich der engen Grenzen noch nicht einmal bewusst.

Keinesfalls soll hier populistischen Autoren nach dem Munde geredet und der Einsatz erfahrener Strategieberater verurteilt werden. Ganz im Gegenteil: die Erfahrungen von Unternehmensberatern können für ein Unternehmen sehr hilfreich sein, wenn diese aus den richtigen Gründen gerufen werden. Im Wesentlichen können wir vier Gründe unterscheiden, die zu einem Beratereinsatz führen, von denen nur einer von zweifelhafter Natur ist:

---

[103] Vgl. Nattermann, P. (2000).

[104] Vgl. Fligstein, N. (1990).

1. *Kompetenz:* Die Definition eines neuen Unternehmensprozesses, die anstehende Konsolidierung der IT oder die erstmalige Expansion ins Ausland, alles Themenstellungen, in denen das Unternehmen bisher selbst noch keine Erfahrungen sammeln konnte, können mit einem guten Berater für das Unternehmen oft schneller, kostengünstiger und besser abgewickelt werden, als wenn das Management-Team alles neu erfinden muss und aus eigenen Fehlern lernt, statt aus den Fehlern, die andere schon früher begangen haben.
2. *Kapazität:* Viele Projekte, denken wir beispielsweise an die Einführung einer neuen unternehmensweiten Software, erfordern viel Personal. Mehr als ein Unternehmen aufbauen möchte. Nach Beendigung des Projektes wird die Lösung in den Produktivbetrieb überführt und das hoch qualifizierte Personal ist obsolet. Hier bietet sich an, den quantitativen und qualitativen Personalbedarf in die Hände eines Beraters zu legen, der, ein weiteres, allerdings vielleicht noch zu zögerlich eingesetztes Argument, bei Minderleistung im Gegensatz zu eigenen Mitarbeitern von heute auf morgen auf die Straße gesetzt werden kann.
3. *Anonymität & Objektivität:* Es gibt einige Themenstellungen, bei denen der Einsatz eigener Ressourcen das erwünschte Ergebnis negativ beeinflusst. Zwei Beispiele: Ein Unternehmensaudit, eine Revision einer Strategischen Geschäftseinheit lässt sich nur sinnvoll durchführen, wenn unabhängige Dritte eingesetzt werden. In sehr großen Unternehmen gibt es zumeist eine Interne Revision („Corporate Audit"), die diese Anforderung erfüllt, weil sie eben nicht dem Leiter einer SGE unterstellt ist – sondern direkt dem Vorstand. Dies sichert die notwendige Unabhängigkeit und Neutralität. Für kleinere und mittlere Unternehmen bietet sich der Einsatz von Beratern an, die auf die Durchführung von Business-Audits spezialisiert sind. Ein anderes Beispiel ist die Durchführung von Kundenzufriedenheitsbefragungen. Persönliche Gespräche zählen zu den wesentlichen Instrumenten, um Kundenanforderungen zu verstehen. Wenn sich in solchen Gesprächen Mitarbeiter eines Kunden und Mitarbeiter des Unternehmens (womöglich der Vertrieb, der den Kunden seit Jahren kennt) gegenübersitzen, haben die Ergebnisse eine so geringe Relevanz, dass auf die Durchführung des Projektes besser verzichtet wird. Eine externe Partei schafft an dieser Stelle Offenheit und Vertrauen.
4. *Alibifunktion:* Der vierte und letzte Fall stellt die Situation dar, die in pseudowissenschaftlichen Publikationen, in Presse und Fernsehen gerne als „typisch" für die Branche angesehen wird. Und in der Tat erwirtschaften große Strategieberatungen einen Teil ihres Umsatzes mit Aufträgen, die starken Alibicharakter haben: Bereits Beschlossenes wird Beratern vorgelegt, mit dem Auftrag, eine „Story" dafür zu entwickeln, mit der es die Unternehmensführung besser verkaufen kann. Mit dieser „Story" entsteht noch etwas anderes: die Legitimation durch einen der Top-Berater. Die Notwendigkeit einer Maßnahme kann (zumindest zum Teil) auf die Schultern der Berater verlagert werden. Auch wenn sich die Entscheidung im nachhinein als falsch heraus stellt: „Wir haben uns

den besten Berater gesucht, der hat sein Wissen eingebracht und sechs Monate für über eineinhalb Millionen Euro daran gearbeitet – ich habe mein Bestes getan, die Entscheidung abzusichern." Aus dem hier Beschrieben wird klar, dass Unternehmen Aufträge mit diesem Charakter ausschließlich an die renommiertesten und teuersten Berater vergeben – da sonst der angestrebte Legitimations- und Alibicharakter gar nicht zustande käme. Dennoch: auch wenn solche Aufträge für einen Teil der Branchenhonorare verantwortlich zeichnen – es ist eben nur eines von vier Gebieten und es liegt mehr in der Verantwortung der Manager, dieses zu steuern als in der eines Beraters.

Management mit angezogener Handbremse, die Angst, etwas falsch zu machen, regiert die Führungsebene insbesondere börsennotierter Unternehmen. Führen wir uns vor Augen, wie viele unfreiwillige Wechsel es in Vorständen und Aufsichtsräten aktuell und in den letzten Jahren gegeben hat, kann man getrost bezweifeln, dass die Führung des Unternehmens, die Entwicklung differenzierender Strategien im Mittelpunkt der Tätigkeit steht.

Folgen wir einer Erhebung der Unternehmensberatung BOOZ ALLEN HAMILTON, ist das Risiko für einen deutschen Top-Manager, wegen schlechter Leistung entlassen zu werden, in den letzten Jahren stark gestiegen. Häufige Wechsel an der Spitze von großen Unternehmen gehören mittlerweile, auch in Europa, zur Routine. Im Jahr 2006 gaben über 15 Prozent aller europäischen Vorstandschefs ihr Amt auf. Auch in Deutschland nimmt die Fluktuation weiter zu. Nach zehn Prozent im Jahr 2006 liegt sie nun bei knapp elf Prozent – dabei liefen die Wechsel in mehr als der Hälfte der Fälle unplanmäßig ab. Die beiden Hauptgründe stellen Übernahmen und Streit mit dem Aufsichtsrat dar: Investoren möchten in strategische Entscheidungen eingebunden werden. Insgesamt brechen die früher konsensorientierten Strukturen in Deutschland immer weiter auf.

Noch 1995 lag die Wechselrate in Deutschland bei etwa einem Prozent. Heute liegt diese bei elf Prozent. Die Rangfolge von USA und Deutschland hat sich ins Gegenteil verkehrt: US-amerikanische CEOs bleiben etwa zehn Jahre im Amt. Ihre deutschen Amtskollegen bringen es auf gerade mal etwas über viereinhalb Jahre. Da ist es kein Wunder, wenn Zentralen und Berater in dieser Welt für die Unternehmenslenker immer wichtiger werden: Nicht selten überschreitet die Lebensdauer von Mitarbeitern in Zentralen und auch der Berater die Amtszeit eines Vorstandsvorsitzenden. Zentrale und Berater, befassen sie sich doch seit Jahren intensiv mit Unternehmensgestaltung, Strategien, Kompetenzen und Märkten, kennen ein Unternehmen besser als so manch ein Manager.

Einer der größten Karrierekiller ist das bestmögliche Erfüllen von Erwartungen der Stakeholder, meint DOROTHEE ECHTER, Managementcoach. Ein neuer Vorstand, der als erstes Ziele und Erwartungen der Anteilseigner abzufragen beginnt, begibt sich auf dünnes Eis: Ohne Not signalisiert er unterschwellig Anpassungsbereitschaft und Folgsamkeit für Anweisungen aller Art.

Eine Eigenschaft, die im mittleren Management als karrierefördernd gilt, verkehrt sich an der Spitze ins Gegenteil. Die Notwendigkeit die eigene Linie zu entwickeln und durchzusetzen, leuchtet zwar allen ein – kommt aber im Unterbewusstsein nicht immer an.[105]

Der Vorstand als „Everybody's Darling", der, wenn überhaupt, nur ganz zu Beginn seiner Karriere die Chance hat, unpopuläre Entscheidungen zu treffen, richtet sich auf einen kurzfristigen Job ein, aus dem er, letztlich auch für sich und das ist völlig natürlich, das Beste rausholen möchte. Welcher Vorstandschef will sich vor dem Hintergrund des zunehmenden Hire and Fire, der Shareholder-Orientierung und vor allem der kurzfristig angelegten eigenen Incentivierung mit der langfristigen Gestaltung eines Unternehmens befassen?

Solange die persönliche Motivation, bedingt durch die entsprechende Incentivierung, darauf gerichtet ist, heute erfolgreich zu sein, wird auch das Unternehmen heute erfolgreich sein. Dass dieses Erreichen eines lokalen Optimums mit der Vernachlässigung des globalen, langfristigen Optimums einhergeht, kann niemanden ernstlich verwundern. Warum werden Unternehmensführer nicht auf das Unternehmensergebnis in fünf Jahren incentiviert?

HARRY ROELS, Vorstandsvorsitzender von RWE, strich 2006 etwa 15 Mio. EUR ein, JOSEF ACKERMANN, Vorstandschef der DEUTSCHEN BANK, verdiente im gleichen Jahr etwa 13 Mio. EUR. Ein solches Gehalt setzt sich, etwa im Falle von ACKERMANN, aus einem Grundgehalt von ca. 1 Mio. EUR und einer erfolgsabhängigen Vergütung von ca. 12 Mio. EUR zusammen. Niemand möchte, dass ein guter, talentierter Manager, der große Verantwortung für das Unternehmen und vor allem für die Mitarbeiter trägt, schlecht honoriert wird. Warum zahlt die DEUTSCHE BANK nicht ein Grundgehalt, das vielleicht sogar über dem derzeitigen liegt – und eine erfolgsabhängige Vergütung anteilig für die aktuelle Entwicklung, beispielsweise 20 Prozent, und die restlichen 80 Prozent für die zukünftige Position der Bank in vielleicht fünf oder zehn Jahren. Dem beliebten Argument, dass die zukünftige Entwicklung sich nur zum Teil vom aktuellen Vorstand beeinflussen lasse, können wir nur entgegen stellen: Auch die derzeitige Performance ist nur zum Teil Ergebnis des Firmenlenkers. Dennoch wäre die Motivation, langfristig die richtigen Weichen zu stellen, ungleich höher.

Der Chef des Internetauktionshauses EBAY muss Anteile im Gegenwert von fünf Jahresgehältern halten; die übrigen Führungskräfte immerhin noch in Höhe von drei vollen Jahresgehältern.[106]

---

[105] Vgl. Echter, D. (2007).

[106] Vgl. Rappaport, A. (2006).

Das Gegenteil dieser hier aufgestellten Forderung lässt sich in der Praxis feststellen: Die Hire-and-Fire-Mode treibt den Preis. Weiß ein Manager um seine geringe Chance lange im Amt zu bleiben, lässt er sich zu Beginn belohnen und legt auch die Zahlungen für sein Ausscheiden bereits heute fest:

- *Antrittsprämien* (gerne in Höhe mehrerer Millionen),
- *Umzugshilfen*,
- *D&O-Versicherungen* (die Prämien werden vom Unternehmen gezahlt, Selbstbehalte sind die Ausnahme),
- *Change of Control-Klauseln* (im Falle eines Eigentümerwechsels),
- *Abfindungen* (muss ein Vorstand gehen, lässt er sich den Rest seines Fünfjahresvertrages auszahlen und meist noch einen Bonus obendrauf),
- *Übergangsgeld* (die ursprünglich als Überbrückung bis zur Rente gedachte Zahlung wird auch für junge Manager immer beliebter) und schließlich
- *Pensionen.*

> Der Aufsichtsrat des Kölner IT-Dienstleister ARXES stattete den Vorstandsvorsitzenden UDO FAULHABER mit einem Fünfjahresvertrag mit Überraschungsklausel aus: Legt FAULHABER sein Mandat nieder, aus welchem Grund auch immer, erwirbt er einen Anspruch auf Auszahlung der gesamten Vergütungssumme des restlichen Bestellungszeitraumes. So hätte FAULHABER bereits kündigen können, bevor die Unterschrift auf dem Anstellungsvertrag getrocknet wäre und hätte sein Gehalt für die vollen fünf Jahre kassiert. Zur Verteidigung muss man sagen, dass er es knapp zwei Jahre ausgehalten hat – und erst dann den Dienst quittierte.[107]

Was ist nun die richtige Strategie für ein bestimmtes Unternehmen, wie lässt sie sich identifizieren? Die Strategie, als Reflexion des Entscheidungsstroms, lässt sich nur durch eine Frage als „richtig“ bewerten, indem wir danach fragen, ob sie richtig zustande kam:

- Lagen die Verantwortung und das „Doing“ einzig und allein beim Top-Management?
- Sind vorbereitende Tätigkeiten (z. B. von der Zentrale oder einem Berater) im Wesentlichen darauf abgestellt, den Markt zu beschreiben – ohne aber inhaltliche Vorschläge für die Strategieformulierung zu geben?
- Sind die Analysen im Schwerpunkt nicht auf die Betrachtung des Wettbewerbs fokussiert: Stellen Wettbewerbsanalyse und Benchmarking allenfalls begleitende Informationen dar?
- Fand die gesamte Strategieformulierung unter der Maßgabe statt, sich von den Wettbewerbern zu differenzieren – und nicht etwa ihnen nachzueifern.

[107] Vgl. Freitag, M.; Student, D. (2007).

- Ist der „totale Markt“ und nicht nur der „bediente Markt“ in die Analyse eingeflossen?[108]
- Vermittelt die Strategie, neben dem, was ein Unternehmen erreichen möchte, genauso transparent und konkret, was ein Unternehmen nicht sein will?
- Sind die Megatrends (z. B. Urbanisierung, demografischer Wandel) in die Strategieformulierung eingeflossen?
- Liegen die Resultate einer strategischen Kundenanalyse vor, die im Kern danach fragt, wie das Unternehmen in zwei, drei, fünf Jahren aufgestellt (z. B. hinsichtlich Portfolio, Geschäftsmodell) sein müsste, damit es zum optimalen Partner der Kunden wird und bestmöglich zur Kundenstrategie passt?
- Sind relevante technologische und Querschnittstrends (z. B. Miniaturisierung, Automatisierung, Wandel von Analog zu Digital, Verschiebung der Wertschöpfung von Hardware zu Software) in die Strategieformulierung eingeflossen?
- Haben sich die an der Strategieformulierung beteiligten Manager am Tag, bevor die Strategiesitzung beginnt, jeder für sich in ein angenehmes Wellness-Hotel zurückgezogen und haben sie, ohne Blackberry, Handy und Notebook, einen Tag lang nur geträumt?
- Wurden dann, in der Strategiesitzung, ein Raum und eine Atmosphäre erzeugt, in der ein kreativer Diskurs überhaupt erst möglich wird? Gelang es dem Management-Team, sich für einige Zeit von der vorherrschenden formalen Sprache zu befreien und den Zustand einer kontrollierten Torheit zu erreichen? Hat der Unternehmenschef einen Preis für die absurdeste Idee vergeben?
- Kann mit der finalen Strategie jedem zwölfjährigen plausibel, einfach und verständlich erklärt werden, wie sich das Unternehmen von seinen drei wichtigsten Wettbewerbern differenzieren will? Und das, ohne Komparative und Superlative, insbesondere die Worte „besser“, „kundenfreundlicher“ und „effizienter“, zu verwenden?
- Ist das auch jedem im Management-Team klar?

> The essence of strategy is to identify a different position from those of the rivals (MICHAEL PORTER).

Differenzierung ist der wesentliche Charakterzug der Strategie.[109]

Bei der Strategieformulierung fällt der Unternehmensführung eine ganz besondere Rolle zu: der Geschäftsführer, der Vorstand muss es verstehen, die (gemeinsam erarbeiteten) Ideen als erstrebenswerten Zustand darzustellen – ihm muss es gelingen, die Sehnsucht nach der Strategie zu wecken. Wie so oft in den beiden Bildern dargestellt, muss die Unternehmensführung den Bau der Kathedrale in den Vordergrund stellen – und nicht das Steine klopfen; sie muss die Sehnsucht nach

[108] Zum Unterschied zwischen „totalem“ und „bedientem“ Markt s. Kapitel 7.2.2.

[109] Vgl. Huber, A. (2006).

dem Meer wecken und nicht das Errichten des Schiffes. Eine Voraussetzung die Sehnsucht bei seinen Mitarbeitern zu wecken, besteht nun darin, seine eigene Sehnsucht zu kennen, die über den ideenlosen und zunehmenden Aktienrückkauf hinausgeht, der überdies nur dann zusätzliche Werte schafft, wenn das Unternehmen unterbewertet ist: Wer sich nichts vorstellen kann, der bekommt auch nichts.

Niemand, der die Arbeit und Dynamik, die in Management-Teams entsteht, kennt, wird verlangen, dass alle Beteiligten vollkommen zu einer bestimmten Ausrichtung des Unternehmens stehen – aber nur wenn viele den selben Wunsch teilen, kann die folgende Umsetzung überhaupt erfolgreich sein.

> The future belongs to those who believe in the beauty of their dreams (ELEANOR ROOSEVELT).

Nach einer erfolgreichen Strategieformulierung lassen sich die Mitglieder des Management-Teams zumeist in drei Gruppen einteilen:

1. Die *loyalen Involvierten:* Diese Gruppe hat an der Strategie-Formulierung mitgewirkt und versteht das Resultat als gemeinsam erarbeitete Lösung.
2. Die *Relativierer:* In jedem Management-Team gibt es Protagonisten, die das erzielte Resultat abwerten. Darin stechen zwei Typen heraus – der „Darüber-haben-wir-ja-schon-vor-zehn-Jahren-gesprochen"-Typ und den „Das-lag-ja-auf-der-Hand"-Typ. Tragen diese Mitglieder der letzten Gruppe zwar das gemeinsame Ergebnis mit – hat die Unternehmensführung dennoch die Aufgabe, die gegebenenfalls ausstrahlende Demotivation zu begrenzen.
3. Die *außenstehenden Kritiker:* Selten sind die Mitglieder dieser Gruppe anders als durch kritische Fragen aufgefallen – die Verabschiedung der Lösung wird von dieser Gruppe nicht wirklich behindert, dennoch ist klar, dass es nicht ihr Wunschergebnis ist.

Tragen die *loyalen Involvierten* nicht zur Erarbeitung der Strategie bei – sondern sind sie gleichsam auch Promotoren des anstehenden Wandels, zeichnet sich die zweite Gruppe – der *Relativierer* – durch ein (allerdings begrenztes) Demotivationspotenzial aus. Gerade der innovative, differenzierende Charakter der erarbeiteten Strategie stellt eine wesentliche Motivationsfunktion für die Mitglieder des Management-Teams dar. Die zum Teil euphorische Stimmung nach Verabschiedung der Strategie trägt wesentlich dazu bei, dass sich das Management auch weiterhin begeistert mit dem eingeschlagenen Kurs beschäftigt und diesen auch gegen Widerstände verteidigt. Die entstehende Loyalität ist allerdings nicht immer stabil.

> In einer tage- und nächtelangen Strategiesitzung, mit vollem Einsatz und hoher Motivation aller Beteiligten, erarbeitete das Management-Team eines Herstellers von Messtechnik-Komponenten eine Strategie, die das Unternehmen in der Zukunft unverwechselbar machen wird. Der technische Direktor brachte die Idee

auf. Er formulierte seine Vision vom Unternehmen in fünf Jahren. Dabei verließ er seinen angestammten Technologie-Bereich und stellte seine Idee in den Dienst der Marktentwicklung und der Kundenbedürfnisse.

Diese Idee wurde in dem Unternehmen bis dahin nie diskutiert und impliziert ein für die Zukunft völlig neues Geschäftsmodell. Im Rahmen der Strategie-Session wurde klar, dass seine Vision den spürbaren und erwarteten Trends und Entwicklungen des Marktes nahezu vollkommen gerecht wird. Das Management-Team verließ die Sitzung euphorisch und in dem Wissen, gerade die Zukunft des Unternehmens gesehen und gespürt zu haben. Am Ende des Meetings, beim gemeinsamen Abendessen, sprach mich ein Mitglied des Management-Teams an und erklärte, dass die Idee seines Kollegen ja eigentlich auf der Hand lag.

Rückblickend stellt sich eine gute Strategie für viele als ganz natürliche Entwicklung dar. Deshalb ist es auch so schwierig, aus den eigenen Fehlern zu lernen, weil wir hinterher immer glauben, bereits vorher schlauer gewesen zu sein.

Für den Erfolg der Strategie, der sich letztlich erst in einer konsequenten Umsetzung zeigt, ist vor allem die Stärke bzw. Konzentration der einzelnen Gruppen verantwortlich – zusammen mit dem jeweiligen Macht- und Einflussbereich, der diesen Gruppenmitgliedern – vor allem der dritten Gruppe zukommt. Selbst wenn die *außenstehenden Kritiker* zahlenmäßig unterlegen sind, haben gerade sie, in Verbindung mit ihrem Macht- und Einflussbereich, die Möglichkeit, die Strategieumsetzung zu blockieren – um dann hinterher sagen zu können, dass ihnen das Scheitern der Strategie ja schon von Beginn an klar war. Daher muss die Unternehmensführung hier sofort handeln. Diese dritte Gruppe bildet sich aus Persönlichkeiten, die aus zwei verschiedenen Motiven dieser Gruppe angehören. Nur das Verständnis der Motive bietet der Unternehmensführung die Möglichkeit, zielgerichtete Aktionen einzuleiten.

Die einen sind aufgrund ihrer Persönlichkeit in dieser dritten Gruppe. Ein wichtiger Motivator ist die fehlende Veränderungsbereitschaft oft gerade jüngerer Management-Team-Mitglieder, die eine (neu) erworbene Stabilität und Position nicht riskieren mögen. Die resultierende versteckt-ablehnende Haltung hat selten etwas mit einer bestimmten Strategie zu tun – sondern mit der pauschalen Angst vor Veränderung. Darin ist dann auch der Handlungsansatz der Unternehmensführung zu sehen.

Die zweite Einheit der *außenstehenden Kritiker* befürchtet direkte und unmittelbare, negative und unvorhersehbare Auswirkungen auf ihren Macht- und Einflussbereich. Da dies meistens nur eine Vermutung dieser Personen ist, entstanden aus gedanklich erstellten Szenarien, haben die anderen Management-Team-Mitglieder und auch die Unternehmensführung selten eine Chance, die wirklichen Beweggründe dieser Personen zu ergründen und darauf zu reagieren. Natürlich werden diese Personen ihre Beweggründe auch niemals offen nennen und damit ihre persönliche Eitelkeit über das Wohl des Unternehmens stellen. Im Gegenteil, oft, und das gestaltet die Situation noch komplexer, werden Fachargumente, Zahlen und gerne auch angebliche Kundenerlebnisse vorgeschoben, die belegen sollen, warum gerade diese Strategie nicht sinnvoll ist. Frei von jeder Wertung muss die Unternehmensführung versuchen, sehr schnell ein aufbauorganisatorisches Zukunftsbild zu entwerfen, sodass zumindest für die Mehrheit dieser Personen sichtbar wird, dass positive Änderungen die negativen überwiegen. Und bei Personen, für die in Zukunft kein adäquater Platz in der Leistungsebene vorgesehen werden kann, müssen andere Wege gefunden werden. Einer dieser Wege besteht darin, den Macht- und Einflussbereich bereits heute zu begrenzen: unangenehme Schritte müssen immer schnell und konsequent durchgeführt werden. Aus persönlichen Motiven aufgeschobene unangenehme Entscheidungen wirken sich fast ausnahmslos langfristig und negativ aus. Darin ist einmal mehr der konkrete Charakter der Strategie zu erkennen: Strategie hat ganz kurzfristige Auswirkungen, bis hinein in das operative Tagesgeschäft.

Eine der stärksten Waffen der *außenstehenden Kritiker* ist die Welt der Zahlen und Statistiken, die den Blick stark einengt und den Entscheidungsraum begrenzt. Wie schaffen es die Zahlendreher, dass sich ihre Wahrnehmung, zum Nachteil der Unternehmen, dennoch so häufig durchsetzt?

4 Opportunistische Zahlendreher: Zwischen Scheingenauigkeit und Instabilität

Kernthesen:

- Für Unternehmenskrisen, die aufgrund fehlender Internalisierung von Marktverschiebungen entstehen, sind vor allem zwei Gründe verantwortlich: Expertentum und Scheingenauigkeit.
- Nachkommastellen haben in der Strategischen Planung nichts zu suchen.

Wie kommt es dazu, dass große, erfolgreiche Player den Anschluss an den Markt verlieren? Warum hat SONY den Wandel vom Röhren- zum Flachbildschirm-Fernseher-Markt verpasst und muss sich jetzt über Kooperationen mit seinen härtesten Wettbewerbern mühsam Marktanteile im Fernsehermarkt zurückerobern? Wie kann ein Konzern wie SIEMENS das Festnetzgeschäft den Internet-Technologen wie CISCO überlassen – und selbst den notwendigen Wandel von der Hardware zur Software (insbesondere IP-Technologie) verschlafen? Wie kann es sein, dass die wertvolle Kamera-Marke LEICA fast zugrunde geht, weil sie die Marktverschiebung von analoger zu digitaler Fototechnik zu spät erkennt? Ein Wertpapierprospekt stellt die Situation in aller Deutlichkeit dar.[110]

> „Die LEICA CAMERA GRUPPE hat [...] erhebliche Verluste verzeichnen müssen. Diese Verluste hatten ihren Ursprung vor allem in der mangelnden Anpassungsfähigkeit des Unternehmens an den Markttrend, insbesondere an die drastische Marktverschiebung von analogen zu digitalen Kameras. Die tiefe wirtschaftliche Krise des Unternehmens hat zum Ende des Geschäftsjahres 2004/2005 und in den ersten Monaten des folgenden Geschäftsjahres einen existenzbedrohenden Charakter angenommen.
>
> Kernpunkte des aktuellen Restrukturierungs- und Sanierungskonzepts sind die Refinanzierung der Gesellschaft, die Neuausrichtung des Produktportfolios, die Anpassung der Führungs- und Managementstruktur [...].“

Natürlich können wir nun in die beliebte Schelte auf die abstrakte und geduldige „Unfähigkeit des Managements“ einstimmen. Vielleicht ist darin auch mehr als ein Körnchen Wahrheit zu sehen, wenn wir uns vor Augen führen, dass eine Firma wie LEICA jahrzehntelang verwöhnt und als einsamer Qualitätsführer nun einfach erst lernen muss, sich in einem völlig neuen Markt durchzusetzen und die eigenen Stärken und Ansprüche zu transformieren. Dennoch wäre das zu einfach. Wer wirklich hinterfragt, wie es trotz aller Marketing-Abteilungen, Business-Development-Funktionen, Trend-Scouts und Szenariotechniken zu solchen Situationen kommen

[110] Leica Camera Aktiengesellschaft, Wertpapierprospekt, 13. Juni 2006, S. 19.

kann, wird feststellen, dass im Wesentlichen zwei Faktoren dafür verantwortlich sind, dass solche Krisen überhaupt entstehen können.

Erstens: Die verantwortlichen Manager sind zu Experten geworden, die sich in ihrem angestammten Bereich wohl und sicher fühlen. Sie finden genügend Beispiele und Aussagen von Kunden, die ihrer Meinung nach belegen, dass ein Wandel nicht – oder viel langsamer nötig ist, als es alle anderen behaupten. Dies macht den Unterschied zwischen einem „General Manager" und einer „Führungskraft" aus. Führungskräfte arbeiten mit den ihnen zur Verfügung stehenden Ressourcen, sie sehen die Kompetenzen des Unternehmens, manifestiert in den Fähigkeiten der Mitarbeiter, als fix an. General Manager dagegen sehen die Kompetenzen des Unternehmens als variabel an. Beide jedoch haben keine Wahl, die einen treffen sie früher und selbst, bei den anderen wird die Wahl auch getroffen, nur vielleicht später und gegen ihren Widerstand. Das Beispiel LEICA zeigt, welche Folgen die fehlende Konsequenz in der Ausrichtung auf eine bevorstehende Marktverschiebung nach sich ziehen – und mit welcher Geschwindigkeit sich ein Managementkarussell drehen kann.[111]

> „Die Anpassung der Führungs- und Managementstrukturen erfolgt schrittweise seit Beginn des Geschäftsjahres 2005/2006. Der bisherige Vorstandsvorsitzende RALF COENEN und der Finanzvorstand DIETER UCKELE haben die Gesellschaft verlassen. DR. SPICHTIG wurde im April 2005 zum neuen Vorstandsvorsitzenden der Gesellschaft bestellt. Managementfunktionen wurden zu Beginn der Restrukturierung und Sanierung durch externe Berater als Interimsmanager besetzt. Zunehmend werden Managementpositionen nun fest besetzt. Zum September 2005 wurde Herr ROBERT FEIJ als Direktor Finanzen für die Gesellschaft gewonnen, nachdem er zuvor bereits seit April 2005 als externer Berater für die Gesellschaft tätig war. Zum Ende des Geschäftsjahres 2005/2006 konnte die Position des Leiters Marketing und Sales mit DR. RALPH NEBE besetzt werden. Für die Leitung des Bereichs Operations wurde Herr WOLFGANG KELLER gewonnen, der seine Tätigkeit voraussichtlich ab Mitte des Kalenderjahres 2006 bei der Gesellschaft aufnimmt."

Nachdem sich der Aktienkurs von LEICA CAMERA im Oktober 2005 bei etwas über 2 EUR befand, hat er sich in den letzten zwei Jahren wieder deutlich erholt und ist bis auf das sechsfache gestiegen. Ein Etappensieg, vor dem Hintergrund, dass der Kurs Ende der 1990er Jahre schon einmal bei knapp 300 EUR lag.

Während SONY mit SAMSUNG kooperieren muss, um überhaupt am Markt für Flachbildschirm-Fernseher präsent zu bleiben und sogar gemeinsam Werke betreibt, geht LEICA eine Kooperation mit dem japanischen Konsumelektronik-Hersteller MATSUSHITA ELECTRIC INDUSTRIAL CO. LTD. (besser bekannt als PANA-

[111] Leica Camera Aktiengesellschaft, Wertpapierprospekt, 13. Juni 2006, S. 42.

SONIC) ein. Digitalkameras aus der Zusammenarbeit mit MATSUSHITA bilden 2006 den Hauptteil des Umsatzes in dieser Produktgruppe. Kooperationen sind jedoch immer ein Geben und Nehmen: So erhält MATSUSHITA die Berechtigung, die Marke LEICA für gemeinsam entwickelte und gefertigte Objektive zu verwenden. Ob sich dies mit dem für LEICA so wichtigen Image verträgt, wird die Zukunft zeigen.

Neben dem beschriebenen Expertentum ist der zweite Grund für das Entstehen solcher Krisen an einer völlig anderen Stelle zu suchen: in einer übertriebenen Zahlengläubigkeit. Insbesondere die Gruppe der in Kapitel 3 genannten *außenstehenden Kritiker* bedient sich gerne besonders fein granulierter Statistiken, die nicht selten den Blick auf das Ganze verstellen. Begeben wir uns in die detaillierte Welt der Zahlen, besteht die natürliche Verhaltensweise darin, um Nachkommastellen zu streiten, Annahmen zu belegen oder anzuzweifeln und im Kleinen zu versuchen, die Welt zu verstehen. Diesen Kampf haben wir allerdings bereits vor Beginn verloren, selbst wenn wir die Schlacht um die Zahl gewinnen, und aus 8,34 Prozent prognostiziertem Wachstum für das Jahr 2012 eine stolze 10,25 Prozent machen; wir übersehen, dass wir von einem Markt sprechen (z. B. dem Markt für analoge Kameras), der für das Unternehmen bereits mittelfristig keinerlei Relevanz hat. Was bedeutet es, wenn der Marktanteil von Leica für analoge Kameras so schnell wächst wie schon lange nicht mehr? Ist das ein Indikator für den Erfolg des Unternehmens? Oder ist das ein Zeichen dafür, dass sich unsere Wettbewerber von einem sterbenden Markt bereits zurückzuziehen beginnen und wir in einem stark schrumpfenden Markt, trotz steigenden Marktanteils, immer weniger Umsatz generieren? Solange nicht der totale Markt (z. B. der Markt für bilderfassende Systeme) zur Grundlage strategischer Entscheidungen genommen wird – werden wir nicht in der Lage sein, Marktverschiebungen überhaupt zu erkennen. Dabei spielt es für die Strategische Planung kaum eine Rolle, wie die erste oder zweite Nachkommastelle aussehen könnte. Nur wenn es gelingt, Scheingenauigkeit zu verhindern und auf den totalen Markt zu fokussieren, öffnet sich der Blick für alle relevanten Umwelteinflüsse, die einen wesentlichen Input für die Strategische Planung darstellen. Da diese Einflussfaktoren, externen Trends und internen Analysen an verschiedenen Stellen im Unternehmen entstehen, in der Zentrale, den operativen Geschäftseinheiten oder den Regionen, liegen im Vorfeld der eigentlichen Strategischen Planung dezentral gehaltene Informationen in Form verschiedener Pläne, Analysen und Unternehmensziele vor, die gemeinsam als Basis für die Durchführung der Strategischen Planung dienen. Wie können diese verteilten Informationen nun transparent und effizient in einen konsolidierten Plan einfließen und so die Zukunft des Unternehmens mitbestimmen?

5 Ursuppe: Strategien, Pläne und Ziele unter einen Hut bringen

Kernthesen:

- Die formale Strategische Planung ist nicht sonderlich beliebt, jedoch stellt nicht der „formale" Aspekt das Problem dar, sondern die Inkonsistenz und Redundanz der Planungselemente zueinander.
- Vier Elemente sind für den formalen Akt der Strategischen Planung nötig – alles Weitere ist zur Disposition gestellt.
- Der Kampf mit den auszufüllenden Templates der Strategischen Planung findet auf dem Schreibtisch der Manager statt und nicht dort, wo er hingehört: In der Zentralabteilung, die die Templates erstellt.
- Die „Normalisierung" stellt einen der wesentlichen Hebel dar, um den formalen Teil der Strategischen Planung von Planungsrhetorik zu befreien.
- Eine Strategie, die lediglich in „den Köpfen des Management-Teams" ist, reicht nicht aus. Sind sich die Mitglieder des Leitungskreises doch oft gar nicht bewusst, dass sie in Wahrheit auf verschiedenen Wegen gehen.
- Neben die Positivformulierung: Was wollen wir sein – wie wollen wir es erreichen, tritt die nicht minder wichtige Ausschlussdefinition: Was wollen wir nicht.

Neben dem eigentlichen kreativen und fantasiereichen Akt der Strategieentwicklung stellen, zumindest in größeren Unternehmen, Pläne, Berichte und vor allem Zielvereinbarungen eine Grundlage der Strategischen Planung dar. Dabei zeigt sich in der Praxis immer wieder, dass nicht die formale Planung an sich ein Problem darstellt, sondern die von den Managern wahrgenommene Inkonsistenz der Planung: Planungen werden doppelt durchgeführt, sind redundant und der Zusammenhang der einzelnen (Teil-)Planungen ist wenig transparent. Zwangsläufig führt diese Situation zu geringem Verständnis und damit zu fehlender Akzeptanz. Geringes Verständnis und fehlende Akzeptanz erzeugen unvermeidlich eine mangelnde Umsetzung und Nutzung der Vereinbarungen.

Jeder Manager kennt Aussagen wie: „Ziele sind wichtig. Zielfindung und -abstimmung dauern mir aber zu lange", „Das Ziel des reduzierten Lagerbestands ist erreicht, nun haben wir ein Problem mit der Verfügbarkeit", „ Wie kann es sein, dass meine Mitarbeiter ihre persönlichen Ziele erreichen, meine Abteilung insgesamt aber nicht?" oder „Meine Mitarbeiter wissen nicht genau, welche die wichtigsten Stellhebel sind, die unsere Zielerreichung am stärksten beeinflussen."

Dies sind typische Symptome einer inkonsistenten Planung, die letztlich einer Akzeptanz der Vereinbarungen entgegenwirken. In Kombination mit fehlenden Sanktionsmechanismen oder deren mangelndem Einsatz sind alle Planungsbemühungen bereits vor Beginn zum Scheitern verurteilt. Ein Manager gibt während eines anonymen Interviews zu Protokoll: „Die Wahrheit zu sagen ist nicht opportun, unrealistische Versprechungen machen schon. Untererfüllung von Zielen auch über längere Dauer zieht bei uns keinerlei Konsequenzen nach sich.“

Die Relevanz einer hierarchischen Beziehung zwischen den Teilelementen der Strategischen Planung wurde bereits in Kapitel 1 besprochen. Daran anknüpfend geht es nun um die Frage, welche Planstruktur sich für die Strategische Planung anbietet und wie die Teilpläne im Geiste des Highlander-Prinzips miteinander verbunden sind.

Wie immer hängt die Struktur eines Systems mit dessen Ziel zusammen. Hierzu betrachten wir die Strategische Planung als Instrument zur Ressourcenallokation und nicht primär zur Befriedigung von Informationsbedürfnissen des Top-Managements. In Abbildung 34 werden mit der Strategischen Planung zusammenhängende Elemente in Beziehung gebracht. Dazu gehört im Wesentlichen die Analyse definierter und emergenter Strategien, definierte Unternehmensziele, Planvorgaben und Geschäftszielvereinbarungen (GZV) zwischen Zentrale und Bereichen sowie Zielvorgaben zwischen Bereichen und Regionen. Alle weiteren im Unternehmen gegebenenfalls vorhandenen Planungselemente für die Strategische Planung sind vor dem Hintergrund von Transparenz, Konsistenz und Akzeptanz zur Disposition zu stellen.

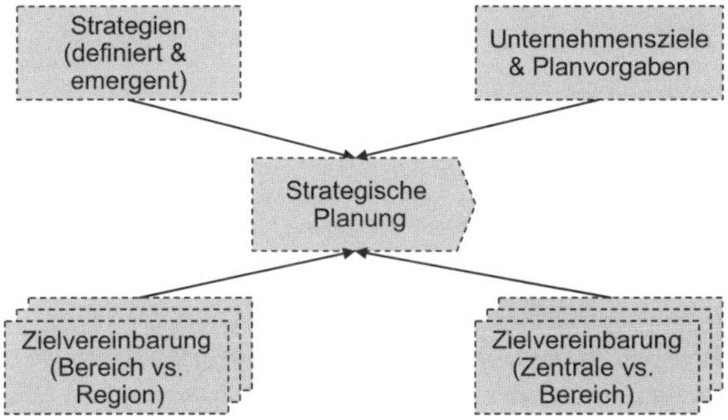

Abbildung 34: Inputgeber für die Strategische Planung

„Planvorgaben“ beinhalten verbindlich zu verwendende Angaben zu makroökonomischen Größen, deren gleichartige Verwendung im gesamten Unternehmen sicherzustellen ist, damit Budgets, Forecasts oder Investitionspläne über die Bereiche hinweg vergleichbar sind; dazu gehören beispielsweise Planvorgaben hinsichtlich der Entwicklung von Inflation, Löhnen oder Zinsen.

Eine der wesentlichen Inputgeber für die Strategische Planung stellen die GZV dar. GZV umfassen in der Regel vier bis sechs Kategorien, in denen wesentliche Kenngrößen, Ziele und Strategien dargestellt werden. Die hier exemplarisch vorgestellte GZV (Abbildung 35) enthält die fünf Kategorien: Markt, Wettbewerb, Geschäftszahlen, Ziele & Strategien sowie sonstige Daten. Quantitative Indikatoren werden jeweils für das letzte abgeschlossene Jahr, das laufende Jahr, das kommende Planjahr und zwei weitere Jahre angegeben. Qualitative Aussagen (in der Kategorie Ziele & Strategien) werden unter Angabe von Verantwortlichkeit, Realisierungszeitpunkt u. a. formuliert.

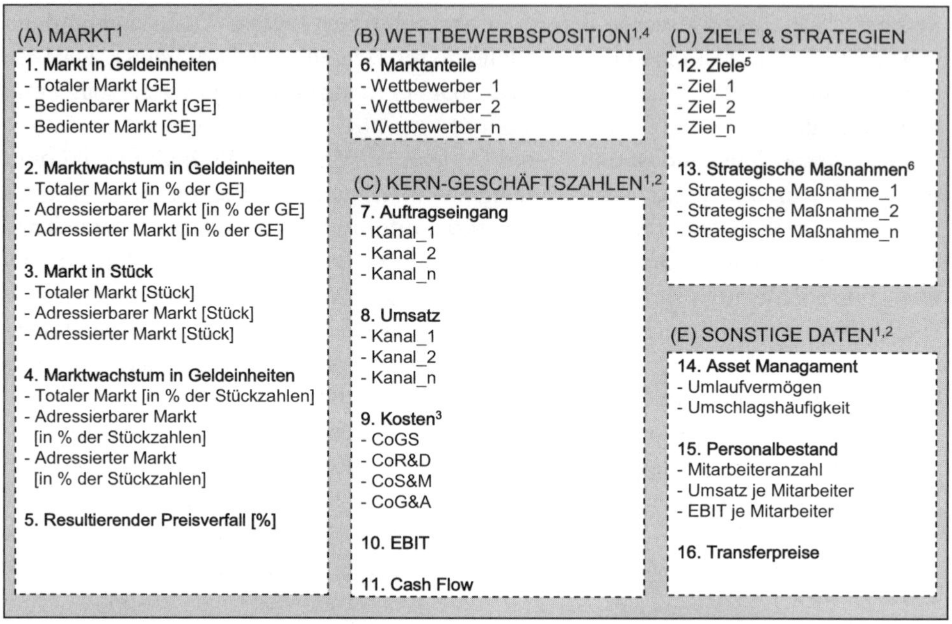

1) Jeweils für das letzte, das laufende, das kommende und zwei weitere Jahre.
2) Aggregiert für eine Geschäftseinheit bzw. ein Land und (analog) für die einzelnen Produkt-/Servicebereiche.
3) *Costs of Goods Sold* (Direkte Kosten zur Herstellung eines Produktes/Services, z. B. Material, Lohn), *Cost of Research & Development* (Aufwände für Forschung und Entwicklung), *Cost of Sales & Marketing* (Aufwendungen im Bereich Vertrieb und Marketing), *Cost of General & Adminstration* (Verwaltungsaufwände)
4) Auch das eigene Unternehmen wird hier dargestellt.
5) Inkl. Verantwortlichkeit sowie Zielinhalt, -ausmaß, -zeitbezug und -geltungsbereich.
6) Inkl. Verantwortlichkeit, Realisierungszeitpunkt und Auswirkungen (Kosten bzw. Einsparungen).

Abbildung 35: Inhalte und Struktur einer Geschäftszielvereinbarung (GZV)

Der zumeist jährlich einmal stattfindende Prozess der GZV ist mit dem Prozess der Strategischen Planung zeitlich verknüpft. Beides ist im Unternehmenskalender definiert. Die wesentliche Aufgabe der GZV besteht darin, Bereichsleitung und Regionenleitung dazu zu bringen, eine gemeinsame Sicht der Zukunft zu entwickeln. Was sich leichter anhört, als es in der Praxis ist. Tatsächlich sind viele Unternehmen inzwischen den Weg gegangen, dass die verantwortlichen Vertreter von Bereichen bzw. Regionen die GZV gemeinsam unterschreiben müssen, was dazu führt, dass immer neue Side-Letter und Erläuterungen der eigentlichen GZV beigelegt werden. Die Regel ist, dass die Perspektive des Stammhauses dominiert und die Interessen der regionalen Vertriebs- und Servicegesellschaft schnell unter den Tisch fallen.

Was sind wesentliche Gründe für die Entstehung dieser Konflikte, und mit welchen Maßnahmen lassen sie sich mindern? Eine Befragung von ca. 300 Unternehmen (Stammhäusern und deren Vertriebsgesellschaften) zeigt ein deutliches Bild:[112] Über 60 Prozent der Manager von Vertriebsgesellschaften kritisieren eine mangelhafte Informationspolitik und zu geringe Unterstützung bei lokalem Preisdruck. Fast 70 Prozent stellen ihre Unzufriedenheit mit denen vom Stammhaus angebotenen Finanzierungsprogrammen in den Mittelpunkt ihrer Unzufriedenheit.

Natürlich sind immer beide Seiten zu betrachten: Spricht man mit Managern aus dem Stammhaus, werden ganz andere Aspekte genannt. Fehlendes Marktverständnis, eingeschränkte Perspektive aus Ländersicht und das Verfolgen der eigenen Optimierung auf Kosten des gesamten Unternehmens sind häufige Argumente. Eine Vertriebsgesellschaft hat, aus Sicht des Stammhauses, neben dem eigentlichen Vertriebs- und gegebenenfalls Servicegeschäft vor allem die Aufgabe, „go-to-market" Strategien zu entwickeln und zu implementieren. Dabei steht der Vertrieb von für den Weltmarkt entwickelten Produkten zumeist im Vordergrund. Dennoch finden sich in größeren Vertriebsgesellschaften auch zunehmend globale Verantwortlichkeiten – die über den eigentlichen Geschäftsauftrag hinausgehen. So finden sich beispielsweise oft Teile des weltweiten Marketings in einer Vertriebsgesellschaft oder es entstehen, aufgrund der räumlichen Nähe, Partnerschaften mit Kunden oder Wettbewerbern („Alliance Management"), die globale Relevanz haben, aber von einer lokalen Vertriebsgesellschaft aus geführt werden.

Problematisch wird es dann, wenn die Zuordnung bzw. Verantwortung dieser globalen Verantwortung nicht geregelt ist, was durch den opportunistischen Charakter eher Regel als Ausnahme ist. Häufig berichtet eine solche Zentralfunktion, auch schon aus gesetzlichen Bestimmungen heraus, an den lokalen Manager der Vertriebsgesellschaft und eben nicht an das Stammhaus. So ist die vom Stammhaus eingeforderte direkte Führung einer solchen Funktion nahezu unmöglich.

Einen weiteren Punkt stellt die regionale Strategische Planung dar. Stellt man dem Stammhaus und der regionalen Einheit die Frage, wer für die lokale Strategie zuständig ist, erhält man von beiden Parteien die Antwort, dass es deren ureigenste Aufgabe ist. Gerade dann, wenn die lokale Vertriebsgesellschaft globale Aufgaben übernommen hat (z. B. Alliance Management oder Aufgaben im Marketing), wächst das Bedürfnis, das eigene Geschehen stärker als bisher lenken zu können.

Durch Zusammenschluss des weltweiten Dialysegeschäfts von FRESENIUS und NATIONAL MEDICAL CARE entstand 1996 die FRESENIUS MEDICAL CARE, die sich in der Rangliste deutscher Top-100-Unternehmen auf einem Platz im oberen Drittel bewegt, noch vor HEIDELBERGER DRUCK oder AXEL SPRINGER. Trotz der Größe und weltweiten Präsenz macht FRESENIUS MEDICAL CARE so ziemlich das Gegenteil von dem, was in anderen global agierenden Unternehmen üblich ist: Es

[112] Vgl. Belz, Ch.; Schmitz, Ch. (2007).

gibt weder ein klassisches Headquarter, eine Matrixstruktur oder eine Länder-Hierarchie. Den Vertrieb der Produkte entscheidet jedes Land für sich: Beispielsweise, ob die Produkte einzeln oder im Paket verkauft werden. Standardisierte Systeme, etwa zur Prozesskontrolle oder Bestellung existieren nicht. Zentraler Grund für die ungewöhnlich starken Regionen sind die Unterschiede in den Gesundheitssystemen der einzelnen Länder.

THOMAS MECHTERSHEIMER, zuständig für die südasiatisch-pazifische Region, gibt zu bedenken, dass diese Form der Management-Struktur nicht eben einfach ist. Viele wollen diese Verantwortung gar nicht übernehmen. Er erklärt: Manager in anderen Unternehmen „haben lieber einen sicheren Heimathafen, jemanden in der Zentrale, bei dem sie sich absichern können.“[113]

Betrachten wir die traditionelle Situation zwischen lokaler Vertriebsgesellschaft und Stammhaus, lassen sich entstehende Probleme im Wesentlichen auf vier Ursachen zurückführen:

1. *Produktentwicklung:* Ist das Unternehmen mit lokalen Vertriebsgesellschaften im Ausland präsent, kommt es im Zusammenhang mit der Investitionsmittelallokation einer zentralen Produktentwicklung häufig zu Konflikten. Oft lassen sich Business Cases für spezifische, landesbedingt als notwendig angesehene Neuentwicklungen nicht rechnen. Der notwendige Schritt, den Business Case für eine geforderte Neuentwicklung weltweit, also für alle Regionen zu prüfen, unterbleibt.
2. *Strategie und Marketing:* In den lokalen Einheiten sind zumeist nicht ausreichend Mitarbeiter damit beschäftigt, lokale Marktanalysen oder trend scouting durchzuführen, sodass der Portfolio/PLM-Prozess den Charakter eines opportunistischen und RFP-getriebenen[114] Instruments erhält und so die Einschätzung der Glaubwürdigkeit von Anforderungen aus einer lokalen Einheit im Stammhaus entsprechend sinkt. Die einzige Möglichkeit, diese Situation systematisch zu verbessern, besteht darin, den Umfang, die Frequenz, den Inhalt und die Struktur der in der Region erbrachten strategischen und marktanalytischen Aufgaben gemeinsam mit dem Stammhaus verbindlich zu definieren (Rollen, „Level of Authority“), dieses zu kommunizieren und zu implementieren.
3. *Marktverständnis:* Aus der gesetzlichen Vorgabe eines „Arms Lengths Principle“, der eine Berichtsstruktur und Beurteilung innerhalb eines Landes gebietet, resultiert im Stammhaus oft die fehlende Einsicht in ausländische Märkte. Während die lokale Einheit fortwährend beteuert, dass in ihrer Region alles an-

[113] Vgl. Barkhausen, B. (2006).

[114] Ein RFP (Request for Proposal) bezeichnet eine Aufforderung zur Angebotsabgabe in der Privatwirtschaft. Das abgegebene Angebot (inkl. Preisen, Leistungen, Zeiten) ist innerhalb der im Angebot spezifizierten Dauer für den potenziellen Auftragnehmer bindend.

ders ist (der Markt, die Kunden und deren Anforderungen, der Vertriebsansatz, der Preisverfall, der Wettbewerb), versucht das Stammhaus Produkte, Preise, Vertriebskonzepte, Prozesse und Systeme weitgehend zu standardisieren – und schießt damit bisweilen über das Ziel hinaus. Eine gemeinsame wahrgenommene Verantwortung für die Market Intelligence und Produktentwicklung kann hier Wunder wirken. Eine Voraussetzung für den Erfolg stellt allerdings eine Incentivierung dar, die Mitarbeiter aus dem Stammhaus ebenso auf den Erfolg der lokalen Einheiten ausrichtet, wie auf den Markt vor der eigenen Haustür.

4. *Zurechenbarkeit des Erfolges:* Ist eine lokale Einheit für den Vertrieb/Service mehrerer SGEs eines Unternehmens verantwortlich, steht diese bei der Erstellung der GZV (die in der Regel mit jeder SGE einzeln geplant wird) vor der Frage, wie die Ressourcen der lokalen Einheit in den nächsten Jahren eingesetzt werden. Eine ähnliche Frage stellt sich bei der Allokation des Aufwands und Ertrages am Ende eines Geschäftsjahres auf einzelne SGEs; dabei wird die Vertriebsgesellschaft in erster Linie versuchen, ihre eigenen Ziele insgesamt (z. B. für ein Land) zu erreichen und erst in zweiter Linie anstreben, Aufwand und Ertrag „gerecht" zu verteilen. Ein großer Teil von Aufwand und Ertrag (z. B. aus dem Produktgeschäft) ist natürlich den einzelnen SGEs direkt zurechenbar, dennoch verbleibt ein nicht unerheblicher Teil, der nur vage an den einzelnen SGEs festzumachen ist: Beispielsweise der Ertrag aus dem Servicegeschäft für kombinierte Anlagen aus verschiedenen SGEs, oder der Aufwand für Zentralfunktionen, Management, Teile des Vertriebs, Marketings oder Trainings. Die regionale Einheit findet sich daher nicht selten in einer Verhandlungsposition, die der SGE, dem Stammhaus überlegen ist.

Nach dem Ausflug in spezifische Problemfelder der GZV zwischen Bereichen und Regionen kommen wir nun zurück zu der systematischen Verbindung der einzelnen Planungselemente untereinander.

In der Informatik, namentlich der Lehre von relationalen Datenbanken, existiert ein Konzept, die so genannte „Normalisierung", dessen Sinn und Zweck darin besteht, Redundanzen (nicht notwendige Teile einer Information bzw. mehrmals vorhandene Information) und Anomalien (einander widersprechende Dateninhalte) zu vermeiden. Das Ziel dieses Ansatzes besteht darin, die Wartung von Datenbanken zu vereinfachen, den Speicherbedarf zu reduzieren und Datenkonsistenz zu gewährleisten. Übertragen auf die Strategische Planung bedeutet dies: das Ausfüllen von Templates auf ein Minimum zu verringern, dafür Sorge zu tragen, dass sich die Informationen nicht widersprechen können und das Planungssystem insgesamt transparent und nachvollziehbar zu gestalten.

Während die Normalisierung in jedem noch so kleinen Datenbank-Projekt durchgeführt wird, drängt sich, bei Betrachtung der Templates der Strategischen Planung, das Gefühl auf, dass diese eher „hysterisch wachsen" und es keinen „Programmierer" gibt, der den Gesamtzusammenhang der Informationsfelder in eine konsistente Logik vereint. Im Gegenteil: die strukturelle Überarbeitung und Kritik mit den Templates scheint eher auf dem Schreibtisch der Manager stattzufinden als in der Zentralabteilung, die die Templates erstellt. So mutet diese Situation bei Lichte betrachtet einigermaßen eigentümlich an, geht es bei der Datenbank doch vielleicht lediglich um das Verwalten von Stücklisten, bei der Strategischen Planung aber um das Gestalten des Unternehmens. Noch einmal: der Kern der Strategischen Planung liegt in einem kreativen und fantasiereichen Akt, dennoch kommt ein Unternehmen einer bestimmten Größenordnung oder regionalen Verteilung ohne eine formale Planung nicht aus. Aus dieser Perspektive ist die formale Planung wichtig und richtig, was aber Managern zugemutet wird, von denen ja verlangt wird, dass sie genau diese Aufgabe nicht delegieren, würde kein Informatiker jemals ertragen.

Die „Normalisierung" der Strategischen Planung stellt einen der wesentlichen Hebel dar, um den formalen Teil der Strategischen Planung von Planungsrhetorik zu befreien und insgesamt zu höherer Akzeptanz, Relevanz und damit Nutzung zu verhelfen. Dazu existieren sehr einfache Modelle, mit denen sich der Zusammenhang von Daten visuell darstellen lässt. Eines der bekanntesten Modelle zur Darstellung von Daten und deren Beziehungen ist das Entity-Relationship Diagramme (ERD), das PETER CHEN, US-amerikanischer Informatiker, der heute an der Louisiana State Universität lehrt, 1976 vorstellte. Das ERD ist heute zentraler Bestandteil der Systemanalyse und des Systemdesigns.

Die beiden wesentlichen Merkmale der Strategischen Planung sind Unsicherheit und Komplexität. Es gibt eine Wissenschaft, die es sich zum Ziel gesetzt hat, praxisorientierte Methoden und Instrumente zur Reduktion von Unsicherheit und Komplexität zu entwickeln und bereitzustellen. Diese Wissenschaft ist die Informatik, insbesondere der Zweig der Wirtschaftsinformatik. Die Lehre des betrieblichen Datenmanagements ist ein Teilgebiet der Wirtschaftsinformatik. Die Wirtschaftsinformatik wiederum blickt vor allem auf Daten und Funktionen: Daten sind statisch (analog z. B. der Aufbauorganisation eines Unternehmens), Funktionen sind dynamisch (analog z. B. der Ablauforganisation eines Unternehmens). Für die Modellierung von Daten und Funktionen stellt die Wirtschaftsinformatik vor allem zwei Methoden heraus, die darauf zielen, Unsicherheit und Komplexität zu verringern. Diese beiden generischen Modelle bzw. Notationen werden im Kapitel 7.1 vorgestellt und angewendet. ERD dient zur Modellierung statischer Systeme; die so genannte „Ereignisgesteuerte Prozessketten" (EPK) wird zur Modellierung dynamischer Vorgänge (Prozesse) eingesetzt. Der Gedanke, Methoden aus der Wirtschaftsinformatik auf die Strategische Planung anzuwenden und so zwei völlig unterschiedliche Disziplinen, die sich jedoch mit demselben Erkenntnisobjekt (Unternehmen) und einer ähnlichen Herausforderung (Bewältigung von Unsicherheit und Komplexität) auseinandersetzen, zu verbinden, wird in diesem Buch erstmals systematisch verfolgt, mit dem Ziel, einen integrierten und pragmatischen Ansatz für die Strategische Planung zu beschreiben.

Ein unternehmensspezifisches Modell, das alle Elemente der Strategischen Planung zueinander in Beziehung setzt und dabei sowohl auf den Ablauf (s. EPK) als auch auf den Aufbau (s. ERD) gerichtet ist, sieht nur auf den ersten Blick nach zusätzlicher Administration aus. Im Gegenteil: redundante und inkonsistente Planungen werden nur so überhaupt ersichtlich und können, das ist das Ziel, eliminiert werden. Die intensive Vorarbeit findet dort statt, wo sie hin gehört, dort wo die Ressourcen bereit stehen: in der Zentralabteilung, und nicht auf dem Schreibtisch der Manager. In Summe ergibt sich ein bereinigtes, ein „normalisiertes" System, das den hohen Anforderungen an Transparenz und Konsistenz des Managements entspricht und so zu Akzeptanz und Nutzung der Strategischen Planung führt. Das Verständnis für die Sinnhaftigkeit wird in den operativen Bereichen gestärkt und das Ausfüllen als Selbstzweck entfällt.

Sind die Elemente der Strategischen Planung erstellt und wurde die Strategie in einem kreativen Akt konkretisiert, verfeinert, abgestimmt und verabschiedet, stellt sich in vielen Unternehmen (implizit oder explizit) die Frage, inwiefern das Bild von der Zukunft, und der Weg dorthin, aufzuschreiben ist. Wie oft habe ich auf die Frage: „Wo ist die Unternehmensstrategie aufgeschrieben" zur Antwort bekommen: „Die ist in den Köpfen des Management-Teams." Soweit so gut. Nur war sie es nie. Weitere Interviews mit dem Management-Team ergeben, dass wohl jeder Manager eine „Strategie im Kopf" hat – sich diese aber so gut wie nie decken. Dass sich diese nicht decken wird in den seltensten Fällen erkannt. Erinnern wir uns an obiges Beispiel des „Course of Knowledge" (s. Kapitel 1), folgt jeder seiner eigenen Melodie und ist überzeugt, dass die anderen sie auch hören können. Dieses stellt eine der riskantesten Situationen dar, die wir uns nur vorstellen können, sind sich die Mitglieder des Leitungskreises doch oft gar nicht bewusst, dass sie in Wahrheit auf verschiedene Wege gehen.

Die Dokumentation von Strategien und strategischen Zielen ähnelt der Niederschrift von Verträgen: wir schreiben sie nicht für den Fall auf, dass sich jeder daran hält und sie jeder verstanden hat. Für das Controlling der Umsetzung einer Strategischen Planung ist es unzweifelhaft erforderlich, die Strategie zu dokumentieren. Wenn wir akzeptieren, dass Umsetzungscontrolling eine zwingende Voraussetzung für die Strategische Planung an sich ist, ergibt sich daraus, dass eine schriftliche Fassung der Strategie vorliegen muss. Eine Strategie ist jedoch nicht schon dann ausreichend beschrieben, wenn ein paar Ziele auf einer PowerPoint-Folie stehen („Wir wollen die Besten werden..."). Eine Strategie erfordert die plausible und nachvollziehbare Beantwortung der Frage: Wie wollen wir das erreichen? Das zentrale Instrument, das die Strategieformulierung in die richtigen Bahnen lenkt, ist das Instrument des „Backplanning", das ausführlich in Kapitel 8 erläutert wird. Nicht weniger wichtig ist es, neben die Positivformulierung: Was wollen wir sein – wie wollen wir es erreichen, eine Ausschlussdefinition zu setzen: Was wollen wir nicht? Nur durch eine Ausschlussdefinition kann, wie MICHAEL PORTER erklärt, wirkliche Fokussierung erreicht und ständige Reorientierung vermieden werden: „The essence of strategy is choosing what not to do."

> In gesättigten Märkten hecheln die meisten Unternehmen einer simplen Strategie hinterher: Der Mehr!-Strategie. Mehr Funktion. Mehr Design. Mehr Marke. Wenige Unternehmen schlagen einen anderen Kurs ein. Diese Unternehmen stellen sich die Frage: „Wer braucht wirklich mehr? Mehr Funktionen im Handy? Mehr Knöpfe an der Waschmaschine?" Diese Unternehmen erkennen, dass sich Marktanteile in gesättigten Märkten mit einer Mehr!-Strategie nicht wirklich ausbauen lassen. Und setzen genau da an, wo es dem Kunden von den anderen Unternehmen schwer gemacht wird: Beim „Mehr!"
>
> Mobilfunkanbieter bieten „no-frills-Tarife" an: Kein Schnickschnack. Kein Laden. Kein „Value Add". Kein 24-seitiges Vertragswerk. Auch traditionelle Märkte setzen auf das „no-frills-Modell". Als BELL TELLINGS 2003 Chef der ING-DIBA wurde, reduzierte er die Produktpalette dramatisch. „Normalerweise kommt das Marketing an und will neue Produkte", erklärt TELLINGS. „Aber kaum jemand beachtet die Konsequenzen bei der Technik oder beim Beratungsaufwand ... Bei einer Bank gibt es grundsätzlich nur zwei Produkte: Sparen oder Finanzieren. Der Rest sind identische Angebote mit unterschiedlichen Namen, das ist Pseudovielfalt ... Gute Zinsen und eine anständige Behandlung, das ist es, was die Leute wollen." Konsequent erklärt ein ING-DIBA-Sprecher weiter: „Wichtiger als das was wir machen, ist das was wir nicht machen."[115]
>
> So profitiert die Bank von den Schwächen ihrer Konkurrenten: Den Mittagspausen, wenn auch ihre Kunden Pause haben. Den Öffnungszeiten, die sich mit den Büroarbeitszeiten ihrer Kunden decken. Den Sonderkonditionen, die schon abgelaufen sind, wenn der neue Kunde sein Konto eröffnet hat.

Wenn wir akzeptieren, dass Umsetzungskontrolle eine Voraussetzung für die ernsthafte Strategische Planung ist, dann stellt sich die Frage: Wer, im Unternehmen, oder darüber hinaus, zeichnet eigentlich für das Controlling verantwortlich?

---

[115] Vgl. Sywottek, Chr. (2006).

6 Unsichtbare Dritte: Inpflichtnahme und Versorgung existierender Gremien

Kernthesen:

- Der Einfluss interner und externer Gremien auf die Kontrolle und Gestaltung von Unternehmen nimmt seit Jahren zu und wird weiter steigen.
- Vier wesentliche Gremien sind für die Strategische Planung relevant: Aufsichtsrat bzw. GmbH-Beirat, Interne Revision und Wirtschaftsprüfer.
- Es gibt drei wesentliche Konfliktursachen: Unterschiedliche Risikoneigung, Opportunismus und asymmetrische Informationsverteilung.
- Die Kontrollstruktur großer Unternehmen steht derzeit unter dem Einfluss der Corporate Governance-Diskussion.
- Mit vier kritischen Corporate Governance-Empfehlungen tun sich die Unternehmen derzeit schwer.
- Selbst wenn die Corporate Governance-Empfehlungen als umgesetzt dargestellt sind: Dies kann bei zentralen Empfehlungen nicht kontrolliert werden.
- Strategiekontrolle, -formulierung und -umsetzung scheinen noch nicht wirklich zu den Aufgaben des Aufsichtsrats zu zählen.
- Die Unternehmensrevision entwickelt sich von der Polizei zum Partner.
- Warum die Unternehmensrevision nicht an den Aufsichtrat berichtet ist ungeklärt.
- Der Schlüssel zur effizienten Nutzung existierender Gremien liegt in der konsequenten Trennung von Dienstleistung und Governance.

Blicken wir für einen Moment auf den Vorstand oder Geschäftsführer eines Unternehmens. Was stellen wir fest? Dass Besitz und Steuerung eines Unternehmens häufig nicht in einer Hand liegen: Dem Vorstand oder Geschäftsführer gehört das Unternehmen nicht, sondern dem oder den Eigentümern.

Hiervon sind natürlich inhabergeführte Unternehmen auszuschließen. Und diese stellen einen beträchtlichen Teil der deutschen Wirtschaft dar. Folgt man dem INSTITUT FÜR MITTELSTANDSFORSCHUNG (IfM) in Bonn, das zum Mittelstand alle Unternehmen mit weniger als 500 Beschäftigten bzw. 50 Mio. EUR Jahresumsatz zählt (eine Legaldefinition gibt es für den Mittelstand nicht), gehören über 99 Prozent aller deutschen Unternehmen zum Mittelstand. Inhabergeführte Unternehmen, also Unternehmen, die keine Trennung von Besitz und Leitung aufweisen, stellen 95 Prozent aller Unternehmen in Deutschland dar. Diese Unternehmen tätigen mehr als 40 Prozent aller Umsätze und bieten über 50 Prozent aller Arbeitsplätze. So beeindruckend diese Zahlen sein mögen – bei dem wirtschaftlich relevanten Teil des Mittelstands, also Unternehmen, die über 1 Mio. EUR Jahresumsatz erwirtschaften, sind Besitz und Leitungsaufgaben zu einem wesentlich höheren Prozentsatz voneinander getrennt. Dennoch spielen Familienunternehmen auch außerhalb des Mittelstands eine zentrale Rolle: So gelten beispielsweise die Schwarz Gruppe (z. B. LIDL, KAUFLAND), ALDI, die MERCKLE GRUPPE (z. B. RATIOPHARM), HANIEL, TENGELMANN, BERTELSMANN, die OTTO GRUPPE (z. B. OTTO, MANUFACTUM, SCHWAB, HERMES VERSAND), BOEHRINGER oder die HERAEUS HOLDING, mit Umsätzen zwischen ca. 10 bis 40 Mrd. EUR, als Familienunternehmen. Familien- bzw. Inhabergeführte Unternehmen sollen hier nicht unter den Tisch gekehrt werden, aber für diese stellt sich die aus der Trennung von Eigentum und Leitung resultierende Problematik nicht in der nachfolgend diskutierten Form. Daher nun zurück zu der in großen Unternehmen vorherrschenden Trennung zwischen Eigentum und Leitung.

In der Beziehung zwischen Eigentümer und Unternehmensleiter wird von drei Annahmen ausgegangen: Erstens lassen sich unterschiedliche Risikoneigungen (von Risikoaversion bis Risikofreude) differenzieren. Zweitens wird Opportunismus unterstellt: Jeder der beiden Partner handelt annahmegemäß in eigenem Interesse. Da unterschiedliche Ziele zu vermuten sind, sind Konflikte die Folge. Die dritte Annahme setzt begrenzt rationale Partner voraus, die in ihrer Entscheidungsfindung eingeschränkt sind. Grund für diese begrenzte Rationalität ist die asymmetrische Informationsverteilung: Das Handeln anderer kann nur über unvollständige Informationen beurteilt werden.

Die so genannte „Principal-Agent-Theorie" umfasst das Verhältnis von Eigentümer und Unternehmensleiter als einen speziellen Anwendungsfall, geht aber darüber hinaus und untersucht generell die Beziehungsgestaltung zwischen Auftraggeber und -nehmer.[116] Die so genannte „Principal-Agent-Theorie" geht auf einen Aufsatz von MICHAEL JENSEN und WILLIAM MECKLING[117] im Jahre 1976 zurück, der wiederum auf die „Theorie unvollständiger Verträge" abstellt, die der Nobelpreisträger RONALD COASE um das Jahr 1937 begründete.

Ein Prinzipal (Eigentümer) nutzt einen Agenten (Unternehmensleiter) und seine Fähigkeiten, um, im Wesentlichen, seine eigenen Ziele zu verfolgen. Die Erwartungshaltung des Prinzipals, nämlich, dass der Agent nicht seine eigenen, sondern die Ziele des Prinzipals verfolgt, lässt sich nicht ohne weiteres erfüllen, was auch daran liegen mag, dass ein Prinzipal niemals vollständig in der Lage sein wird, die Qualität seines Agenten bzw. die Qualität seiner Entscheidungen nachzuvollziehen (Informationsasymmetrie). Im Wesentlichen sieht er nur das Ergebnis dessen Bemühungen. Daher greift der Prinzipal auf Instrumente zurück, die eine starke Ausrichtung des Agentenverhaltens auf die Ziele des Prinzipals vermuten lassen. Zu diesen Instrumenten zählen das Schaffen von Anreizen bzw. Anreizsystemen (z. B. Prämien, Incentives, erfolgsabhängige Vergütung), das Prägen einer von gemeinsamen Werten, Zielen und Vorstellungen bestimmter Unternehmenskultur, das Schaffen von Vertrauen und natürlich Kontroll- und Informationsstrukturen. Die Träger von Kontroll- und Informationsstrukturen, die Kontroll- und Informations-

[116] Vgl. z. B. Picot, A. (1999).

[117] Vgl. Jensen, M.; Meckling, W. (1976).

gremien, bilden den Betrachtungsgegenstand dieses Kapitels: Welche Motivation für die Bildung von Gremien gibt es und welche wesentlichen Gremienarten können unterschieden werden?

Die derzeitige Kontrollstruktur großer Unternehmen steht unter dem Einfluss der Corporate Governance-Diskussion. Diese zielt auf die Verbesserung der Führung und Kontrolle in großen Unternehmen und will einen Ordnungsrahmen schaffen, der effiziente Kontrolle ermöglicht und möglichst wenig Spielraum für opportunistisches Verhalten lässt. Als einer der zentralen Auslöser der Corporate Governance gilt der Skandal um ENRON.[118]

> ENRON zählte zu den größten Natural Gas Händlern in Nordamerika. Produktion, Transport und Handel von Energie kennzeichneten die Aktivitäten von ENRON; ergänzt durch Wasser, Kohle und Stahl. Im August 2000 erreichte ENRON mit 90 USD den höchsten Aktienkurs in der Geschichte des Unternehmens. Kurz darauf wurde ENRON zum fünften Mal in Folge vom Fortune Magazin zum innovativsten amerikanischen Unternehmen gekürt.
>
> Der Skandal wird für die Öffentlichkeit sichtbar, als ENRON einen Verlust von knapp 650 Mio. USD ausweist. Die SECURITIES AND EXCHANGE COMMISSION (SEC) leitet daraufhin ein Verfahren ein und veranlasst ENRON, die Bilanzen der letzten fünf Jahre zu korrigieren. Daraufhin fällt die Aktie unter einen USD. Die Anleger sind ihre Ersparnisse los, am Ende erhalten sie 0,14 USD je Aktie. Zehntausende von ENRON-Mitarbeitern verlieren ihren Arbeitsplatz und ihre in Aktien angelegten Ersparnisse. Wie konnte es so weit kommen?
>
> Seit 1997 konstituierte ENRON so genannte SPECIAL PURPOSE UNITS (SPU). Diese Gesellschaften dienten einzig dem Zweck, Schulden zu übernehmen – insgesamt fast 40 Mrd. USD. Die US-amerikanischen Bilanzierungsregeln erlaubten es Enron, seine SPUs, die zwar wirtschaftlich – nicht aber rechtlich – selbstständig waren, aus der Bilanz heraus zu halten. Die riesigen Verluste konnten so verschleiert werden. Während der Ex-Konzernchef und -gründer KENNETH LAY seine Aktie als „Schnäppchen" anpries, verkaufte er selbst ENRON-Aktien in Höhe von mehreren Mio. USD.
>
> Natürlich hatte ENRON einen Wirtschaftsprüfer: ARTHUR ANDERSEN. Doch die externen Prüfer schienen eher Berater als Prüfer zu sein, und trugen angeblich großen Anteil am „System SPU". Also ordnete die Zentrale von ARTHUR ANDERSEN eine beispiellose Vernichtungsaktion an: die Dokumente wanderten in den Shredder. ARTHUR ANDERSEN (heute zerschlagen und zum großen Teil in der Wirtschaftsprüfung ERNST & YOUNG aufgegangen) verlor sämtliche Kunden.

Die entscheidende Frage lautet: Wie konnte das – trotz externem Wirtschaftsprüfer und internen Kontrollorganen – passieren? Und: Was muss sich ändern? Die Ant-

[118] Vgl. Fischbacher, J.; Mölk, S. (2005).

wort auf diese Frage wird zurzeit unter dem Corporate Governance-Ansatz diskutiert und vorangetrieben. Der Rahmen des Corporate Governance Ansatze besteht aus Ziel, Gestaltungsfeldern, Instrumenten und Umsetzung (Abbildung 36).

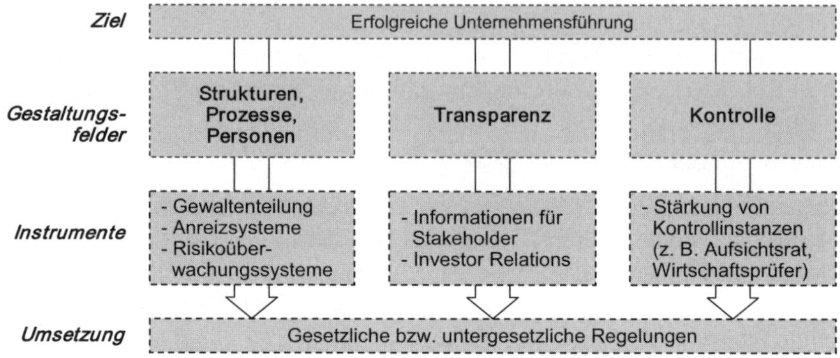

Abbildung 36: Corporate Governance-Elemente

Das erste Gestaltungsfeld („Strukturen, Prozesse, Personen") beinhaltet
- Gewaltenteilung, also den Übertrag von Verfügungsrechten auf mehrere Beteiligte (z. B. die Zustimmung des Aufsichtsrats zu bestimmten Entscheidungen),
- Anreizsysteme, beispielsweise erfolgsabhängige Entlohnung, Haftungsvorschriften hinsichtlich der Höhe einer Selbstbeteiligung und
- Risikoüberwachung (s. weiter unten in diesem Kapitel)

Das zweite Gestaltungsfeld („Transparenz") beinhaltet
- erweiterte Informationsrechte für Stakeholder, also beispielsweise umfassende Informationen über Risiken, die im Geschäftsbericht dargestellt werden müssen,
- eine umfassende Investor-Relations-Beziehung, um sicherzustellen, dass entsprechende Anspruchsgruppen auch unterjährig über Ziele, Entscheidungen und Ereignisse informiert werden.

Mit dem dritten Gestaltungsfeld („Kontrolle") wird die Rolle von Kontrollinstanzen gestärkt: Die Kontrolle des Vorstands durch Dritte ist darauf gerichtet, dessen Bereitschaft zum Abschluss riskanter bzw. unzulässiger Geschäfte zu senken. So stellt der Sarbanes-Oxley-Act von 2002 eine Reaktion auf die Unternehmenskrisen (von z. B. ENRON) dar: In den USA an der Börse gelistete Unternehmen sind beispielsweise verpflichtet, ein Audit Committee einzurichten und ihre Wirtschaftsprüfer prüfen zu lassen. Ähnliche Strukturen wurden in Deutschland begründet. Die privatrechtlich organisierte „Deutsche Prüfstelle für Rechnungslegung" prüft, entsprechend ihres Auftrages durch das Bilanzkontrollgesetz, die Ordnungsmäßigkeit des Jahresabschlusses sowie des Lageberichtes. Auch für die Wirtschaftsprüfer hat sich die Situation verschärft: Dem Wirtschaftsprüferordnungsänderungsgesetzes folgend, müssen sie sich selber regelmäßig durch einen Berufskollegen einer externen Qualitätskontrolle unterziehen (sog. Peer-Review).

Die Gestaltungsfelder der Corporate Governance können auf unterschiedlichen Ebenen ansetzen: Sie können als gesetzliche Vorschriften festgelegt werden (z. B. Bilanzkontrollgesetz, Sarbanes-Oxley-Act) oder, als untergesetzliches Regelwerk, die Unternehmen zur freiwilligen Selbstbindung anhalten. Ein solches Regelwerk stellt der Deutsche Corporate Governance Kodex dar (DCGK). Der DCGK richtet sich an börsennotierte Aktiengesellschaften, empfiehlt die Befolgung aber ausdrücklich auch allen anderen Gesellschaften. Der DCGK stellt eine Mischung aus Freiwilligkeit und gesetzlicher Verpflichtung dar. Dabei sind drei Punkte für das Verständnis wichtig:

1. Grundsätzlich ist die Einhaltung der Regeln des DCGK nicht verbindlich.
2. Allerdings gibt es einige Regeln, zu deren Einhaltung die Unternehmen gesetzlich verpflichtet sind. Diese sind dann jedoch primär in Gesetzestexten enthalten und im DCGK nur der Vollständigkeit halber aufgenommen.
3. Auch wenn die Regeln – mit der beschriebenen Ausnahme – nicht verbindlich sind, muss über die Einhaltung bzw. Nicht-Einhaltung der freiwilligen „Empfehlungen“ nach §161 AktG im Geschäftsbericht Auskunft erteilt werden (sog. „Compliance Erklärung“).

Der DCGK enthält zwei verschiedene Arten von freiwilligen Regelungen: So genannte „Empfehlungen“ (diese sind im Kodex durch das Wort „soll“) gekennzeichnet und so genannte „Anregungen“ (die durch die Worte „sollte“ oder „kann“ gekennzeichnet sind). Nur über die Einhaltung der „Empfehlungen“ muss, nach §161 AktG, im Geschäftsbericht Auskunft erteilt werden. In Bezug auf die „Anregungen“ verlangt das Gesetz keine Offenlegung.

In der Fassung vom Juni 2006 enthält der DCGK 81 Empfehlungen und 20 Anregungen[119]. Im Durchschnitt werden von den DAX-Gesellschaften 78 der 81 Empfehlungen berücksichtigt[120]. Es lassen sich insgesamt vier – kritische – Empfehlungen erkennen, mit deren Berücksichtigung sich die Unternehmen bislang schwer tun und die von weniger als 90 Prozent der DAX-Unternehmen angenommen werden:

1. Angemessener Selbstbehalt bei Manager-Haftpflichtversicherungen (sog. D&O-Versicherungen) für Vorstand und Aufsichtsrat.
2. Beratung im Aufsichtsrat über die Struktur der Vorstandsvergütung.
3. Begrenzung des Wechsels vom Vorstandsmitglied zum Aufsichtsratsvorsitzenden oder Vorsitzenden eines Aufsichtsratsausschusses.
4. Erfolgsorientierte Vergütung des Aufsichtsrats.

---

[119] Regierungskommission DCGK (2006): Deutscher Corporate Governance Kodex (in der Fassung vom 12. Juni 2006). Abrufbar unter: http://www.corporate-governance-code.de

[120] Vgl. Werder, A. v. (2007).

Lösen die neuen Gesetze, die Empfehlungen und Anregungen des DCKG, nun die aufgezeigte Problemstellung? Dies wird mehr als kontrovers diskutiert.

> DAVID WEINBERGER, Fellow an der Harvard Law School erklärt: „Wenn noch nicht einmal die Aussicht, für acht bis zehn Jahre ins Gefängnis zu wandern, den ENRON-Albtraum verhindern konnte, dann sind es nur zwei beruhigende Lügen, mit denen uns die Befürworter des Regelungswahns einlullen. Erstens: Wenn Systeme versagen, sind immer einzelne Individuen daran schuld, und zweitens: Geeignete Kontrollsysteme verhindern, dass sie Katastrophen anrichten. Dass sich verantwortliche Unternehmensführung durch Regeln herbeizwingen ließe, ist eine Art Aberglaube, der es uns erlaubt zu verdrängen, wie wenig Kontrolle wir in Wirklichkeit über unsere Umwelt haben.“[121]

Grundsätzlich bleibt festzuhalten, dass die Empfehlungen im DCGK häufig nur die gängige Praxis widerspiegeln, sodass sich der Widerstand der Unternehmen in Grenzen hält. Empfehlungen, die über Struktur-Fragen hinausgehen und den Einzelnen ganz persönlich und privat zu treffen vermögen (z. B. der angemessene Selbstbehalt bei D&O-Versicherungen) sind davon zu unterscheiden: Folglich tun sich die Unternehmen – namentlich dessen Leitungs- und Kontrollorgane bzw. deren Vertreter – mit der Umsetzung an dieser Stelle besonders schwer. D&O-Versicherungen (Directors-and-Officers-Versicherung), sind Vermögensschaden-Haftpflichtversicherungen zugunsten Dritter. Der Versicherungsschutz erstreckt sich beispielsweise auf Vorstand, Aufsichtsrat, Beirat oder Prokuristen – wenn diese die Sorgfalt eines ordentlichen und gewissenhaften Geschäftsleiters zu erfüllen haben. Die Versicherung tritt bei Sorgfaltspflichtverletzungen ohne Vorsatz bzw. wissentlicher Pflichtverletzung ein. Die strafrechtliche Verantwortung eines Organmitglieds bei grob fahrlässigen Handlungen oder Untreue bleibt, unabhängig von der Ausgestaltung der D&O-Versicherung, bestehen. Die D&O-Versicherung birgt allerdings eine überraschende Besonderheit. Sie deckt zunächst Ansprüche von außen gegen einen Manager ab, etwa wenn aufgebrachte Aktionäre seinen Kopf oder jedenfalls den Inhalt seiner Brieftasche fordern, weil er ihrer Meinung nach Millionen versenkt hat. Die Überraschung steckt in der zweiten Deckungsseite: Auch die so genannte Innendeckung ist Bestandteil der Versicherung. So kann das Unternehmen selbst Ansprüche gegen einen eigenen Manager stellen und ein Dritter (die Versicherung) bezahlt.

In einem in der Branche berühmten Urteil (sog. „Arag-Urteil“) hat der Bundesgerichtshof entschieden, dass ein Aufsichtsrat gar keine andere Wahl hat: Er muss von einem Manager Ersatz fordern, wenn dieser dem Unternehmen Schaden zugefügt hat. Im Interesse der Eigentümer, der Aktionäre. Daher bleibt den Unternehmenslenkern heute fast keine Wahl: Der Abschluss einer D&O-Versicherung ist

[121] Vgl. Weinberger, D. (2007).

nahezu zwingend, denn Vorstände von Aktiengesellschaften oder GmbH-Geschäftsführer haften für Schäden aus Pflichtverletzungen mit ihrem gesamten Privatvermögen. Wenn die Eigentümer eines Unternehmens also wollen, dass ihr Management handlungsfähig bleibt, müssen sie eine Versicherung abschließen. Diese wird nicht vom einzelnen Manager abgeschlossen, sondern vom Unternehmen, das auch die Prämien zahlt.

Der LUFTHANSA Ex-Manager HELMUT WOELKI war bis Dezember 2000 Vorstandschef der LUFTHANSA SERVICE GROUP, besser bekannt als SKYCHEFS. Doch der Himmelsboss hat ein Problem. Nach Ansicht des Konzerns war WOELKI, der SKYCHEFS deutlich ausbauen wollte, für ein Desaster in dreistelliger Millionenhöhe verantwortlich. WOELKI bot seine Catering-Dienste Ende der 1990er Jahre zahlreichen anderen Fluggesellschaften an. Und das erfolgreich: Mit den Airlines wurden langfristige Verträge geschlossen. Scheinbar hatten die Verträge jedoch einen Schönheitsfehler: Über die gesamten Vertragslaufzeiten sollen Verluste in Höhe von mehreren 100 Mio. EUR entstanden sein.

LUFTHANSA will den Schaden nun von WOELKI, noch besser, von der Versicherung, ersetzt bekommen. [122] Denn die Managerhaftungspolicen decken bis zu 250 Mio. EUR. Trotz leidlich guter Gehälter in der Kranich-Führungsetage, wahrscheinlich etwas mehr, als der angestellter Manager aufbringen kann.

Das Handelsblatt berichtet im Juni 2007 über den Prozess und verdeutlicht die Unsicherheiten im Zusammenhang mit D&O-Versicherungen: Das Landgericht Köln hat die Klage der Lufthansa gegen den Versicherer ACE abgewiesen. Aus formalen Gründen. Die Kölner Richter begründen ihre Klageabweisung in ungewöhnlich scharfem Ton. Die Klage sei gleich in zweifacher Hinsicht falsch gestellt worden: Weder der Kläger noch der Beklagte seinen die „Richtigen“. Nicht LUFTHANSA darf klagen, sondern nur die versicherte Person: HELMUT WOELKI. Außerdem sei ACE der falsche Adressat der Klage. Denn in den Klauseln des D&O-Vertrags wird das Versicherungskonsortium von der ALLGEMEINE VERSICHERUNGS-AG angeführt, die zum GERLING-KONZERN gehöre. ACE sei, wie andere Versicherer auch, lediglich an der Police beteiligt.

Was den Ausgang der als wahrscheinlich geltenden Berufung angeht, bleibt abzuwarten. Der Schaden könnte zum teuersten D&O-Fall in Deutschland werden.

Die Umsetzung zentraler Empfehlungen des DCGK ist zum einen bereits durch das Aktiengesetz verbindlich und dennoch, zum anderen, schwierig zu verifizieren. Denken wir beispielsweise an die folgende Empfehlung: „Der Vorstand stimmt die strategische Ausrichtung des Unternehmens mit dem Aufsichtsrat ab und erörtert mit ihm in regelmäßigen Abständen den Stand der Strategieumsetzung.“ Das Kon-

[122] Vgl. Knipper, M. (2005).

trollgremium muss (gesetzliche Regelung! – im DCGK nur der Vollständigkeit halber aufgeführt) also einen aktiven Beitrag zur Strategieformulierung und -umsetzung leisten. Da leider weder im Gesetz und noch weniger im DCGK aufgezeigt wird, wie und unter welchen Voraussetzungen dies geschehen muss, ist anzunehmen, dass eine solche „verbindliche" Maßnahme eher ein Lippenbekenntnis bleibt. Weiterhin bleibt offen, wie der Rollenkonflikt zwischen Kontroll- und dann eben auch Leitungsfunktion aufgelöst werden kann.[123]

Nicht nur theoretisch werfen die Empfehlungen einige Fragen hinsichtlich ihrer Relevanz auf. Auch in der Praxis zeigt sich, dass, generell, die Strategiekontrolle nicht Sache des Aufsichtsrats zu sein scheint: Eine Studie der Universität Dortmund stellt besondere Schwächen heraus. Aufsichtsräte kontrollieren nur die Resultate und halten in der Mehrheit eine umfassende strategische Überwachung für unwichtig. Die nachträgliche Ergebniskontrolle sei die wichtigste Tätigkeit. Nur zehn Prozent der befragten Aufsichtsräte besprechen strategische Unternehmensziele mit ihrem Vorstand und konterkarieren so die in Gesetzen und Kodizes – aber auch auf bunten Corporate-Governance-Flyern und betroffen machenden Webseiten enthaltenen Statements.

Lediglich 43 Prozent der befragten Manager, das zeigen die Ergebnisse der Untersuchung „Strategische Planung in deutschen Unternehmen" (Abbildung 17) bestätigen, dass eine Konsistenzsicherung der Unternehmensstrategie zwischen Vorstand und Aufsichtsrat stattfindet. 86 Prozent halten dies jedoch für erforderlich.

Der Wunsch nach einer stärkeren Einbeziehung verschiedener Gremien wird mehr als deutlich. Vom Aufsichtsrat wird, wenn auch bislang ohne vollständig systematisches Modell, die stärkere ex-ante Orientierung verlangt. Die Interne Revision ist nicht mehr Unternehmenspolizei, sondern Partner für die Unternehmensgestaltung. Wirtschaftsprüfer erweitern ihren Aufgaben- und Einflussbereich auf strategische Fragestellungen. Prüfungsgremien für die Prüfer werden, wenn auch bislang hauptsächlich in den USA, ins Leben gerufen. GmbHs konstituieren, in Ermangelung gesetzlich vorgeschriebener Kontrollorgane (Aufsichtsrat), freiwillig Beiräte in eigener Initiative[124]. Ob wir es wahrhaben möchten oder nicht: Der Einfluss interner und externer Gremien auf die Kontrolle und Gestaltung von Unternehmen nimmt seit Jahren zu und wird weiter steigen. Mit der Zunahme erweitern sich Aufgabenbreite und -tiefe. Die drei wesentlichen Gründe hierfür sind:

- Die unternehmerisch motivierte Entscheidungen, auf eine beratende Instanz zugreifen zu können, die nicht projektmäßig konstituiert werden muss, wie ein externer Berater, sondern kontinuierlich zur Verfügung steht, wie ein Beirat.

[123] Vgl. u. a. Siciliano, J. (2002); Zahra, S. (1989); Daily, C. et al. (2003).

[124] Die Etablierung von GmbH-Beiräten steigt stetig an. Unterschiedliche Initiativen vermitteln z. T. kostenlos qualifizierte und erfahrene Beiräte an Unternehmen. So z. B. „MittelstandPlus". Die Initiative vermittelte seit Mai 2003 über 150 Bei- und Aufsichtsräte an Mittelständler. Mehr als 2.000 Experten und knapp 800 Unternehmen sind derzeit registriert..

- Zwingende, gesetzliche Vorgaben vor allem aus dem Aktiengesetz (AktG), dem Handelsgesetzbuch (HGB) und weiteren Artikelgesetzen, beispielsweise dem „Gesetz zur Kontrolle und Transparenz im Unternehmensbereich" (KonTraG).
- Teilweise freiwillige, aber faktisch-bindende Empfehlungen, beispielsweise aus dem DCGK.

Die Interne Revision (engl. Internal Audit) unterstützt die Unternehmensleitung hinsichtlich der Ausübung der Kontrollfunktion, die Teil der Steuerungsfunktion des Top-Managements ist, durch unabhängige Prüfungen. Während die Ausgestaltung einer Internen Revision im Wesentlichen dem Vorstand überlassen ist, der mithin die faktische Rolle einer solchen Funktion maßgeblich definiert, liegt ihre grundsätzliche Einrichtung nicht im Ermessen des Vorstands, sondern ist gesetzlich geregelt. So ergeben sich die Anforderungen an die Einrichtung der Internen Revision für börsennotierte Aktiengesellschaften aus § 91 Abs. 2 AktG:

> „Der Vorstand hat geeignete Maßnahmen zu treffen, insbesondere ein Überwachungssystem einzurichten, damit den Fortbestand der Gesellschaft gefährdende Entwicklungen früh erkannt werden."[125]

Der genannte Paragraf aus dem Aktiengesetz wird, in Verbindung mit anderen einschlägigen Gesetzen, zum so genannten „Gesetz zur Kontrolle und Transparenz im Unternehmensbereich" (KonTraG) zusammengefasst. Das 1998 in Kraft getretene KonTraG ist ein Artikelgesetz und umfasst daher gleichzeitig mehrere Gesetze bzw. Gesetzesänderungen. So erweitert das KonTraG beispielsweise Vorschriften des HGB und AktG. Die Anwendung des Gesetzes beschränkt sich allerdings nicht auf AGs, sondern auch auf die KGaA und einige GmbHs (insbesondere GmbHs mit mitbestimmtem oder fakultativem Aufsichtsrat).

Das Ziel des KonTraG wird übereinstimmend darin gesehen, Überwachungs- und Kontrollfunktionen im Unternehmen zu erhöhen, im Wesentlichen stellt das Gesetz dabei auf das Instrument der Transparenzsteigerung ab. Problematisch ist, dass in dem oben genannten § 91 Abs. 2 AktG, ebenso wenig wie aus anderen KonTraG-Vorschriften hervorgeht, was unter „geeigneten Maßnahmen" zu verstehen ist. Der Gesetzesbegründung ist zum einen die Verpflichtung der Unternehmensleitung, „für eine angemessene interne Revision zu sorgen" zu entnehmen, zum anderen wird ein „angemessenes Risikomanagementsystem" gefordert. Insbesondere durch die Diskussion um den Corporate Governance Kodex konnte sich ein Rahmenkonzept für die Ausgestaltung des Internen Kontrollsystems (IKS) ent-

---

[125] Unabhängig von der Rechtsform stellt der Gesetzgeber direkt oder indirekt weitere Anforderungen an Kreditinstitute (z. B. durch § 25a Abs. 1 Nr. 2 KWG sowie MaRisk der Bundesanstalt für Finanzdienstleistungsaufsicht).

wickeln. Nach verbreiteter Meinung[126] ist das IKS jedoch eher als Teil des Risikomanagementsystems zu sehen, als in seiner Entsprechung (Abbildung 37).

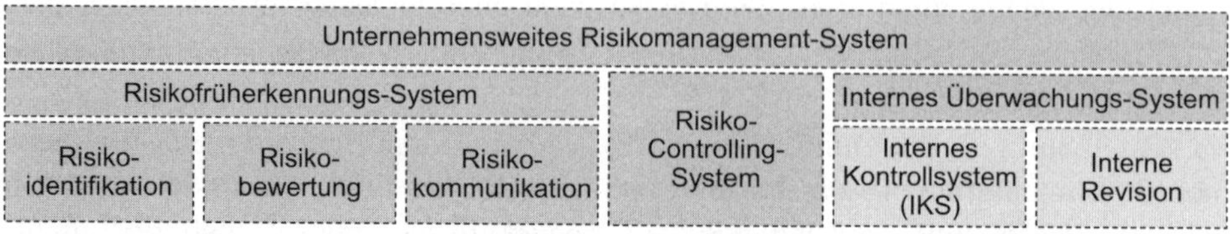

Abbildung 37: IKS und Interne Revision im Bezugssystem des Risikomanagements[127]

So stellt der Kern des KonTraG darauf ab, der Unternehmensleitung verbindlich vorzugeben, ein unternehmensweites Risikomanagementsystem einzuführen und zu betreiben. Ungeachtet der verbindlichen Vorgaben hinsichtlich wirksamer Risikomanagementsysteme, ist die Ursache-Wirkungs-Beziehung zwischen der Existenz eines guten Risikomanagements oder der einer erfolgreichen externen Prüfung desselben und einer gesicherten Unternehmenssituation, alles andere als unumstritten. Als Mitte der 1980er Jahre eine Gemeinschaft US-amerikanischer Bankanalysten die Großbank CONTINENTAL ILLINOIS mit der Goldmedaille auszeichneten, war der Grund: bestes Risikomanagement. Ein gutes halbes Jahr später war die Bank pleite. Grund: schlechtestes Risikomanagement.

Die BMW Group erklärt in ihrem Geschäftsbericht von 2006: „Durch das Gesetz zur Kontrolle und Transparenz im Unternehmensbereich (KonTraG) wird ein Risikomanagementsystem für börsennotierte Aktiengesellschaften in Deutschland vorgeschrieben. [...] Der Vorstand ist zur Einrichtung eines derartigen Systems verpflichtet, er hat dies zu dokumentieren und einer ständigen Kontrolle durch die interne Revision zu unterziehen. [...] Zur Identifikation, Bewertung und Dokumentation der wesentlichen Risiken verwendet die BMW Group ein detailliertes Risikomanagementsystem, das durch die folgenden Prozesse gekennzeichnet ist: „Unternehmerische Entscheidungen werden auf Basis von weit reichenden Projektvorlagen getroffen, in denen Chancen und Risiken im Einzelnen dargestellt werden. [...] Über das konzernweite Berichtssystem werden alle Entscheidungsträger rasch und umfassend über den Grad der Zielerreichung sowie über Markt- und Wettbewerbsveränderungen informiert. [...] Das gesamte Risikomanagement wird zentral durch das Konzerncontrolling gelenkt und regelmäßig durch eine externe sowie die interne Revision auf Angemessenheit und Wirksamkeit überprüft. [...]"

[126] Vgl. Freidank, C.-Chr. (2001).

[127] Eigene Darstellung in Anlehnung an Eggmann, G.; Konradt, T. (2000); Freidank, C.-Chr. (2001).

Weiterhin müssen im Lagebericht des Jahresabschlusses wesentliche Aussagen zu Risiken veröffentlich werden.

> So führt BMW weiter aus: „Im Rahmen ihrer Geschäftstätigkeit wird die BMW Group mit verschiedenen Risikofeldern konfrontiert: [...]
> - Als weltweit tätiges Unternehmen wird die BMW Group von weltwirtschaftlichen Rahmendaten wie der Veränderung von Währungsparitäten oder den Entwicklungen auf den Finanzmärkten beeinflusst. Von besonderer Bedeutung für die Umsatz- und Ertragslage des Konzerns ist dabei die Wechselkursentwicklung des US-Dollars, der im Fremdwährungsportfolio der BMW Group das höchste Einzelrisiko darstellt. [...] Zur Messung der Wechselkursrisiken werden ein Cashflow-at-Risk-Modell und Szenarioanalysen eingesetzt. Diese Instrumente dienen im Währungsmanagement auch zur Entscheidungsfindung. [...]
> - Die von der Europäischen Kommission angestrebte gesetzliche Regelung des CO_2-Ausstoßes kann die Geschäftsentwicklung im Segment Automobile und damit auch die Ertragslage des Konzerns erheblich beeinflussen. [...]“

Schließlich ist der von der Hauptversammlung nach § 119 Abs. 1 AktG bestellte[128] Abschlussprüfer, dem der Aufsichtsrat (früher: Vorstand) nach § 111 Abs. 2 AktG seinen Prüfungsauftrag erteilt, verpflichtet, die Einhaltung der Vorschriften zu prüfen, insbesondere in Hinblick auf Einführung und Betrieb eines Risikomanagementsystems und der Aufstellung einer Internen Revision. Die Prüfungsergebnisse sind als Bestandteil des Prüfungsberichtes zu veröffentlichen. In Ergänzung zu den Transparenzvorschriften hat sich die Haftung von Vorstand, Aufsichtsrat und Abschlussprüfern erweitert.

War die Unternehmensrevision lange auf die Vergangenheit gerichtet und hinterfragte hauptsächlich „Wurde alles richtig gemacht?“, findet in den letzten Jahren (in einigen Unternehmen schon deutlich länger) eine Neuorientierung und damit -positionierung der Unternehmensrevision statt: Sich von der ehemaligen „Polizeifunktion“ entfernend, blickt diese Zentralfunktion zunehmend, in einigen Unternehmen nahezu ausschließlich, in die Zukunft. Sie fragt: „Sind die strategischen Vorbereitungen so gut getroffen, dass sich die Geschäftseinheiten im Wettbewerbsumfeld gut positionieren und differenzieren werden? Lassen sich die Ziele der Geschäftseinheit erreichen?“

Um neben der strategischen Funktion, nicht operative und vergangenheitsorientierte Aufgaben zu vernachlässigen, haben Unternehmen in der Regel neben einer strategisch orientierten Unternehmens- oder Konzernrevision (engl. „Corporate Audit“) funktionale Bereichsrevisionen geschaffen. Diese legen ihr Hauptaugen-

[128] Gemäß § 341 k HGB wird bei deutschen Versicherungsgesellschaften der Abschlussprüfer nicht von der Hauptversammlung, sondern vom Aufsichtsrat bestellt.

merk auf Prozesse; die wesentliche Tätigkeit besteht darin, Vorgänge auf Ordnungsmäßigkeit zu überprüfen, Unregelmäßigkeiten (z. B. Rechtsfolgefehler) oder dolose Handlungen (z. B. Veruntreuungen) aufzudecken.

Spricht man von „Revision", ist nicht immer klar, was damit genau gemeint ist. Neben den bereits beschrieben Formen der Internen Revision, die einerseits auf strategische, andererseits auf operative, prozessorientierte Aspekte gerichtet sind, können im Wesentlichen noch zwei weitere Interne Revisionen unterschieden werden: die Werksrevision und die Treuhand/Compliance-Funktion (Abbildung 38).

Spannungsfeld

Art	*Zugehörigkeit*	*Fokus/ Aufgabe*	*Einsatz/ Bestellung (gesetzliche Grundlage)*
Unternehmensberater	extern	Beratung über gesamtunternehmerische Situation/Entwicklung	div.
Werksrevision	intern	Prüfung hergestellter Produkte, Bauteile	Werksleitung
Funktionale Revision	intern	Prüfung von Prozessen, Funktionen, Systemen (z. B. IT-Audit)	Bereichsleitung (§ 91 Abs. 1 AktG)
Wirtschaftsprüfer	extern	Prüfung von Buchhaltung und Jahresabschluss	Hauptversammlung (§ 119 Abs. 1 AktG)
Compliance/ Treuhand	intern	Prüfung von Ordnungsmäßigkeit und Veruntreuung	Vorstand (§ 91 Abs. 2 AktG)
Unternehmens-Revision	intern	Prüfung der gesamtunternehmerischen Situation/Entwicklung	Vorstand (§ 91 Abs. 2 AktG)

Abbildung 38: Abgrenzung und Gemeinsamkeiten der Internen Revision zu anderen Funktionen

Während die Werksrevision der Werksleitung untersteht und beispielsweise gefertigte Bauteile prüft, ist die Treuhand/Compliance-Funktion explizit auf das gesetzmäßige und verantwortungsbewusste Handeln der Unternehmensmitarbeiter gerichtet. In mittlerweile vielen großen Unternehmen werden dazu eigene Hotlines eingerichtet, über die Mitarbeiter des Unternehmens ihre Anzeigen auch telefonisch und anonym direkt an einen „Compliance Officer" richten können.

In diesem Sinne hat beispielsweise auch die BAYER AG eine Zentralfunktion „Corporate Compliance" eingerichtet. Zwei Beispiele zu den unternehmensweit verbindlichen Regeln:[129] „Kein Mitarbeiter darf [...] einen persönlichen Vorteil fordern, annehmen, anbieten oder gewähren. [...] Die wichtigsten kartellrechtlichen Tabus sind: Preisabsprachen, Absprachen über Marktanteile, Kapazitätsabsprachen, Aufteilung regionaler Märkte, Aufteilung von Kunden und Preisbindungen. Schon ein abgestimmtes Verhalten, informelle Gespräche oder formlose

[129] Bayer AG (2005): Programm für gesetzmäßiges und verantwortungsbewusstes Handeln.

Gentlemen Agreements, die eine Wettbewerbsbeschränkung bezwecken oder bewirken können, sind verboten.“

Auch die Gestaltung des Compliance-Systems wird näher geregelt:
- „Jede Führungskraft hat schriftlich zu bestätigen, dass sie das Compliance-Programm erhalten und gelesen hat und dass sie sich zu seiner Einhaltung verpflichtet.
- Das Unternehmen wird sicherstellen, dass kein Mitarbeiter allein aufgrund einer gutgläubigen Anzeigeerstattung auf irgendeine Weise benachteiligt wird. [...]
- Die Konzernrevision wird [...] in regelmäßigen Abständen die Einhaltung dieses Programms überprüfen.
- Alle Mitarbeiter sind verpflichtet, Verletzungen dieses Corporate Compliance-Programms unverzüglich mitzuteilen. [...] Die Anzeige kann auch anonym erfolgen. [..]“

Nicht immer führt diese teilweise sogar vorgeschriebene (z. B. für an U.S.-Börsen gelisteten deutschen Unternehmen) Möglichkeit der anonymen Anzeigeerstattung tatsächlich zum erwünschten Ergebnis, öffnet sie doch Tür und Tor für Willkür und gezielte Verleumdung. Auch schweigt sich diese Darstellung über konkrete Folgen für Fehlverhalten oder Ziele des Compliance-Systems aus, somit dürfte die Prüfung der Umsetzung des Compliance-Systems mangels eindeutiger Vorgaben und Ziele nur schwer gelingen.

Natürlich rückt die fehlende Nennung von Zielen und konkreten Sanktionen noch eine andere Motivation ins Licht, denn solche Statements kommen in der Öffentlichkeit immer gut an. Der Eindruck wird nicht eben gemindert, wenn die Analyse verschiedener Verhaltensrichtlinien bei Marktteilnehmern der gleichen Branche dazu führt, dass immer wieder die gleichen Statements auftauchen.[130]

Sämtlichen, der in obiger Abbildung 38 dargestellten Funktionen obliegt keine direkte operative Geschäftsverantwortung. Jedoch sind die von der Unternehmensrevision, gemeinsam mit der geprüften Einheit, definierten Maßnahmen von der Geschäftseinheit umzusetzen, so lässt sich zumindest ein hoher indirekter Einfluss auf die Gestaltung des Unternehmens konstatieren. Insgesamt erfüllt die Interne Revision damit drei zentrale Funktionen:

---

[130] So schreibt z. B. die ALTANA AG in ihrem so genannten „Code of Conduct“: „Auch ein abgestimmtes Verhalten, informelle Gespräche oder formlose Gentlemen-Agreements, die eine Wettbewerbsbeschränkung bezwecken oder bewirken, sind verboten.“ Wenig anders formuliert dies die BAYER AG (s. o.): „Schon ein abgestimmtes Verhalten, informelle Gespräche oder formlose Gentlemen-Agreements, die eine Wettbewerbsbeschränkung bezwecken oder bewirken können, sind verboten.

- *Vertrauensfunktion:* Erhöhung des Top-Management-Vertrauens in die Ordnungsmäßigkeit von Arbeitsabläufen und Entsprechung von Gesetzen und Verordnungen.
- *Präventivfunktion:* Abschreckende Wirkung hinsichtlich der Durchführung doloser Handlungen.
- *Informationsfunktion:* Steigerung der Transparenz zur Unterstützung der Entscheidungsfindung.

Insbesondere die Unternehmensrevision muss sich, im Kontext ihres veränderten, strategisch orientierten Prüfungsauftrages, zunehmend von einer Beraterfunktion abgrenzen. Niemand kann und wird bestreiten, dass Ergebnisse einer professionellen Unternehmensrevision zumindest in Teilen den Ergebnissen eines Beratungsprojektes nahe stehen. Folglich ergibt sich für die prüfenden Auditoren ein nicht unkompliziertes Spannungsfeld zwischen einer Governance-Funktion (die erarbeiteten und abgestimmten Maßnahmen der Internen Revision sind bindend) und einer Dienstleistungs-Funktion.

Die Interne Revision muss der jeweiligen obersten Leitungsinstanz unterstellt sein, um so tatsächlich unabhängig agieren zu können. Während die zentrale Unternehmensrevision so beispielsweise dem Vorstandsvorsitzenden unterstellt ist, berichtet die Bereichsrevision an den entsprechenden Leiter dieses Bereiches. Zunehmend gehen Unternehmen dazu über, die Leistungen der „Internen" Revision von außerhalb einzukaufen. Eine Evaluation dieses Trends gestaltet sich jedoch alles andere als einfach. So argumentieren einige Vertreter der Zunft, dass die „externen internen" Auditoren noch unabhängiger seien. Dieses Argument wird häufig damit widerlegt, dass der Unabhängigkeit gerade die Mandatierung entgegenstehe, dass das externe Unternehmen also darauf angewiesen sei, weitere Prüfungsaufträge zu erhalten. Da diese externe Prüfung nicht gesetzlich vorgeschrieben ist (im Gegensatz z. B. zur externen Prüfung des Jahresabschlusses), könne dies zu signifikanten Ergebnisverzerrungen führen. Die „interne" Interne Revision sei dagegen nicht vom „guten" Ausgang eines Projektes abhängig (was immer das im Einzelfalle bedeuten mag), sondern mandatiere und steuere sich, auf Basis der Vorgaben des Top-Managements, selbst. Auf Basis meiner eigenen Erfahrung in der zentralen Unternehmensrevision würde ich argumentieren, dass sich interne Auditoren in aller Regel sehr unabhängig verhalten – und auch so fühlen. Kommt es in einem Projekt dazu, dass beispielsweise ehemalige Kollegen aufeinander treffen würden, schreitet die Leitung der zentralen Unternehmensrevision ein. Somit lassen sich die Vorteile von internem und externem Audit am besten dahingehend verbinden, als dass ein Audit-System (insbesondere hinsichtlich Prüflogik, -vorgehen und -bereich) extern geprüft, das eigentliche Projekt aber mit internen Prüfern durchgeführt wird.

Einigermaßen verwunderlich ist, dass die Interne Revision (zumindest die strategisch ausgerichtete Konzernrevision) als Kontrollorgan nicht an das zentrale

Kontrollorgan eines Unternehmens berichtet: den Aufsichtsrat. Die entscheidende Frage in dieser Diskussion lautet: Für wen prüft die Unternehmens- bzw. Konzernrevision? Prüft sie für den Vorstand – dann muss sie ihm unterstellt sein. Oder prüft sie für die Stakeholder? Dann müsste sie an den Aufsichtsrat berichten. Dem Nachteil, dass der Aufsichtsrat womöglich gar nicht in der Lage ist, Findings und Maßnahmen zu verstehen und einordnen zu können, steht der Vorteil einer nochmals deutlich gesteigerte Unabhängigkeit der Internen Revision entgegen, da die Präsentation der Ergebnisse beim Vorstand nicht zwischen Chef und Mitarbeiter geschieht, sondern zwischen Vorstand und Organ des Aufsichtsrats. Ob man den oben benannte Nachteil (das Vermögen des Aufsichtsrats) tatsächlich gelten lassen darf, lässt sich infrage stellen.

Abschließend lässt sich sagen, dass, unabhängig vom Einsatz interner und externer Gremien, eine transparente Unterscheidung zwischen Dienstleistung- und Governance-Funktion eines Gremiums einer der wesentlichen Schlüssel zu einer verbesserten Führung und Kontrolle ist: Welche Aufgaben erbringt ein Aufsichtsrat persönlich für ein Unternehmen – neben seiner eigentlichen Tätigkeit als Mitglied des Kontrollorgans? Wie wird der Konflikt bezüglich inhaltlicher Einbeziehung des Aufsichtsrates in Strategieformulierung und -umsetzung (Dienstleistung) und der ex-post Kontrolle (Governance) gelöst? Erobern sich die Wirtschaftsprüfer, nun, da nach ENRON, WORLDCOM, PARMALAT & Co. etwas Zeit vergangen ist, über Hilfskonstrukte (z. B. „Corporate Advisory") wieder Beratungsgelände zurück? Ist die Unternehmensrevision wirklich die partnerschaftliche Kontrollinstanz der Stakeholder oder doch ein Dienstleister des Vorstands? Unternehmen, denen es nicht gelingt, in ihrer Gremienstruktur glasklar und ohne Kompromisse, zwischen Dienstleistung und Governance zu separieren, für die zählen alle frommen Compliance-Beteuerungen und Empfehlungs-Entsprechungen wohl eher zum externen Marketing als zur internen Philosophie.

Gerade Gremien mit hohem unternehmerischem Einfluss müssen in die Lage versetzt werden, sich innerhalb kurzer Zeit, ein vollständiges Bild über Unternehmensziele, -entscheidungen und -strategien zu bilden. Dabei hilft der Einsatz standardisierter Methoden. Typischerweise erhalten die Mitglieder von Gremien allerdings Einblick in eine Flut von bunten PowerPoint-Folien, in denen, nicht nur scheinbar beliebig, mal diese, mal jene Methode verwendet wird. Insgesamt lassen sich so Aussagen nicht wirklich vergleichen, Willkür wird Tür und Tor geöffnet, statt Aufklärung und Transparenz wird eher Verwirrung und Vernebelung erreicht.

Welche Methoden gehören zu denen, auf die sich ein Unternehmen beschränken kann? Welche Methoden bieten die höchste Akzeptanz, Verbreitung und Effizienz?

7 Gegen den Methodenwahnsinn: Fokus auf die richtigen Analysen

Methoden sind wichtig. Methoden begünstigen eine strukturierte und vereinfachte Darstellung komplexer Sachverhalte. Methoden sind nachvollziehbar, fördern Verständnis, Kontinuität und eine gemeinsame Sprache im Unternehmen.

Leider nur im Idealfall und im Lehrbuch. In der Realität zeichnet sich eine wahre Methodenflut ab, die weder hilfreich noch sinnvoll erscheint. Je größer die Auswahlmöglichkeit, desto höher die Willkür bei Auswahl einer Methode. Resultierend lässt sich eine geringe Akzeptanz und daraus folgend eine steigende Aversion vor methodengestützten Entscheidungen feststellen. Die Verhaltensforscher von Stanford und der Columbia-Universität weisen darauf hin, dass der Mensch komplexen Entscheidungen aus dem Weg geht: Die meisten Menschen laufen an einem Stand von 30 Marmeladensorten achtlos vorbei, während sie stehen bleiben und kaufen, wenn die Auswahl auf fünf oder sechs Sorten beschränkt ist. Das Hauptanliegen an dieser Stelle besteht daher darin, auf wenige wirklich wichtige Methoden zu fokussieren. Doch welche sind Methoden sinnvoll?

In der Strategischen Planung unterscheiden wir generische und spezifische Methoden. Bei spezifischen Methoden ist das Anwendungsfeld vorbestimmt, beispielsweise die Untersuchung der externern Chancen, Risiken und internen Stärken, Schwächen bei der SWOT-Analyse. Bei generischen Methoden ist das Anwendungsfeld offen. So bieten die generischen Methoden, wie wir gleich sehen werden, die Grundlage der spezifischen Methoden.

Spezifische Methoden lassen sich mithilfe der generischen Methoden (s. Kapitel 7.2) beschreiben. So kann ein integrierter Ansatz der Strategischen Planung definiert werden. Durch die generische Darstellung wird es möglich, den Input und Output, der in spezifische Methoden eingeht, bzw. von ihnen erzeugt wird, transparent und systematisch zu beschreiben. So wird klar, welche Informationen in welchen Analysen entstehen und in welchen anderen Methoden sie verwendet werden. Ziel dabei ist es, den Leser Schritt für Schritt durch einen pragmatischen und integrierten Gesamtansatz der Strategischen Planung zu führen.

7.1 Generische Methoden

Worum geht es bei der Strategischen Planung? Es geht um eine vereinfachte aber konkrete Beschreibung und modellhafte Analyse des komplexen Unternehmens, seiner komplexen und unsicheren Umwelt und im Ergebnis, die Definition von Maßnahmen, die erfolgen müssen, um das Unternehmen langfristig erfolgreich zu behaupten. Analysieren wir diesen Satz, zerlegen wir ihn in seine wesentlichen Bestandteile, erhält man folgende Elemente der Strategischen Planung:

1. Modellhafte Beschreibung und Analyse
2. von internen und externen Strukturen und Prozessen

3. unter Bedingungen der Unsicherheit und Komplexität
4. die zur Formulierung von Maßnahmen führt.

Die Wissenschaft, die sich mit der Bewältigung von Unsicherheit und Komplexität in Unternehmen befasst, ist die Wirtschaftsinformatik (s. Kapitel 5). Die Wirtschaftsinformatik hat, als relativ junge und interdisziplinäre Wissenschaft, deren Wurzeln sich in der Informatik und der Betriebswirtschaftslehre finden lassen, in den letzten Jahrzehnten viele Methoden konzipiert und manche auch wieder verworfen. Daran sind die harten Selektionskriterien einer formalen Wissenschaft nicht unschuldig. Die besten Methoden der Wirtschaftsinformatik haben sich im Selektionsprozess der letzten Jahrzehnte durchgesetzt und etabliert. Die Wirtschaftsinformatik betrachtet die Wirklichkeit vor allem durch zwei Perspektiven: Durch die statische Daten- und die dynamische Prozesssicht. Eine statische Datensicht findet sich im Unternehmen beispielsweise in der Aufbauorganisation (z. B. Abteilungshierarchie), eine dynamische Prozesssicht beispielsweise in der Ablauforganisation (z. B. Strategieprozess). Für die Modellierung dieser beiden Sichten stellt die Wirtschaftsinformatik je eine weit verbreitete, generische (also vom spezifischen Anwendungsfall entkoppelte) Methode zur Verfügung.

Diese beiden Methoden zielen – jede nach ihrer Art und Weise – auf die Reduktion von Unsicherheit und Komplexität: Eine Methode beschreibt die Struktur, die andere den Prozess. Und: Beide Methoden haben sich bereits bestens in der praktischen Anwendung im Rahmen der Strategischen Planung bewährt. Strukturen lassen sich mit Hilfe von so genannten Entity Relationship Diagrammen (ERD), Prozesse mit so genannten Ereignisgesteuerten Prozessketten (EPK) beschreiben. ERD und EPK sind, wie so oft bei fundamentalen und bewährten Methoden, einfach zu erklären und zu noch einfacher zu erlernen.

Die drei Vorzüge, die sich (neben der Einfachheit ihrer Verwendung) am meisten auszahlen, sind die Schaffung einer gemeinsamen Sprache, das extrem schnelle Verständnis beliebiger Themenstellungen und der immanente Zwang zur ausreichenden Auseinandersetzung mit einem Thema, bevor es als „fertig" vorgestellt bzw. diskutiert werden kann. Dies verlangt jedoch keinen hohen Zeiteinsatz, im Gegenteil, Darstellung und Logik sind durch die formale bzw. semi-formale Notation bereits (fest) vorgegeben. Eine fabelhafte Qualitätssicherung. Der höhere Zwang zur Genauigkeit führt noch zu einem weiteren Vorteil: Der Zeitbedarf steigt in der Zentrale und sinkt im Management. Der Zeitaufwand verschiebt sich an die Stelle, an die er gehört. Die intensive Beschäftigung, Analyse und Qualitätssicherung findet in der Zentrale statt und nicht auf dem Schreibtisch der operativ tätigen Manager. Das Management kann sich mit den Inhalten befassen und formale Aspekte zunehmend ausblenden. Durch die einfache und (semi-)formale Notation (die „Sprache") der Methoden muss nicht jedes Mal aufs Neue hinterfragt werden, ob und wie dieser oder jener Aspekt in einem scheinbar zufällig ausgewählten Modell, mit eigener Darstellung, Funktion und Form, Eingang gefunden hat.

Wenige Unternehmen haben dies bislang realisiert und umgesetzt. Aber, die Erkenntnis reift zur rechten Zeit – genau jetzt befassen sich die Unternehmen wirklich mit der prozessualen Ausgestaltung ihrer Abläufe. Und: EPK und ERD gehören auch zu den Sprachen von SAP. So haben diese Notationen das Potenzial, zur Struktur- und Prozessgesamtsprache in Unternehmen zu werden.

Ein unternehmensspezifisches Modell, das alle Elemente der Strategischen Planung zueinander in Beziehung setzt und dabei sowohl auf den Ablauf (EPK) als auch auf den Aufbau (ERD) gerichtet ist, sieht nur auf den ersten Blick nach zusätzlicher Administration aus. Im Gegenteil: redundante und inkonsistente Planungen werden nur so überhaupt erst ersichtlich und können – das ist das Ziel – eliminiert werden. Die intensive Vorarbeit findet an der Stelle statt, wo sie hin gehört, dort wo die Ressourcen bereit stehen: in der Zentrale. In Summe ergibt sich ein bereinigtes System, das den hohen Anforderungen an Transparenz und Konsistenz des Managements entspricht und so zu Akzeptanz und Nutzung der Strategischen Planung führt. Wenn diese beiden Methoden im Unternehmen verstanden, implementiert und gelebt sind, stehen die Zeichen gut, dass die Methodenvielfalt begrenzt bleibt, sinnvolle Methoden zum Einsatz kommen und die Effizienz sowie Effektivität der Strategischen Planung einen Quantensprung erlebt.

Entity Relationship Diagramme

Das Entity Relationship Diagramm (ERD) wurden 1976 von PETER CHEN[131] entwickelt und zeichnet sich durch eine klare Definition und einfache, übersichtliche Darstellung aus. ERD beschreiben statische Systemstrukturen. Es können drei Komponenten unterschieden werden:

1. Elemente (engl. Entity) eines Systems (z. B. eine Stelle im Organigramm).
2. Den Elementen sind (wenn es notwendig erscheint) Eigenschaften (sog. Attribute) zugeordnet (z. B. Name, Alter, Funktion).
3. Die Elemente stehen in Beziehung (engl. Relationship) zueinander.

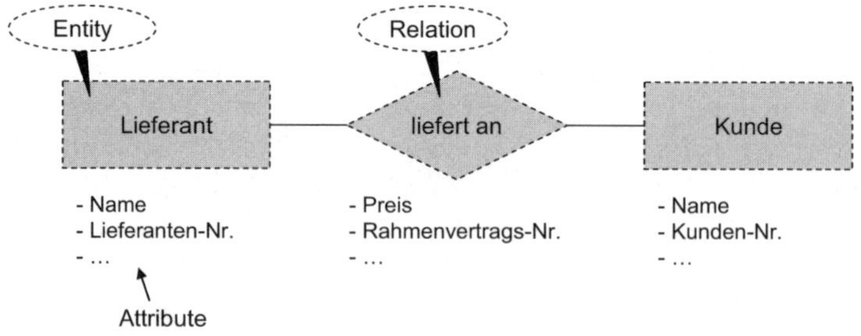

Abbildung 39: ERD-Beispiel

131 Vgl. Chen, P. (1976).

Anhand einer Lieferanten-Kunden-Beziehung ist ein einfaches Beispiel dargestellt, das alle relevanten Komponenten enthält (Abbildung 39).

Lieferanten stehen also in Beziehung zu Kunden. Kunden und Lieferanten lassen sich über eine Nummer und ihren Namen identifizieren. Allerdings kann der Preis für ein bestimmtes Produkt nicht an das Entity „Lieferant" geschrieben werden, da der Preis von der Relation zu einem bestimmten Kunden abhängt: Auf Basis von beispielsweise Rahmenverträgen kann ein Lieferant mit verschiedenen Kunden verschiedene Preise vereinbaren.

Einige besondere Beziehungen werden in der Strategischen Planung besonders häufig benötigt. Diese Beziehungen werden, weil sie spezialisiert sind, nicht als Raute, sondern als Dreieck dargestellt. In diesem Dreieck können die drei spezifischen Arten benannt werden:

1. AND = „und" (d. h. alle müssen gewählt werden)
2. XOR = „entweder/oder" (d. h. genau eins muss gewählt werden)
3. OR = „oder" (d. h. jede beliebige Kombination darf gewählt werden: eins, mehrere oder alle)

Dieses lässt sich gut am Beispiel der Vierquadrantenmatrix der SWOT-Analyse erklären. Gleichzeitig sieht man, dass diese sehr einfache Darstellung bereits dazu zwingt, genau darüber nachzudenken, welches Ziel wirklich erreicht wird. So werden die einheitliche Verwendung und das Verständnis gefördert (Abbildung 40).

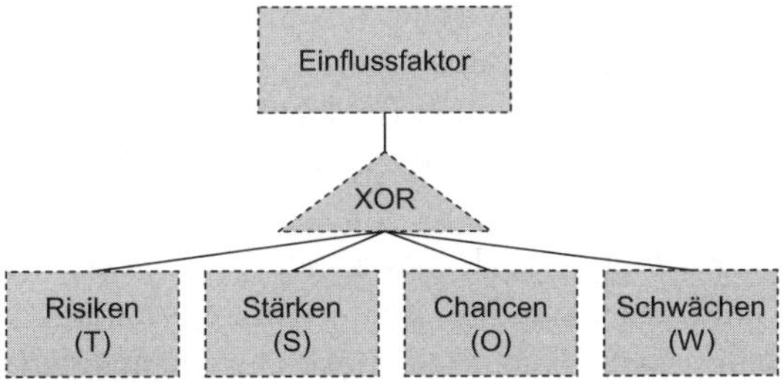

Abbildung 40: ERD-Beispiel (spezialisiert)

Ein bestimmter Eintrag, ein Einflussfaktor, in die SWOT-Matrix ist genau einer der Kategorien Chance, Risiko, Stärke oder Schwäche zuzuordnen. Anders gesagt: Ein bestimmter Eintrag kann nicht in mehr als einer Kategorie vorkommen. Damit ist bereits das verbreitete Problem gelöst, dass teilweise Einträge gleichzeitig als Chance *und* Risiko aufgenommen werden, was sinnlos ist und die Analyse ad absurdum führt. All das wird von denen verstanden, die die Notation der ERD lesen können, ohne dass dazu irgendetwas geschrieben werden müsste.

Die SWOT-Analyse ist eine spezifische Methode. Sie lässt sich, wie alle anderen spezifischen Methoden auch, auf die generische Methode der ERD zurückführen. ERD bildet mithin die Methodenbasis, ist in unserem Sinne sozusagen eine Methodenbeschreibungssprache.

Ereignisgesteuerte Prozessketten
Ereignisgesteuerte Prozessketten (EPK) wurden 1992 von einer Arbeitsgruppe der Universität des Saarlandes in Saarbrücken unter Leitung von AUGUST-WILHELM SCHEER[132] im Rahmen eines Forschungsprojektes mit der SAP AG zur Beschreibung von Geschäftsprozessen entwickelt. Mithilfe von EPK lassen sich Geschäftsprozesse semiformal darstellen. Es können drei Elemente von EPK unterschieden werden:

1. Funktionen sind aktiv. Sie beschreiben eine Aktivität oder eine Tätigkeit (z. B. „Fertigungsauftrag durchführen"). Sie verbrauchen Ressourcen (z. B. Zeit, Geld, Material). Funktionen besitzen Entscheidungskompetenz über den weiteren Prozessverlauf.
2. Ereignisse sind passiv. Sie kennzeichnen einen betriebswirtschaftlichen Zustand (z. B. „Fertigungsauftrag ist erledigt"). Sie verbrauchen keine Ressourcen. Ereignisse sind gleichzeitig Auslöser von Funktionen und deren Ergebnis, da sie den erreichten Zustand durch die Abarbeitung einer oder mehrerer Funktionen dokumentieren. Beispiel: Das Ereignis „Lager ist leer" löst die Funktion „Ware bestellen" aus. Nach der ausgeführten Funktion resultiert das Ereignis „Lager ist voll". Dieses löst dann möglicherweise wieder die Funktion „Produktion starten" aus, usw. Ereignisse und Funktionen wechseln sich in der Prozessdarstellung immer ab, wobei eine Prozessdarstellung immer mit einem (oder mehreren) Ereignissen begonnen wird.
3. Ereignisse und Funktionen stehen in Beziehung zueinander:
   - Wenn sie direkt aufeinander folgen, ist dies durch einen Pfeil gekennzeichnet.
   - Wenn auf eine Funktion (z. B. „Wareneingang prüfen") mehrere Ereignisse folgen (z. B. „Ware unvollständig", „Ware beschädigt", „Ware vollständig erhalten") muss spezifiziert werden, welcher Beziehungstyp vorliegt:
     1. Müssen alle Ereignisse erreicht werden (→ AND)?
     2. Muss genau ein Ereignis erreicht werden (→ XOR)?
     3. Können beliebig viele (d. h., eine, mehrere oder alle) Ereignisse erreicht werden (OR)?

Die beiden Methoden EPK und ERD ähneln sich hinsichtlich ihres Aufbaus, ihrer Einfachheit und ihrer Konnektoren. Dennoch unterscheiden sie sich grundsätzlich in ihrem Anwendungsfeld. ERD wird für eine statische Darstellung (Struktur) ge-

[132] Vgl. Scheer, A.-W. (1992).

wählt, die EPK für eine dynamische Darstellung (Prozess). Beispielhaft und vereinfacht ist nachfolgend der Prozess der Strategischen Planung in EPK modelliert.

Wenn wir uns den in Abbildung 9 vorgestellten theoretischen Prozess der Strategischen Planung noch einmal vor Augen führen, stellen wir fest, dass dieser aus fünf sukzessiven Phasen besteht, von der internen und externen Analyse (I) und (II), über die Formulierung (III) und Implementierung (IV) bis zum Controlling (V). So gut und verbreitet diese Darstellung für die didaktische Erläuterung des Strategieprozesses ist, so wenig findet der Prozess in dieser Form in der Praxis Anwendung. Einige Modifikationen sind daher nötig. So lassen sich beispielsweise die Phasen der internen und externen Analyse nicht wirklich trennen: Auch für die Anwendung externer Methoden sind interne Zahlen und vorbereitende Analysen nötig. Außerdem ist es ein Irrglaube, dass ein Controlling erst im Anschluss an die Implementierung der Strategien stattfinden kann. Vielmehr sind Umsetzung und Controlling zwei Aspekte ein und derselben Phase. In Anlehnung an die Praxis definieren wir also im Wesentlichen vier Schritte:

1. Analyse
2. Formulierung
3. Planung der Umsetzung und des Controlling
4. Durchführung der Umsetzung und des Controlling

Vergleichen wir den hier (Abbildung 41) dargestellten Prozess der Strategischen Planung mit der „didaktischen" Abbildung 9, werden die Vorteile der EPK-Notation schnell sichtbar. Die EPK-Darstellung ist ebenso einfach zu lesen und zu verstehen, dennoch wesentlich genauer und bietet weit mehr Handlungsanleitung:

1. Es wird transparent, welche Aktivitäten wann durchzuführen sind.
2. Bei der Erstellung des Prozesses muss sich dessen Entwickler zwingen, Abhängigkeiten und Anfangsbedingungen zu verstehen. Dieses Wissen kann durch diese Darstellung entsprechend an den Leser weitergegeben werden. So kann z. B. die Analyse erst gestartet werden, wenn Unternehmensziele, Planvorgaben, existierende Strategien, etc. bekannt sind und der Planungszeitpunkt erreicht ist. Dies wird durch den ersten „AND"-Konnektor verdeutlicht.
3. Der entscheidende Output einer Aktion wird deutlich.
4. Rekursive Beziehungen sind darstellbar: Wird eine Soll-/Ist-Abweichung festgestellt, wird entsprechend der Abweichungsart (Abweichung bzgl. Annahmen. Zielerreichung oder Maßnahmendurchführung)[133] in unterschiedliche Phasen des Prozesses zurück gesprungen.

[133] Die im Prozess genannten Prämissen-, Wirkungs- und Durchführungskontrollen werden in Kapitel 9 beschrieben.

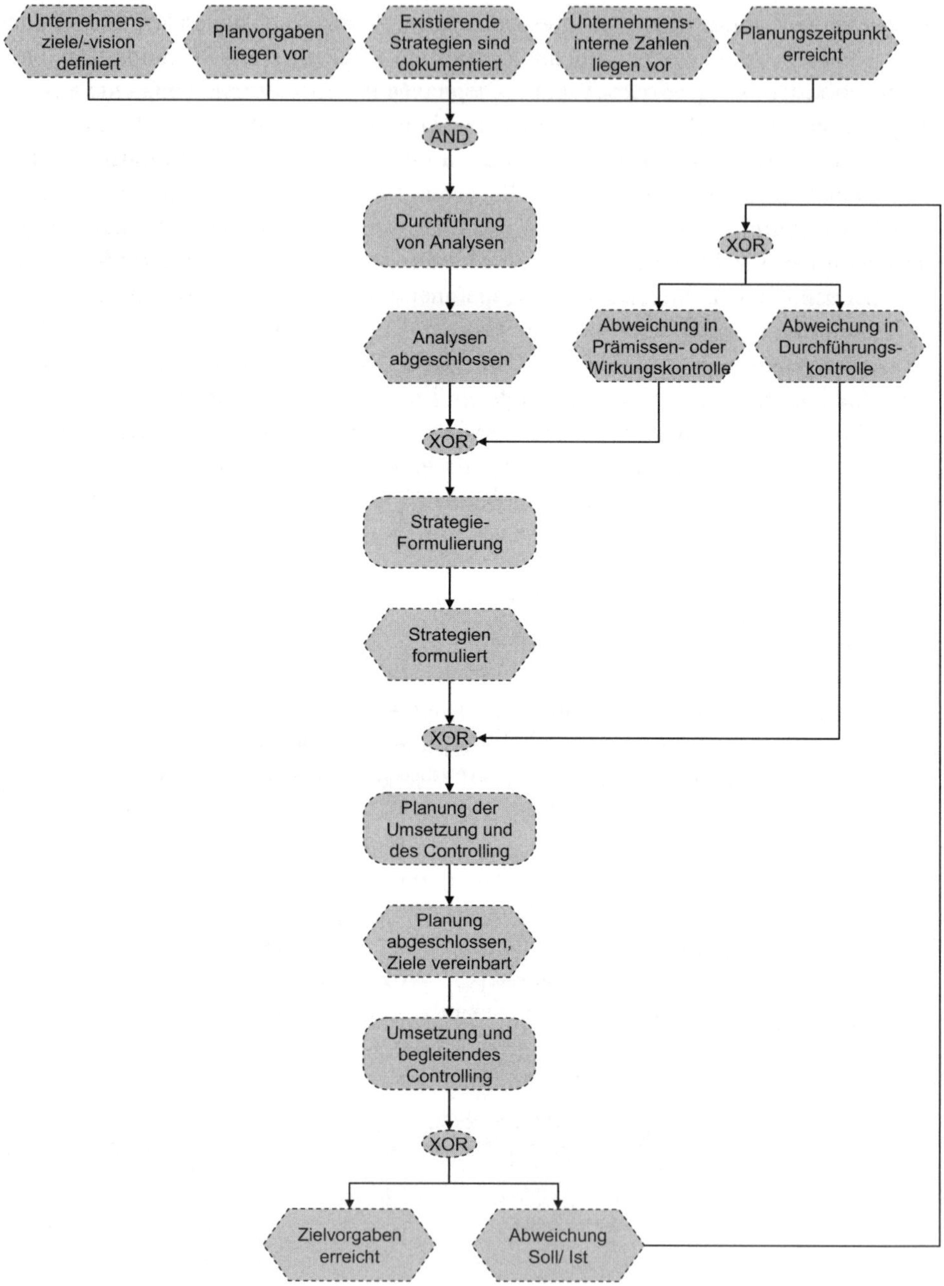

Abbildung 41: Strategischen Planung als EPK

Allein die Dokumentation des Prozesses in dieser einfachen Art und Weise beseitigt viele Inkonsistenzen und fördert so das gemeinsame Verständnis im Unternehmen.

In der Praxis wird die Prozessdarstellung um weitere Elemente erweitert. So können beispielsweise einzusetzende Methoden (z. B. Marktanalyse, Wettbewerbsanalyse, SWOT-Analyse) oder Abteilungen (z. B. Zentrale) ergänzt werden, die eine bestimmte Analyse durchführen. Aus der EPK wird eine „erweiterte" EPK (eEPK). Im folgenden Kapitel 7.2 wird der Strategieprozess als eEPK dargestellt.

7.2 Spezifische Methoden

Die Realität in den Unternehmen zeigt eine unbeschränkte und zum Großteil willkürliche Nutzung verschiedener Methoden oder Methoden-Varianten. Nicht Konsistenz und Transparenz – sondern Verwirrung und Vernebelung wird erreicht.

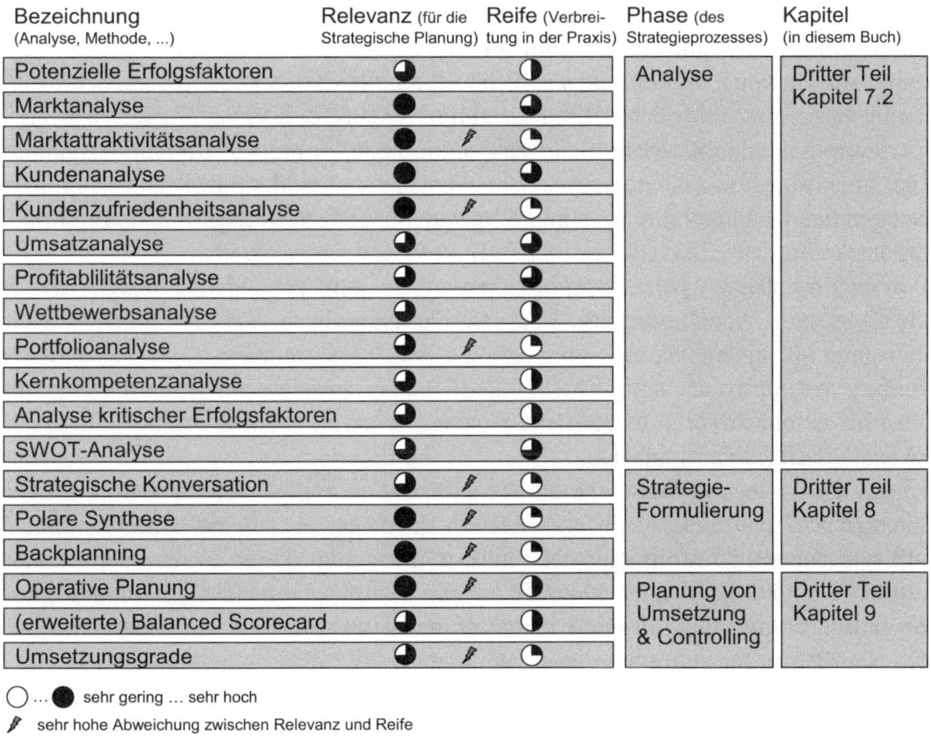

Abbildung 42: Relevanz, Reife und Phasenzuordnung von Methoden der Strategischen Planung

Aber: Auf welche spezifischen Methoden kann sich ein Unternehmen beschränken? Welche Methoden bieten die höchste Akzeptanz, Effizienz und Verbreitung? Im Rahmen der Untersuchung „Strategische Planung in deutschen Unternehmen" wurden über 100 Unternehmen befragt, welchen Methoden sie die höchste Relevanz und Reife zusprechen (Abbildung 29). Diese Ergebnisse bieten das erste, wesentliche Kriterium für die nachfolgende, fokussierte Auswahl der Methodenvorstellung. Das zweite Kriterium ist darauf gerichtet, Vollständigkeit in der Prozessabdeckung zu erreichen: Für jede Phase des Strategieprozesses sollte sich ein Unternehmen auf ein begrenztes „Set" an Methode(n) einigen, die die Aktivitäten einer Phase systematisch unterstützen.

Insgesamt ergibt sich hinsichtlich der relevanten Methoden und Analysen ein eindeutiges Bild (Abbildung 42). Dabei sind folgende Fragen sind zu klären:

- „Was" sind die relevanten Methoden,
- „Wann", im Verlauf des Strategieprozesses, werden diese durchgeführt,
- „Wer" ist für die Durchführung verantwortlich,
- „Wie" lässt sich die Methode, praktisch und pragmatisch, durchführen.

Der Eindruck, dies sei eine zu große Methodenvielzahl, lässt sich entkräften: In den meisten, auch und gerade mittelständischen Unternehmen, werden wesentlich mehr Methoden durchgeführt, wenn auch nicht systematisch erfasst und gegebenenfalls unter wechselnden Bezeichnungen. Eine verbindlich vorgegebene Methodenstruktur bietet hier die Möglichkeit, Systematik, Nachvollziehbarkeit, Transparenz und intertemporale Vergleichbarkeit zu erreichen, die in Summe zu einer hohen Akzeptanz im Management führt. Nicht wenige der relevanten Methoden lassen sich, eine entsprechende Datenhaltung beispielsweise in ERP-Systemen vorausgesetzt, in mittelständischen Unternehmen innerhalb von Minuten durchführen.

Nach der Darstellung des obigen „Was" (relevante Methoden) schließt sich nun die Frage des „Wann" und des „Wer" an. Die Frage des „Wie" ist Gegenstand der einzelnen Methodenkapitel (Kapitel 7.2.1 bis 7.2.7). Das „Wann" impliziert nachgerade einen dynamischen Prozess. Es bietet sich daher an, den in EPK modellierten Prozess um diese Elemente zu ergänzen. Zusammenfassend ergibt sich der folgende Ablauf (Abbildung 43).

Deutlich wird die Trennung der Aufgaben bzw. Verantwortlichkeiten zwischen Management und Zentrale: Die Zentrale kommt, zu Beginn, als vorbereitende, in der Prozessmitte, als moderierende und, gegen Ende, als messende Instanz zum Einsatz. Der Vorteil der Zentrale: Zeit und – weitgehende – Neutralität werden so am besten genutzt. Die Strategieformulierung bleibt folgerichtig alleinige Aufgabe des Managements. Wobei an dieser Stelle nochmals darauf hingewiesen wird, dass im Rahmen des Strategieprozesses keine Entwicklung von Strategien stattfindet (s. Kapitel 4 des ersten Buchteils). Bereits bestehende Ideen werden validiert und konsolidiert. Ebenso zählt die Umsetzungsplanung zu den Aufgaben des Managements, natürlich kann eine zentrale Funktion die Ergebnisse dokumentieren und notwendige Unterlagen erstellen. In der Phase des Umsetzungscontrollings ist wieder die neutrale Rolle der Zentrale gefragt. Insgesamt wird so eine „richtige" Aufgabenverteilung zwischen Management und Zentrale erreicht.

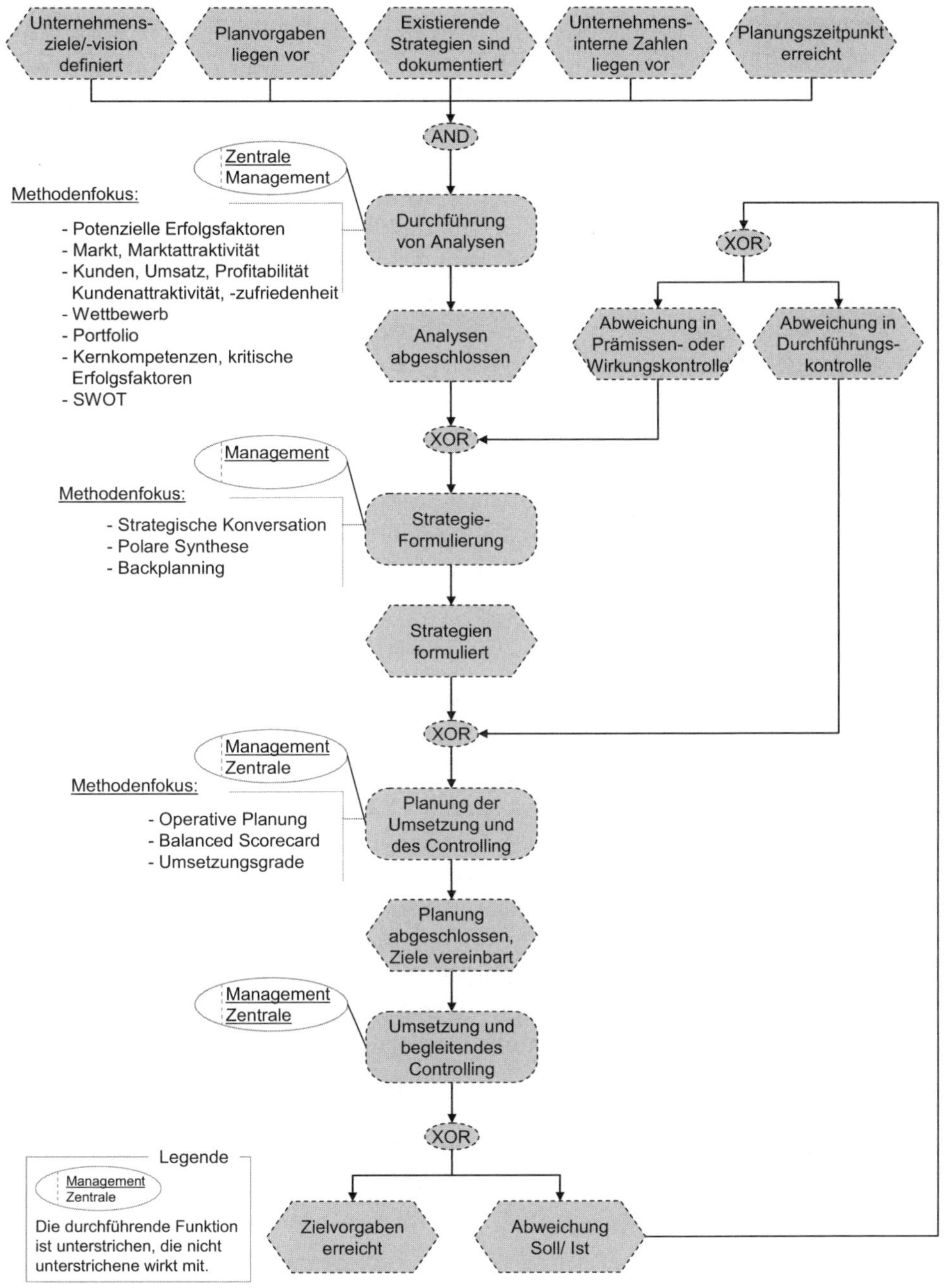

Abbildung 43: Strategischen Planung als erweiterte EPK

Die dargestellten Methoden sollten kontinuierlich und jeweils gleichartig durchgeführt werden. Ein wesentlicher Lerneffekt besteht in der relativen Vergleichbarkeit über die Jahre. Weiterhin, und das ist ein zentraler Punkt, muss klar sein, welchen Nutzen die Analyseergebnisse haben. Ein reiner Informationscharakter reicht nicht aus. Eine Analyse ist kein Selbstzweck. In der Praxis zeigt sich immer wieder, dass Ergebnisse einiger Analysen intensiv und zielgerichtet genutzt werden, andere dagegen nur geringe Akzeptanz erreichen. Ein traditionelles Beispiel für den zweiten Fall stellt die Wettbewerbsanalyse dar, deren häufigste Fehler und deren Behebung in Kapitel 7.2.4 besprochen werden.

Nachfolgend werden die relevanten Methoden der Strategischen Planung dargestellt. Insgesamt setzt sich die Darstellung zum Ziel, den Leser darauf vorzubereiten, jede Methode in der Praxis anwenden zu können, zu wissen, welche Vor- und Nachteile eine Methode bietet und welche Fehler vermieden werden müssen. Einem bereits in der Methode erfahrenen Leser werden die wichtigsten Einsichten aus der Praxis im Umgang mit der Methode erläutert. Kapitel 7.2 enthält alle Methoden der Analysephase. Methoden der Formulierungsphase werden in Kapitel 8 behandelt, Methoden der Umsetzung und des Controlling in Kapitel 9.

7.2.1 Erfolgsfaktoren

Kritische Erfolgsfaktoren (synonym: strategische Erfolgsfaktoren, Schlüsselerfolgsfaktoren) bezeichnen Faktoren, von denen angenommen wird, dass sie den unternehmerischen Erfolg bzw. Misserfolg direkt beeinflussen.[134] Kritische Erfolgsfaktoren (KEF) lassen sich nicht durch scharfes Nachdenken identifizieren, sondern nur durch Vergleich zu Wettbewerbern (s. Kapitel 7.2.4), durch die Bewertung der Kunden (s. Kapitel 7.2.3) oder des eigenen Managements. Die Aufgabe der Erhebung von Erfolgsfaktoren besteht zunächst lediglich darin, potenzielle Erfolgsfaktoren zu identifizieren und zu dokumentieren. Ob sich diese tatsächlich als „kritisch“ für ein spezifisches Unternehmen in einem ganz bestimmten Markt herausstellen, zeigt sich erst durch die in späteren Analysen, beispielsweise der Kunden-, Wettbewerbs- oder Kernkompetenzanalyse, erfolgende Bewertung. Gerade die Abgrenzung von potenziellen Erfolgsfaktoren, KEF, Fähigkeiten und Kernkompetenzen führt in der Praxis (wie auch der Wissenschaft) immer wieder zu Missverständnissen. Abbildung 44 gibt einen Überblick über den Zusammenhang und zeigt die notwendigen Bewertungsarten auf.

[134] Vgl. Fischer, Th. (1993).

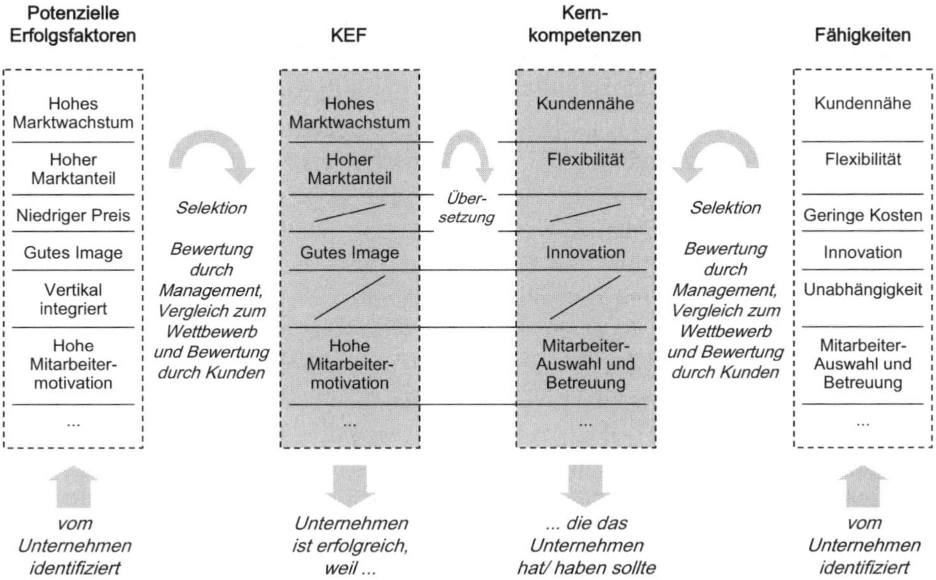

Abbildung 44: Zusammenhang von Erfolgsfaktoren, Kompetenzen und Fähigkeiten

Die Konzepte der KEF und der Kernkompetenzen entspringen ursprünglich zwei unterschiedlichen strategischen Weltbildern: der Industrieökonomie (market based view) und dem ressourcenbasierten Ansatz (resource based view) (s. Kapitel 2.1 des zweiten Buchteils). Mithilfe bewerteter KEF lassen sich aus Fähigkeiten Kernkompetenzen selektieren (s. „Übersetzung" in Abbildung 44). Die Verbindung von KEF und Kernkompetenzen, die im Kapitel 7.2.6 näher erläutert wird, erinnert an den Zusammenhang von Produktanforderungen der externen Kunden (z. B. abgebildet in einem Lastenheft), die mithilfe strukturierter Verfahren (z. B. der QFD-Methode) in die Sprache der Entwickler (z. B. abgebildet in einem Pflichtenheft) übersetzt wird.

Die, in der Tat, sehr verlockend klingende Idee, Unternehmenserfolg auf ganz bestimmte Faktoren zurückführen und mithin Empfehlungen für die Zukunft ableiten zu können stammt aus der Beratungspraxis. 1961 schlug der MCKINSEY-Berater DANIEL vor, Systeme einzurichten, die Auskunft über Erfolgsfaktoren gibt.[135] Knapp zwanzig Jahre später entwickelte ROCKART die Idee weiter zum Konzept der kritischen Erfolgsfaktoren.[136] Hat sich hier tatsächlich ein Zugang zum heiligen Gral des Unternehmenserfolges gefunden? Nein, vermuten die beiden prominentesten Kritiker dieses Ansatzes NICOLAI und KIESER.

[135] Vgl. Nicolai, A.; Kieser, A. (2002).

[136] Vgl. Rockart, J. (1979).

In einem der meistdiskutierten Papiere der jüngeren, deutschsprachigen Betriebswirtschaft werfen NICOLAI und KIESER den Protagonisten der so genannten Erfolgsfaktorenforschung vor, trotz aller Forschungsbemühungen in den vergangenen Jahrzehnten erfolglos geblieben zu sein. Sie geben ihrem Artikel, der 2002 in dem deutschsprachigen Journal „Die Betriebswirtschaftslehre" erschien, die Überschrift: „Trotz eklatanter Erfolglosigkeit: Die Erfolgsfaktorenforschung weiter auf Erfolgskurs." Bemerkenswerterweise gehen NICOLAI und KIESER davon aus, dass die Erfolglosigkeit der Suche den Forschern nicht unbekannt sei und diese ihre Bemühungen nur deshalb nicht einstellten, da die gemeinhin geltenden Ansprüche an Wissenschaftlichkeit und praktischem Anwendungsbezug aufrechterhalten werden sollen. So schreiben die Autoren wörtlich: „Der Vorwand, dass die Managementforschung Nützliches für die Praxis produziert, verschafft diesem Fach Legitimität – und damit auch Ressourcen. Es ist für ein angewandtes Fach schlicht nicht möglich einzugestehen, dass Forscher Forschung in erster Linie für sich und ihre Kollegen betreiben, und weiterhin Finanzierung für die Forschung in Anspruch zu nehmen."[137]

Natürlich ließ das teilweise widersprüchliche und durch die in Deutschland seltene geäußerte Kritik an betriebswirtschaftlicher Forschung emotionsreiche Widerwort der Erfolgsfaktoren-Protagonisten nicht lange auf sich warten: Die antwortenden Forscher lösten mit ihren Statements (Sprachrohr ist und bleibt auch im weiteren Verlauf im Wesentlichen die Zeitschrift „Die Betriebswirtschaft") einen Diskurs aus, der noch immer gärt. Auf der extra eingerichteten Internetseite der Autoren NICOLAI und KIESER lässt sich der Disput (etwas Zeit vorausgesetzt) nachvollziehen.[138]

Unzweifelhaft, und das wird auch von vielen Vertretern der Erfolgsfaktorenforschung zugegeben, ist das Zusammenspiel externer Erfolgsfaktoren und interner Fähigkeiten eines Unternehmens so komplex, dass sich keine Gesetze ableiten lassen. Dennoch wäre es sehr kurzsichtig, das gesamte Thema damit von der Agenda zu nehmen, denn dass einzelne Faktorenbündel einen positiven bzw. negativen Einfluss auf den Unternehmenserfolg haben ist unstrittig – nur die Intensität und Vereinzelung in einzelne überlegene oder kritische Faktoren ist nicht gelungen. Daher ist die Kenntnis der häufig genannten KEF durchaus nützlich (Abbildung 45).

[137] Nicolai, A.; Kieser, A. (2002).

[138] http://dialog-erfolgsfaktorenforschung.de

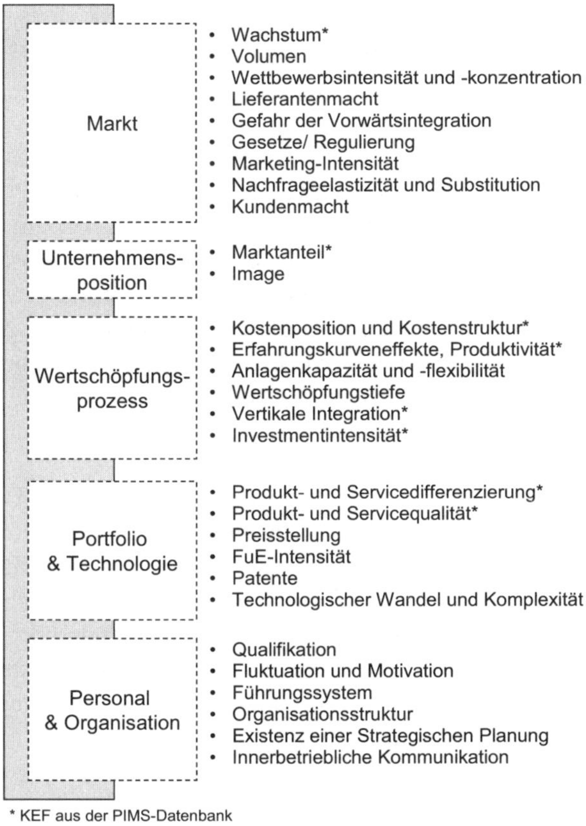

Abbildung 45: In Literatur und Praxis häufig genannte KEF[139]

Im Zusammenhang mit KEF wird oft die PIMS-Datenbank (Profit Impact of Market Strategies) genannt. Der Aufbau dieser Datenbank war in den 1960er Jahren zunächst ein internes GENERAL ELECTRIC-Projekt, das zum Ziel hatte, mithilfe eines systematischen Auswahlverfahrens auf Basis von Erfolgsfaktoren, aus einer Fülle von möglichen Aktivitäten die besonders Erfolg versprechenden zu selektieren. Über die Harvard Business School wurde PIMS in den 1970er Jahren zu einem Mehrfirmenprojekt, dessen Ziel es nun ist, zu erklären, warum manche Firmen erfolgreicher sind als andere. Heute beteiligen sich etwa 450 Unternehmen aus aller Welt an diesem Vorhaben, liefern regelmäßig Daten und erhalten einen Report, die so genannten „Laws of the Marketplace". Über PIMS wurden insgesamt acht Faktoren identifiziert, denen, bei aller Kritik an dem PIMS-Verfahren selbst (s. u.) eine besondere Stellung zukommt. Diese acht Faktoren sind in Abbildung 45 mit einem Sternchen gekennzeichnet. Neben den genannten acht Faktoren kommt der Veränderung der einzelnen Faktoren (diese „Veränderung" wird manchmal, etwas irre-

[139] Vgl. z. B. Breid, V. (1994); Buzzell, R.; Gale, B. (1989).

führend, als „neunter Faktor“ bezeichnet) eine wichtige Rolle zu. Die Faktoren: Investmentaktivität, Marktanteil und Produktqualität werden übereinstimmend als die wichtigsten genannt und erklären zusammen bereits knapp 40 Prozent der Varianz in der Profitabilität der untersuchten Unternehmen:

1. *Investmentintensität (erklärt ca. 15 Prozent der Profitabilitätsvarianz):* Die Investmentintensität beschreibt das Verhältnis des „Investments“ zum Umsatz. Unter „Investment“ ist das Gesamtvermögen abzüglich kurzfristiger Verbindlichkeiten zu verstehen. Je höher das „Investment“, so die Aussage der PIMS-Erhebung, desto geringer die Profitabilität eines Unternehmens. Als Gründe für diesen negativen Zusammenhang wird in der PIMS-Studie der Zwang zur Kapazitätsauslastung in kapitalintensiven Branchen bzw. Unternehmen angeführt, der zu einem ruinösen Preiswettbewerb führen kann. Daneben übt natürlich die höhere Abschreibung einen zusätzlichen negativen Effekt auf den ausgewiesenen Gewinn aus.
2. *Marktanteil (erklärt ca. 12 Prozent der Profitabilitätsvarianz):* Der Marktanteil übt einen erheblichen Einfluss auf die Profitabilität aus: Im Durchschnitt, das zeigen die PIMS-Ergebnisse, liegt die Rentabilität des Marktführers um das Dreifache über Wettbewerbern, die auf dem fünften (oder noch schlechteren) Rang liegen. Drei Ursachen liegen diesem Phänomen zugrunde: Economies of Scale (Kostenvorteile großer Unternehmen über z. B. die Senkung von Stückkosten bzw. Effekte der Erfahrungskurve), Marktmacht (z. B. gegenüber Lieferanten) und Abnehmerpräferenzen.[140]
3. *Produktqualität (erklärt ca. 10 Prozent der Profitabilitätsvarianz):* Unternehmen mit überragender Produkt- bzw. Servicequalität, und darin wird die Ursache für diesen letzten Faktor gesehen, können auf eine ganze Reihe von Vorteilen zurückgreifen: Kundentreue, Preispremium, geringere Reklamationskosten und Möglichkeit zur Steigerung des Marktanteils.

Als letzter, exemplarischer KEF, wird die vertikale Integration diskutiert, da deren Potenziale und Auswirkungen in Wissenschaft und Praxis häufig missverstanden werden. Vertikale Integration bezeichnet die Integration von Aufgaben bzw. Betrieben vor- und nachgelagerter Wertschöpfungsstufen unter einer einheitlichen Unternehmensführung. Dabei geht gegebenenfalls die rechtliche Selbstständigkeit der vormals eigenständigen Betriebe verloren. Als Vorteile einer hohen vertikalen Integration werden u. a. die Erhöhung der Absatz- Produktions- bzw. Beschaffungssicherheit (Verminderung der entsprechenden Risiken) oder die Verhinderung doppelter Preisaufschläge (niedrigere Einkaufskosten) und Verminderung von Haftungsrisiken, beispielsweise durch die Umgehung von Zwischenhändlern genannt. Allerdings, und dies wird nicht selten außer Acht gelassen, ist der positive Einfluss der vertikalen Integration auf die Profitabilität, vor allem hinsichtlich dreier Situa-

[140] Vgl. Buzzell, R.; Gale, B. (1989).

tionen, differenziert zu betrachten: Zunächst lässt sich festhalten, dass nur ein sehr hoher oder aber ein sehr niedriger Grad an vertikaler Integration zu überdurchschnittlich hohen Renditen führt. Zum zweiten ist die Rendite bei Unternehmen mit geringem Marktanteil eben nicht am höchsten, wenn die vertikale Integration hoch ist – sondern genau im umgekehrten Fall, wenn die vertikale Integration gering ist. Drittens kann die positive Korrelation zwischen diesem Faktor und der Profitabilität nur in stabilen und ausgereiften Märkten beobachtet werden. Ist ein Unternehmen in einem sich gerade erst etablierenden Markt tätig, lässt sich eine negative Korrelation feststellen.

Insgesamt, dies zeigen die Auswertungsreihen der PIMS-Studie über viele Jahre, spielen interne und externe strategische Faktoren (z. B. Marktanteil, FuE-Intensität, vertikale Integration, Qualität) die entscheidende Rolle: Während operative Effizienz nur ca. 30 Prozent der Varianz beeinflusst, schlagen die strategischen Faktoren mit ca. 70 Prozent zu Buche.[141]

Unterm Strich liefern die PIMS-Ergebnisse, bei aller Kritik am Verfahren[142], einen ersten Ansatz, der sich in der KEF-Analyse berücksichtigen lässt, auch wenn der Fokus nicht auf branchenspezifischen KEF liegt (z. B. Lage eines Ladengeschäfts als KEF für den Einzelhandel, oder intensive Werbeaktivitäten in der Baumarktbranche).

Wie bereits zu Beginn dieses Kapitels angesprochen, liegt der Fokus der KEF-Analyse auf dem Erheben potenzieller Erfolgsfaktoren. Die Bezeichnung „Analyse“ ist daher etwas missverständlich. In nachgelagerten Analysen finden dann zwei weitere Schritte statt: Zum einen muss überprüft werden, welche der Erfolgsfaktoren wirklich „kritisch“ sind. Hierbei lassen sich branchenübergreifende Faktoren (z. B. aus der PIMS-Datenbank) heranziehen, ebenso wichtig sind allerdings die Bewertung durch das Management sowie die Berücksichtigung von Ergebnissen aus der Kunden- und Wettbewerbsanalyse. Der zweite Schritt besteht darin, jedem der dann selektierten KEF einen Erfüllungsgrad aus Sicht des Unternehmens zuzuordnen. Dies geschieht im Wesentlichen in der SWOT-Analyse (s. Kapitel 7.2.7) auf Basis wiederum der Bewertung durch das Management sowie über die Berücksichtigung von Ergebnissen aus Kundenzufriedenheitsbefragung und Wettbewerbsanalyse.

Mithin werden die beiden Dimensionen „Bedeutung“ und „Erfüllung“ der einzelnen potenziellen Erfolgsfaktoren erst in der Kernkompetenzanalyse bewertet. Die Ergebnisse der Erhebung potenzieller Erfolgsfaktoren gehen in zahlreiche nachgelagerte Analysen der Strategischen Planung ein. Daher beschränkt sich der

---

[141] Vgl. Heyder, B.; Werther, K. (1996).

[142] Als wesentliche Kritikpunkte werden vor allem folgende Punkte genannt: ROI als Maßstab des strategischen Erfolges, unzureichende Transparenz, keine branchenspezifischen Erklärungen, modellbezogene Kritik (u. a. hinsichtlich fehlender Unabhängigkeit der Variablen im Regressionsmodell). Vgl. zu einer ersten Einführung dazu z. B.: Welge, K.; Al-Laham, A. (2003).

Ablauf der KEF-Erhebung auf lediglich einen Schritt, der nachfolgend als EPK (Abbildung 46) dargestellt ist.

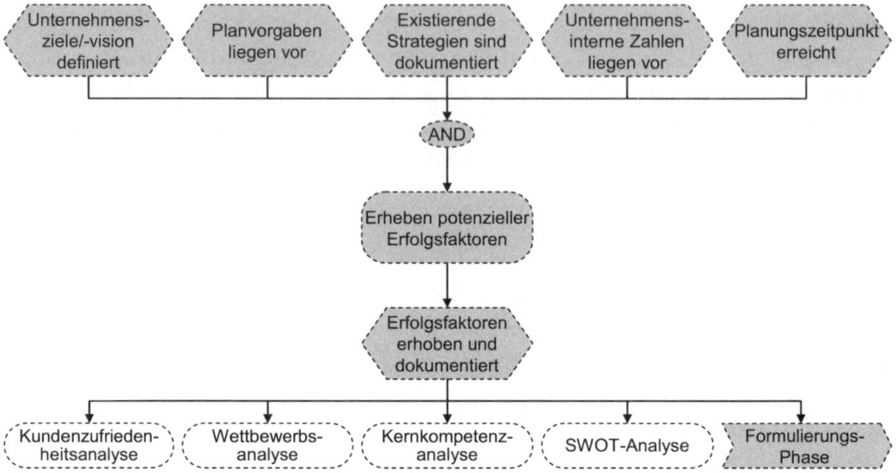

Abbildung 46: Erhebung potenzieller Erfolgsfaktoren als EPK

7.2.2 Markt

Kaum ein Begriff wird so unterschiedlich verwendet wie „Marktanalyse". Schwammige Definitionen sind die Folge. Die einen „claimen" den Begriff für die Disziplin der Marktforschung als Zeitpunktbetrachtung der aktuellen Marktsituation, andere subsumieren gleich Wettbewerbs-, Branchen-, Lebenszyklus- und Portfolioanalyse unter diesem Namen. In der Praxis sind wir von diesem allumfassenden Ansatz abgerückt. Im Prinzip lassen sich fünf Fragen identifizieren, die durch die Marktanalyse beantwortet werden:

1. Wie sind der Markt und seine Segmente strukturiert (Struktur)?
2. Wie groß sind der Markt und seine Segmente (Volumen)?
3. Wie stark verändern sich Markt und Segmente (Wachstum)?
4. Welche Stellung hat das Unternehmen im Markt und den Segmenten (Anteil)?
5. Welches sind die interessantesten Märkte bzw. Segmente (Attraktivität)?

Die Marktanalyse zielt auf die Unterstützung der Geschäftspolitik und stellt eine systematisch-methodische Untersuchung der Position und Entwicklung einzelner Marktsegmente (z. B. Strategische Geschäftsfelder, Regionen, Kundengruppen) eines Unternehmens dar. Diese Art der Marktanalyse wird auch als „strategische Absatzmarktanalyse" bezeichnet, um sie von eher operativ ausgerichteten Marketing-Analysen (z. B. im Rahmen einer Produktneueinführung) abzugrenzen. Dabei werden in aller Regel Marktvolumen (in Geldeinheiten, Stück, Anzahl Nutzer) und Marktwachstum (in Prozent) analysiert bzw. prognostiziert. Daraus kann beispielsweise im Rahmen der nachgelagerten Portfolioanalyse (s. Kapitel 7.2.5) der eigene Marktanteil (in Prozent) abgeleitet werden. Bevor der Markt analysiert werden kann, muss allerdings Klarheit über die zu Grunde liegende Marktstruktur bestehen. Gerade wachstumsorientierte Unternehmen sind daran interessiert, neue Marktsegmente (z. B. Kundenbranchen) für sich zu entdecken; dazu muss die Attraktivität der einzelnen Segmente bewertet werden.

Die Marktanalyse ist eine der grundlegenden Analysen der Strategischen Planung, da ihre Ergebnisse in weitere Methoden einfließen (z. B. Portfolioanalyse, SWOT-Analyse, Kernkompetenzanalyse). Die Marktanalyse hilft, Chancen und Risiken zu antizipieren und dient daher insbesondere der Entwicklung, Validierung und Formulierung neuer Strategieansätze.

In der wissenschaftlichen Literatur wird oft darauf hingewiesen, dass Unternehmen externe Marktforschungsinstitute oder wissenschaftliche Institute mit der Marktforschung beauftragen. Dies mag bei der Marktanalyse für eine Produkteinführung der Fall sein (die nicht zur Strategischen Planung gehört) – allerdings führen Unternehmen die auf den Absatzmarkt gerichtete Marktanalyse, von der hier die Rede ist, zumeist selbst durch. Dies ist auch aus drei Gründen richtig: Zum einen gibt es zu den meisten Marktsegmenten aussagefähige Reports von Marktanalysten (z. B. DATAQUEST, IDC, ARC, FORRESTER RESEARCH, GARTNER oder der von GARTNER akquirierten META GROUP), Branchenverbänden (z. B. VDMA, ZVEI) und Finanzanalysten (z. B. MERRILL LYNCH, MORGAN STANLEY, CSFB, GOLDMAN SACHS), ohne dass diese extra beauftragt werden müssten. Zum zweiten kann kein externes Marktforschungsinstitut das Wissen der eigenen Sales-Force oder Distributionskanäle ersetzen, die ihren speziellen Markt und entsprechende Kunden am besten kennen. Drittens gehört die Kenntnis des Marktes, und eben auch das Wissen, wie die Zahlen entstanden sind, zu den Kernaufgaben des Managements.

Einer der wichtigsten Schritte der Marktanalyse besteht darin, zunächst den Markt zu segmentieren, d. h., eine Marktstruktur zu definieren. Die Marktsegmentierung hat aufgrund der notwendigen Vergleichbarkeit über mehrere Jahre hinweg langfristigen Charakter und daher entsprechende Relevanz. Einiges an Vorüberlegungen in dieses Thema zu investieren zahlt sich immer aus. Unternehmen müssen mit der einmal definierten Struktur eine ganze Weile leben. Ein Markt kann aus beliebigen „Sichten" segmentiert werden (z. B. aus Produkt-, Technologie-, Kunden-, Branchen-, Nutzen-, Regionen- oder Preissicht). Das Problem der Segmentierung besteht darin, dass die Inhalte eines Segments (z. B. Produkte, Technologie, Kunden, usw.) möglichst homogen – aber von Inhalten eines anderen Segments möglichst gut differenzierbar sind. Es gibt drei Determinanten, die über die Segmentierungssicht entscheiden:

1. *Funktionale oder chemisch-physikalische Ähnlichkeit:* Das wichtigste Merkmal zur Marktsegmentierung ist die Gleichheit/Ähnlichkeit zweier Produkte. Stelle ich Kaffee her – ist mein Marktsegment der Kaffeemarkt. Trivial – allerdings liegt darin auch nicht das Problem. Es kommt vielmehr auf die Reaktion der potenziellen Kunden an, auf die als gleich oder ähnlich empfundene Bedarfsdeckung (sog. perzipierte Ähnlichkeit). Ist für einen Kaffeehersteller nun auch der Espressomarkt zu analysieren?
2. *Substitutionsintensivität:* Zwei Produkte werden dann als Substitutionsprodukte bezeichnet, wenn die Preisänderung des einen Produktes eine Mengenänderung des anderen Produktes zur Folge hat. Dabei kommt es auf die Intensität der Beeinflussung an (sog. Preiselastizität). Eine formale Entscheidung über die Substitutionsfähigkeit einzelner Produkte kann es nicht geben, da sie von technischen Eigenschaften, der Nachfrageelastizität, den Verbrauchsgewohnheiten und dem Ausmaß der Preisdifferenz abhängt. Trinken die Menschen mehr Tee, wenn sich der Kaffeepreis sich über Nacht verzehnfachen würde? Ist also vielleicht nicht nur der Kaffeemarkt und der Espressomarkt, sondern auch der Teemarkt von Interesse? Oder trinken die Menschen einfach weniger Kaffee, ohne dass das Einfluss auf den Teekonsum hätte? Und: Was ist mit Kakao? Zwei Beispiele erläutern verschiedene Substitutionssituationen:
   - Substitutionsprodukte zu Haushalts-Kühlschränken (klammert man Kombigeräte aus) gibt es nicht. Das Marktsegment ist stabil. Hier bietet sich vielleicht die „Preissicht“ als oberstes Ebene einer Marktstruktur an.
   - Ein Unternehmen, das konventionelle Röhrenfernseher herstellt, kämpft sehr wohl mit Substitionsprodukten (z. B. LCD-Fernseher, Plasma-Fernseher, Beamer, Lifeboards, iPod, Mobile-TV). Als oberste Ebene der Marktstruktur „Röhrenfernseher“ zu wählen ist aus zweierlei Sicht unklug: Ein zunehmender Marktanteil in diesem Segment bedeutet nicht notwendigerweise, dass es dem Unternehmen besser geht – sondern vielleicht, dass sich Wettbewerber aus dem sterbenden Markt zurückziehen. Weiterhin bleibt in dieser Analyse unklar, woher die Substitutionsgefahr kommt. In einem solchen Fall sind mehrere Möglichkeiten denkbar. Beispielsweise könnte wiederum die Produktsicht gewählt werden, wenn man einige Hierarchieebenen höher steigt, d. h., nicht „Röhrenfernseher“, sondern „Bild gebende Systeme der Unterhaltungselektronik“ wählt. Innerhalb dieses Segments könnte man dann eine Preisklasse definieren (etwa 250 bis 1.000 EUR). Dies ist ein Subsegment, das bis vor wenigen Jahren vollständig den konventionellen Fernsehern vorbehalten war und nun immer stärker von einer Vielzahl anderer Produkte angegriffen wird.
3. *Standardisierung:* In der Wissenschaft meist ausgeklammert – aber für die Praxis ein außerordentlich wichtiges Kriterium ist der „de facto Standard“. Natürlich gibt es im Bereich der Marktanalyse keine verbindlichen Regelungen – dennoch, welche Vorteile verspricht sich ein Unternehmen, wenn es seine

Marktsegmente bis ins Kleinste detailliert hat, aber niemand sonst diese Definition verwendet. Firmenexterne Daten (z. B. von Branchenverbänden) sind dann nicht oder nur unter hohen Mapping-Aufwänden verwendbar, Marktanteilsvergleiche zu Wettbewerbern nicht durchführbar. Daher steht vor der eigenen Definition eine Betrachtung vorhandener „de facto Standards". Solche können aus einer Vielzahl unterschiedlicher Quellen kommen und müssen auf ihre jeweilige Verbreitung und Relevanz geprüft werden. Beispiele:

- Branchensegmentierung (z. B. Statistisches Bundesamt)
- Marktsegmentierung (z. B. Marktforschungsinstitute, Brancheverbände)
- Produktsegmentierung (z. B. Bundesverbände, ZVEI, BMEcat oder eClass)

Häufig steht die Produkt-, Preis- oder Technologiesicht an oberster Stelle. Je nach Ausrichtung und Geschäftsmodell des Unternehmens kann sich eine Kunden- bzw. Branchensicht oder Regionensicht anschließen. Ist die Struktur definiert, kann der Markt in den Abstufungen totaler, bedienbarer und bedienter Markt aufgebrochen werden. Jede dieser drei Abstufungen ist durch ein besonderes Kriterium gekennzeichnet (Abbildung 47).

1. Der totale Markt umfasst den gesamten Markt für das definierte Marktsegment. Beispiel: Der gesamte Markt für Premium-Haushalts-Kühlschränke beläuft sich weltweit auf 100 Geldeinheiten (GE).
2. Der bedienbare Markt ist der für ein Unternehmen potenziell erreichbare Markt. Zur Bestimmung des bedienbaren Marktes wird der totale Markt um Effekte bereinigt, die vom Unternehmen nicht beeinflussbar sind. Beispiel: Staatsmonopole, Einfuhrbeschränkungen und exklusive Vertriebsrechte führen zu einem bedienbaren Markt für Premium-Haushalts-Kühlschränke von weltweit 90 GE.
3. Der bediente Markt beschreibt schließlich den tatsächlich erreichbaren Markt. Erst in dieser Abstufung werden das tatsächliche Produktangebot des Unternehmens und seine Vertriebsstruktur berücksichtigt. Beispiel: Das Unternehmen hat kein Portfolio/Vertriebsstruktur für die Region „Nordamerika". Diese Einschränkungen führen zu einem tatsächlich bedienten Markt von 60 GE.

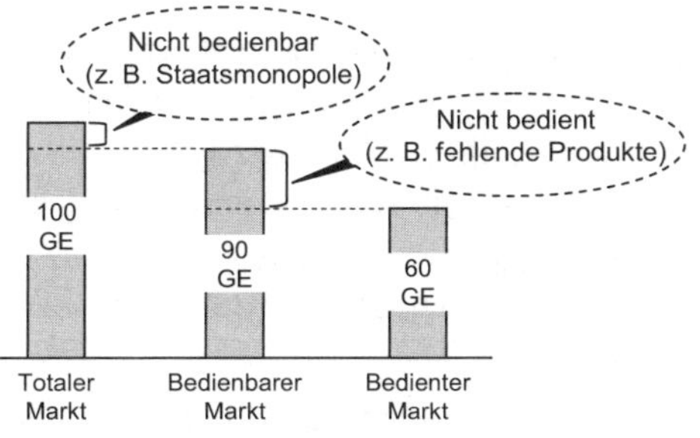

Abbildung 47: Unterteilung in totaler, bedienbarer und bedienter Markt

Das Marktwachstum wird aus der durchschnittlichen jährlichen Wachstumsrate eines Marktes berechnet. Diese wird als CAGR bezeichnet. CAGR steht für Compound Annual Growth Rate und stellt die prozentuale Änderung einer Größe (z. B. Marktvolumen) zwischen zwei gegebenen Jahren dar, wobei eine exponentiell geglättete Wachstumsrate angenommen wird. CAGR berechnet sich wie folgt:

$$CAGR = \sqrt[n]{\left(\frac{Wert_{Endjahr}}{Wert_{Anfangsjahr}}\right)} - 1$$

mit n = Endjahr – Anfangsjahr (z. B. n = 2010 – 2003 = 7)

Nachfolgend ist ein Beispiel zur Gegenüberstellung von Markt und Umsatz dargestellt, wie es in der Praxis häufig anzutreffen ist (Abbildung 48). Dabei bietet es sich an, den Markt und den Umsatz im ersten Betrachtungsjahr (hier: 2005) grafisch zu normieren, sodass die augenscheinliche Vergleichbarkeit erhöht wird.

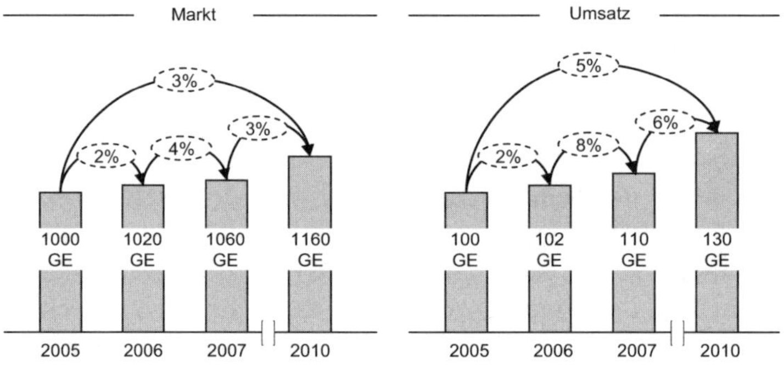

Abbildung 48: Exemplarische Gegenüberstellung von Markt- und Umsatzwachstum

In obigem Beispiel wächst der Markt relativ stabil mit durchschnittlich drei Prozent p. a. (CAGR von 2005 bis 2010). Das Wachstum ist lediglich im Jahr 2006 etwas niedriger (2 Prozent) und im Jahr 2007 etwas höher (4 Prozent) als der Durchschnitt. Bei der Betrachtung des Umsatzes fällt auf, dass sich das Marktwachstum von 2006 im Umsatz widerspiegelt (jeweils zwei Prozent), im Jahr 2007 wird aber von einem Wachstum von acht Prozent ausgegangen (doppelt so hoch, wie der Markt) und auch für die folgenden Jahre (bis 2010) wird mit einem durchschnittlichen jährlichen Umsatzwachstum von sechs Prozent ein im Gegensatz zum Markt doppelt so schnelles Wachstum erwartet. Natürlich können solche Umsatzprognosen realistisch sein (z. B. durch anorganisches Wachstum, Einführung neuer Technologien, stark ausgebautes Vertriebsnetz) – dennoch lässt sich in der Unternehmenspraxis bisweilen feststellen, dass die Hoffnung und der Zwang, einem Geschäft hohe Potenziale zuzusprechen die dominierende Rolle spielt. Auch wenn es in der obigen Darstellung nicht so dramatisch aussieht – das doppelte Marktwachstum zu erreichen, wenn ein Geschäft bislang eher mit dem Markt wuchs, ist aus organischem Wachstum heraus außerordentlich schwer zu erreichen. Eine solche Umsatzentwicklung muss mit detaillierten, vereinbarten, plausiblen und nachvollziehbaren Plänen hinterlegt sein. Ist sie das nicht, kann sie getrost angezweifelt werden: Immerhin führt ein Umsatzwachstum über dem Marktwachstum dazu, dass das Unternehmen einem Wettbewerber Marktanteile entzieht. Welchem Wettbewerber? In welcher Region? Bei welchen Kunden? Warum sollten die Kunden plötzlich weniger bei diesem Wettbewerber kaufen?

Häufig stellt sich, gerade für neu gegründete Unternehmen oder aber neue „Strategen“ die Frage, woher sich Informationen über Marktvolumen, -wachstum und -struktur erhalten lassen. Es gibt eine Unzahl an Einstiegspunkten für die Suche nach den relevanten Informationen. Aufgrund der häufigen Fragen zu diesem Thema sind nachfolgend einige der wichtigsten Einstiegspunkte bei der Suche nach Marktinformationen angegeben.

Sofern noch nicht geschehen, bietet es sich an, zunächst Branchenverbände zu kontaktieren. Eine Vielzahl von Verbänden sammelt, teilweise in Untergruppierungen, marktspezifische Daten, bereitet diese auf und gibt sie an ihre Mitglieder weiter. Nachfolgend eine Auswahl der wichtigsten Dach- und Branchenverbände:

Dachverbände

BDI	Bundesverband der Deutschen Industrie	www.bdi.eu	Berlin
DIHK	Deutscher Industrie- und Handelskammertag	www.dihk.de	Berlin

Branchenverbände

ADT	Bundesverband Deutscher Innovations-, Technologie- und Gründerzentren	www.adt-online.de	Berlin
BDLI	Bundesverband der Deutschen Luft- und Raumfahrtindustrie	www.bdli.de	Berlin
BITKOM	Bundesverband Informationswirtschaft, Telekommunikation und neue Medien	www.bitkom.org	Berlin
BVE	Bundesvereinigung der Deutschen Ernährungsindustrie	www.bve-online.de	Berlin

BPI	Bundesverband der Pharmazeutischen Industrie	www.bpi.de	Berlin
BVL	Bundesvereinigung Logistik	www.bvl.de	Bremen
HDB	Hauptverband der Deutschen Bauindustrie	www.bau-industrie.de	Berlin
HDE	Hauptverband des Deutschen Einzelhandels	www.einzel-handel.de	Berlin
SPECTARIS	Deutscher Industrieverband für optische, medizinische und mechatronische Technologien	www.spectaris.de	Berlin
VCI	Verband der Chemischen Industrie	www.vci.de	Frankfurt/M.
VDA	Verband der Automobil-industrie	www.vda.de	Frankfurt/M.
VDMA	Verband Deutscher Maschi-nen- und Anlagenbau	www.vdma.org	Frankfurt/M.
VSM	Verband für Schiffbau und Meerestechnik	www.vsm.de	Hamburg
ZVEI	Zentralverband Elektrotechnik- und Elektronikindustrie	www.zvei.de	Frankfurt/M.

Vor allem bei den großen Verbänden lässt sich beobachten, dass relevante Informationen zumeist im Rahmen von Subbranchen-Vereinigungen der Verbände entstehen. So engagiert sich der VDMA beispielsweise in weit über einhundert so genannten „Branchen" – von Abfall- und Recyclingtechnik bis zu Zerspanwerkzeugen. Hinter den einzelnen Branchen stehen dann wieder eigene Organisationen, eine eigene Szene, teilweise in Unterverbänden organisiert, an denen der VDMA beteiligt ist. Durch gezielte Anfragen bei den Verbänden lassen sich weitere relevante Informationen gewinnen, die über die Marktbetrachtung hinausgehen. So veröffentlicht beispielsweise der VDMA jährlich einen „Kennzahlenkompass", dem die wichtigsten Kennzahlen des Maschinenbaus zu entnehmen sind (z. B. durchschnittlicher Umsatz je Mitarbeiter, durchschnittlicher Personalaufwand je Mitarbeiter, durchschnittliche Gesamtkapitalrentabilität oder Eigenkapitalquote, durchschnittliche Schulungsaufwendungen oder eine ABC-Kundenanalyse). Ist die Suche bei den Verbänden erfolglos geblieben, oder ist die Zahlenbasis zu verifizieren bzw. auszubauen, bietet es sich an, auf einschlägige Marktforschungsunternehmen zurückzugreifen. Diese Marktforschungsunternehmen sind zumeist auf eine oder zumindest wenige Branchen spezialisiert. An der Universität Erlangen ist im Rahmen einer Erhebung eine Liste mit Marktforschungsunternehmen erstellt worden. Diese umfasst allein mehr als 1300 deutsche Unternehmen.[143] Dennoch lassen sich vielleicht eine Handvoll Unternehmen für verschiedene Branchen nennen: Während die GFK (als größtes deutsches Unternehmen) oder NIELSEN auf den Konsumgütermarkt spezialisiert sind, haben sich FORRESTER RESEARCH, BERLECON (mit Sitz in Berlin), GARTNER oder IDC auf den IT- und Telekommunikationsmarkt ausgerichtet. FROST AND SULLIVAN, als einer der größten technologieorientierten Marktforscher, ist dagegen breiter aufgestellt und deckt verschiedene Branchen von Automatisierungstechnik über Chemie bis zur Halbleiterindustrie ab.

Die vorangegangenen Überlegungen führen zur vierten Frage der Marktanalyse: Wie hoch ist der Marktanteil, bzw. wie hat sich der Marktanteil in der Vergangenheit verändert? Auch wenn der Marktanteil nur im Kontext der Marktattraktivität zu validen Aussagen führen kann, lässt er auch bereits für sich genommen, Vermutungen über die Wettbewerbsposition, Profitabilität und als relative Größe – über den allgemeinen Gesundheitszustand und das Potenzial eines Unternehmens zu. So haben langfristige Untersuchungen gezeigt, dass sich Unternehmen im Produktgeschäft in der Regel auf den ersten beiden (max. drei) vordersten Plätzen im Wettbewerb befinden müssen, um ausreichend profitabel zu sein. GENERAL ELECTRIC geht hier seit langem den konsequentesten Weg, indem es seinen etablierten Geschäftsfeldern als Ziel vorgibt, Platz Eins oder Zwei zu erreichen – oder aus dem Markt auszusteigen. Zunehmend setzt auch SIEMENS auf den Marktanteil als Ziel gebende Größe und fordert von allen Geschäftsfeldern das mittelfristige Erreichen der Nummer Eins oder Zwei im Weltmarkt. In anderen Branchen liegt die Latte nicht ganz so hoch, beispielsweise ist im stark defragmentierten Markt für IT-Dienstleistungen, in dem selbst der beste Wettbewerber einen Marktanteil von vielleicht sechs bis sieben Prozent nicht überschreitet, auch noch ein zehnter Platz ausreichend, um an Ausschreibungen beteiligt zu werden und interessante Margen zu erzielen.

IBM weist im Jahresabschluss von 2006 einen Umsatz von 48 Mrd. USD ihrer Geschäftseinheit GLOBAL SERVICES aus; der Markt für IT-Services wird von Marktforschern (z. B. der GARTNER GROUP) auf ca. 670 Mrd. UDS geschätzt. Mithin realisiert der unangefochtene Weltmarktführer IBM (der Branchenzweite EDS kommt nur auf die Hälfte) also gerade sieben Prozent Marktanteil. Dagegen ist es in produktorientierten Branchen nicht unüblich, dass die größten drei bis vier Unternehmen 80 Prozent und mehr eines Marktes unter sich aufteilen.

Der Marktanteil berechnet sich als Umsatz- geteilt durch Marktvolumen. Wenn der Marktanteil, der typischerweise weltweit und auf Länderebene errechnet wird, bestimmt wird, ermittelt sich der Umsatz nach:

143 Vgl. http://www.sbm.wiso.uni-erlangen.de/links/links-unternehmen/index.html.

Umsatz in einem Land =

  Umsatz mit externen Kunden (nicht im Konzern konsolidiert)
- Exportumsätze zu externen Kunden (nicht im Konzern konsolidiert)
+ direktes Geschäft vom (ausländischen) Stammhaus oder im Konzern konsolidierten ausländischen Niederlassungen

Es gibt zwei fundamentale Regeln im Zusammenhang mit dem Marktanteil. Die erste lautet: Es gibt immer zwei Marktanteile, die konsequent voneinander zu trennen sind. Den einen Marktanteil verwendet das Unternehmen für die Öffentlichkeit. Quasi jedes Unternehmen kann sich zum Marktführer aufschwingen.

So gibt beispielsweise das Unternehmen AQUAROTTER, ein Anbieter von Sanitärraumausstattungen für öffentlich-gewerblicher Institutionen, zu Protokoll, beim Wassermanagement in Flugzeugen auf weltweit 45 Prozent Marktanteil zu kommen und so „eindeutig die Nummer eins in der Welt“ zu sein.[144]

Ein hoher Marktanteil hat immer auch eine vertrauensbildende Außenwirkung, die den Unternehmen wohl bewusst ist. Jeder kann sich einen bedienten Markt so zurechtbiegen, dass daraus ein hoher Marktanteil resultiert. Dieses ist legitim. Es ist in der Praxis auch nicht unüblich, dass Marktanalysten und Branchenverbände mit „besonders guten“ Zahlen versorgt werden, sodass in der Außendarstellung und den entsprechenden Studien ein gutes Unternehmensbild entsteht.

Einen verheerenden Fehler begeht ein Unternehmen allerdings, wenn es diesen „Marketing-Marktanteil“ selbst ernst nimmt und sich bei eigenen Entscheidungen (z. B. Investitionsentscheidungen) darauf beruft. Die zweite Regel lautet daher: Der Marktanteil, der Entscheidungen zugrunde liegt, muss sich immer auf den totalen Markt beziehen. Der totale Markt wird angenommen, da für die Marktanteilsbetrachtung nicht nur interessant ist, was ein Unternehmen mit den vorhandenen Produkten/Vertriebswegen erreichen könnte, sondern insbesondere über welches Potenzial der Markt insgesamt verfügt. Dabei sind besonders Marktverschiebungen interessant: Wohin und wie schnell entwickelt sich der Markt innerhalb eines Segments? Welche langfristige Perspektive bietet es, auf einem schnell schrumpfenden und unprofitablen bedienten Markt stetig höhere Marktanteile zu erzielen, wenn sich Margen und Wachstum in einem derzeit nicht bedienten (aber von Wettbewerbern bedienbaren) Marktsegment zeigen? Natürlich können interessehalber die Marktanteile („total“, „bedienbar“ und „bedient“) dargestellt werden. Für die Wettbewerbsposition entscheidend ist allerdings nur der Marktanteil mit Bezug auf den totalen Markt.

---

[144] Vgl. o. V. (2005): AquaRotter baut Werk aus. In: Berliner Morgenpost vom 10. Oktober 2005.

Die bislang behandelten vier Fragestellungen (Struktur, Volumen, Wachstum und Anteil) sind auf die derzeitige Positionierung eines Unternehmens gerichtet. Erst durch die Beantwortung der Frage, welche Märkte bzw. Segmente besonders attraktiv sind, kann jedoch ein Beitrag zum systematischen Wachstum eines Unternehmens geleistet werden. Dazu bietet die Marktattraktivitätsanalyse einen strukturierten Rahmen. Die Marktattraktivitätsanalyse gehört zu den Methoden, die in der Praxis als besonders wichtig bewertet werden, allerdings noch nicht ausreichend in den Unternehmen implementiert sind. Das Ziel der Marktattraktivitätsanalyse besteht darin, verschiedene Optionen der Markterschließung oder -verlagerung gegenüberzustellen und zu bewerten. Solche Optionen können sich beispielsweise auf Branchen, Anwendungsgebiete oder Regionen beziehen.

Nachdem verschiedene Optionen erhoben sind, findet eine Bewertung mithilfe der Nutzwertanalyse nach options- und unternehmensspezifisch definierten Kriterien statt. Viele Unternehmen halten sich dabei an ein Grundschema von 13 Faktoren (Abbildung 49). Die Faktoren spiegeln dabei auch weitere bekannte Methoden aus der Strategischen Planung dar. So sind die Faktoren der zweiten Gruppe („Branche“) nichts anderes als die so genannte Branchenstrukturanalyse (auch: Five Forces) von PORTER; die letzte Gruppe („Umwelt“) ist auch als PEST-Analyse bekannt (Political, Economic, Social, Technological, teilweise noch um Legal und Environmental zur PESTLE-Analyse erweitert).

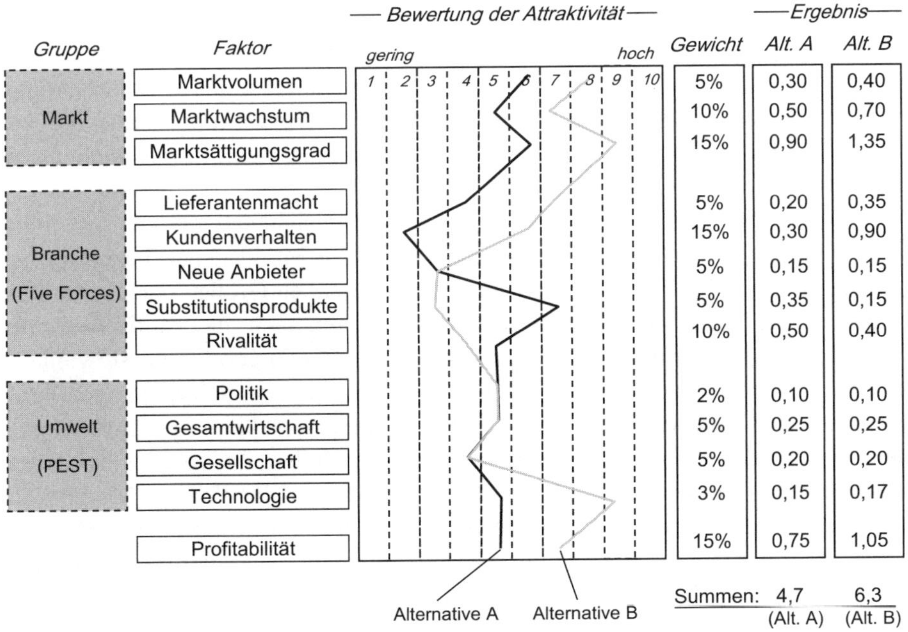

Abbildung 49: Grundschema der Marktattraktivitätsanalyse

Abbildung 49 zeigt eine Ergebnisdarstellung, die eine detaillierte, vorherige Analysearbeit (z. B. Five Forces, PESTLE) voraussetzt. Diese Darstellungsform wird in der Regel den Entscheidern präsentiert, um die Vorbereitungsarbeit prägnant, verdichtet und dennoch differenziert darstellen zu können.

Generell eigenen sich solche modellhaften Vereinfachungen weniger als umfassende Analysemethode, sondern vielmehr als Diskussionsinstrument, also als eine Form, die es ermöglicht kontrovers zu prüfen, warum welche Bewertung wie hoch ist. Sind die Vorarbeiten, beispielsweise durch eine Zentralabteilung, abgeschlossen und werden die Ergebnisse präsentiert, wäre es genau der falsche Weg, zu erwarten, dass das Bild genau so erhalten bleibt. Vielmehr muss es Aufgabe der Zentrale sein, die wesentlichen beteiligten Manager in ausreichender Zahl mit einem ersten Vorschlag zu konfrontieren und auf kontroverse Diskussionen zu hoffen. Ziel der vorbereitenden Analyse ist weniger alles „richtig“ gemacht zu haben, als vielmehr eine Diskussion um das Finden der „richtigen“ Lösung in Gang zu setzen. Die „richtige“ Lösung für ein bestimmtes Unternehmen ist nicht unbedingt die beste analytisch erarbeitete; die „richtige“ Lösung für ein Unternehmen ist eben auch die Lösung, hinter der das Management steht.

Zusammenfassend lässt sich sagen, dass die Marktattraktivitätsanalyse keine Auswirkungen hinsichtlich eines speziellen Unternehmens berücksichtigt (z. B. ob vielleicht bereits ein Vertriebsstandort in der Nähe der angestrebten, neuen Region existiert, oder ob die Produkte bereits für einen bestimmten Markt vorbereitet sind). Dies wäre auch falsch, da es ja um die generelle Marktattraktivität geht – nur dadurch, dass die derzeitige Unternehmensposition vollständig ausgeblendet wird, kann die Attraktivität im Wettbewerbsvergleich evaluiert und der Entscheidungsraum entsprechend ausgedehnt werden. Spezifische Auswirkungen und Aufwendungen werden im Rahmen der Investitionsrechnung geprüft, die sich an die Marktattraktivitätsanalyse anschließt.

Im Zusammenhang mit der Marktanalyse zeigt sich in Unternehmen immer wieder ein ausgeprägtes Konfliktpotenzial: Kann ein Markt genau bestimmt werden? Natürlich nicht. Daher sind auch alle resultierenden Größen unsicher und beeinflussbar. An dieser Stelle setzen in der Praxis dann auch oft „politische Kräfte“ ein. Ist der Markt oder das langfristige Marktwachstum zu gering, müsste vielleicht das Geschäft infrage gestellt werden. Dagegen werden natürlich diejenigen Personen kämpfen, die das Geschäft verantworten. Andererseits kann so möglicherweise eine Zunahme des Marktanteils dargestellt und einer hohen Zielvorgabe bei Umsatz und Ergebnis vorgebeugt werden. Ist der Markt oder das langfristige Marktwachstum zu ambitioniert, sind entsprechende Umsatz- und Profit-Vorgaben schwer erfüllbar, was ebenfalls nicht im Sinne des Unternehmers liegt, allerdings sind Investitionsvorhaben evtl. leichter durchzusetzen. So wird oft ein Mittelweg aus vertretbaren Zahlen und politischer Motivation das endgültige Datengerüst bestimmen und damit möglicherweise Entscheidungen auf Unternehmensebene beeinflussen, da die Marktanalyse eine der wesentlichen Grundlagen für die Entscheidung über Investitionsvorhaben schafft. Interessantes Diskussionspotenzial bieten in diesem Zusammenhang auch prognostizierte Preisänderungen in einem Markt. Insbesondere in innovations- und technologiegetrieben Märkten ist der Preisverfall oft dramatisch: In der Unterhaltungselektronik gehen wir von einem Preisverfall von 2,5 bis 3,5 Prozent aus – je Monat. Es ist daher nicht unüblich, dass ein Markt trotz steigender Absatzmengen, monetär bewertet, schrumpft. Dies ist der wesentliche Grund dafür, dass allen Marktanalysen eine monetäre Bewertung zugrunde liegt.

Im Wissen um das Zustandekommen und die Unsicherheit der Daten sind die Urheber der Marktanalyse aufgefordert Scheingenauigkeit zu vermeiden. Auch wenn rein rechnerisch ein Marktanteil von „genau“ 10,365 Prozent ermittelt wurde, ist die Ergebnisdarstellung der Datenunsicherheit anzupassen. Das bedeutet, dass die unsicherste Größe einer Berechnung Einfluss auf die Ergebnisdarstellung hat. Möglicherweise sollten alle Nachkommastellen gestrichen werden. Zulässig ist durchaus auch die Angabe eines Bandes (z. B. zwischen acht und zwölf Prozent), wobei für weitere Berechnungen dann doch meistens wieder auf eine Zahl zurückgegriffen werden muss, wenn man nicht sogar verschiedene Szenarien (Best Case, Realistic Case, Worst Case) zulässt.

Abschließend ist die Marktanalyse hinsichtlich Marktstruktur, -volumen, -wachstum und -anteil als ERD (Abbildung 50) bzw. EPK (Abbildung 51) dargestellt.

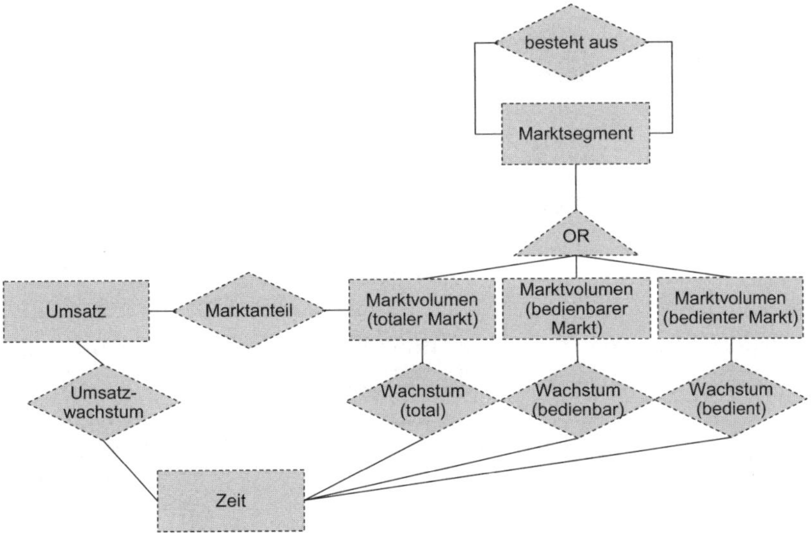

Abbildung 50: Marktanalyse als ERD

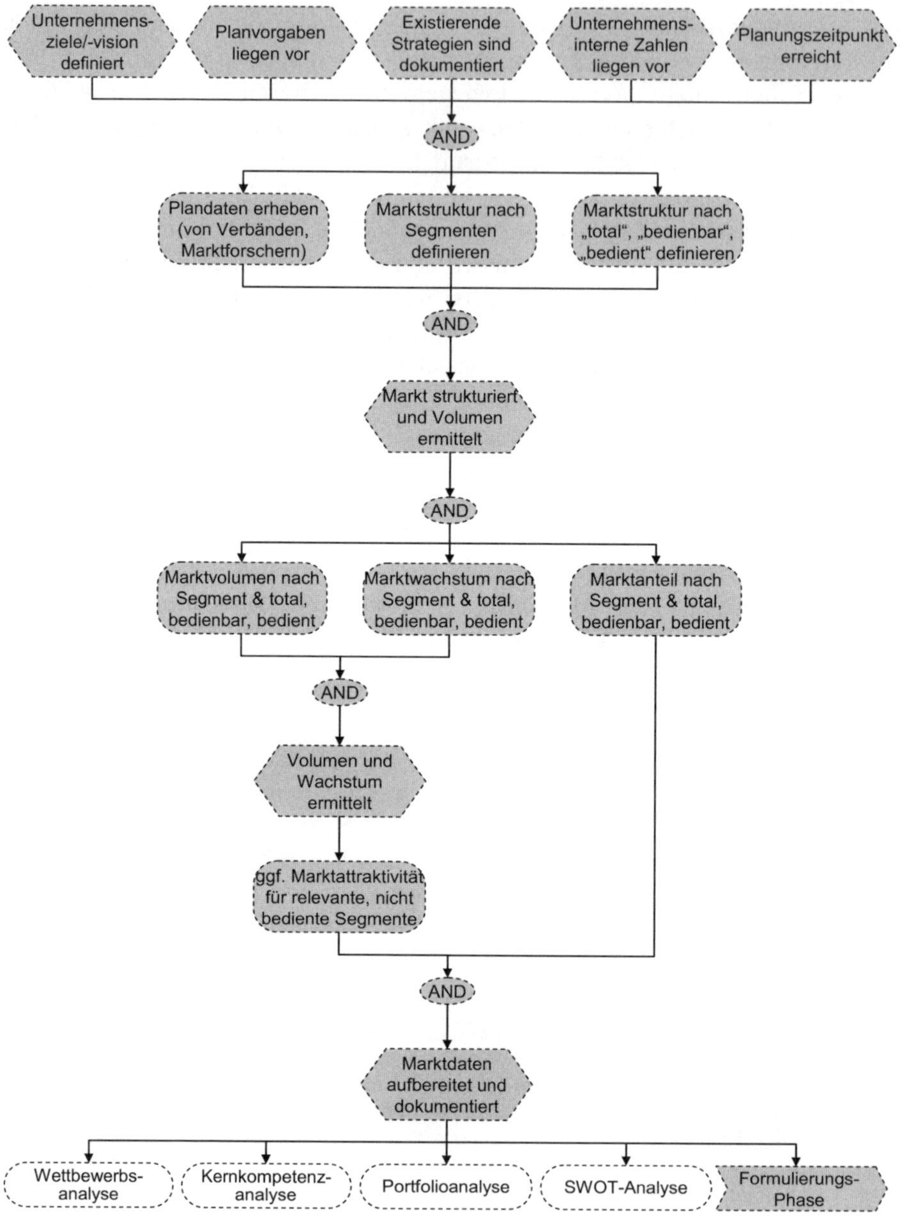

Abbildung 51: Marktanalyse als EPK

7.2.3 Kunden, Umsatz und Profitabilität

Nichts hängt enger zusammen als Kunden, Umsatz und Profitabilität. Erfolgreiche Unternehmen verstehen eine bediente Region als Ansammlung von Kunden – und nicht als geografischen Ort; sie begreifen eine bediente Branche, ein Marktsegment als Oberbegriff für konkret adressierte Kunden, die auf bestimmten Märkten tätig sind. Bei der Analyse von Umsatz und Profitabilität sind daher immer Kunden in den Fokus zu setzen. Eine Zusammenfassung von Kunden nach Regionen, Marktsegmenten oder (bei Konsumgütern) nach Alterstufen oder Bildungsstand erfolgt erst im zweiten Schritt.

Es gibt viele Indizien dafür, dass gerade deutsche Unternehmen zu stark auf ihren Wettbewerb schielen – statt auf ihre Kunden und dabei vergessen, dass sie nicht vom Wettbewerb bezahlt werden: Strategie ist aber zu 98 Prozent Kunden und nur zu zwei Prozent Wettbewerb – nicht umgekehrt! Auch ein kurzer Blick auf wesentliche Informationsquellen belegt diese Vermutung. Das Messen mit den Wettbewerbern (Suche nach: „Wettbewerbsanalyse" und „Benchmarking") schlägt, werten wir Suchergebnisse von beispielsweise GOOGLE oder AMAZON.DE aus, die Beschäftigung mit den Kunden (Suche nach „Kundenanalyse" und „Customer Analysis") um Längen (Abbildung 52).

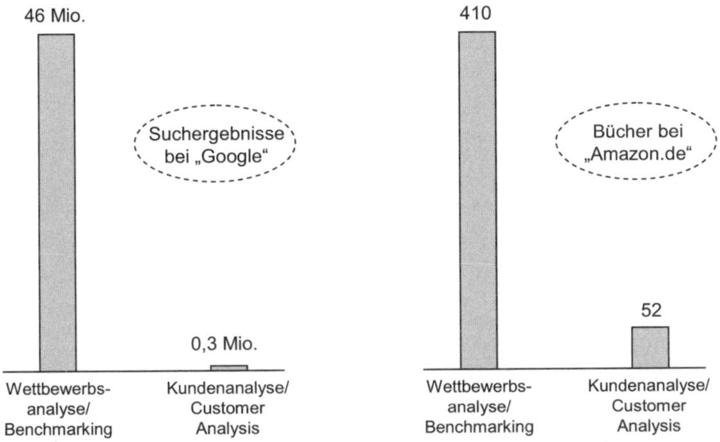

Abbildung 52: Indikatoren für das Ungleichgewicht zwischen Kunden- und Wettbewerbsanalyse

Das Ziel der Kundenanalyse besteht darin, das Unternehmen entlang der relevanten strategischen Kundenanforderungen auszurichten. Dazu genügt es nicht, Kundenanforderungen zu erheben. Nur über das Kundengeschäftsmodell und die Kenntnis der Kunden der Kunden hat das Unternehmen eine Chance, seine Kunden und damit die Veränderungsnotwendigkeit des eigenen Geschäftsmodells wirklich zu verstehen. Zur Ausrichtung des Unternehmens entlang der relevanten strategischen Kundenanforderungen sind im Wesentlichen folgende drei Fragen zu beantworten:

1. Welche Kunden hat das Unternehmen (Identifikation)?
2. Welche Kunden sind für das Unternehmen heute und zukünftig besonders wichtig (Attraktivität)?
3. Welche Anforderungen stellen die heute und zukünftig wichtigen Kunden an das Unternehmen (Anforderungen)?

Nach der Kundenerhebung und -segmentierung lassen sich Kunden mithilfe von u. a. ABC-Analysen oder Portfolioanalysen bewerten und klassifizieren. In der Kundenzufriedenheitsanalyse lassen sich die Anforderungen der Kunden an das Unternehmen erheben. Insgesamt ergeben sich daraus Hinweise, wie das Unternehmen in Zukunft hinsichtlich Geschäftsmodell, Portfolio, Vertriebsansatz etc. aufgestellt sein muss, um auch zukünftig der strategische Partner seiner Kunden zu sein bzw. zu werden.

Dass ein Unternehmen seine Kunden kennt, auch nur dem Namen nach, ist nicht immer selbstverständlich. Allein die Möglichkeit, Kunden zu kennen und verstehen zu können, hängt von drei verschiedenen Voraussetzungen ab. Zunächst ist der bediente Markt zu nennen (Konsum- oder Investitionsgütermarkt), weiterhin der Vertriebsansatz (direkt oder indirekt) und letztlich die eingesetzten Instrumente. Abbildung 53 verdeutlich den Zusammenhang.

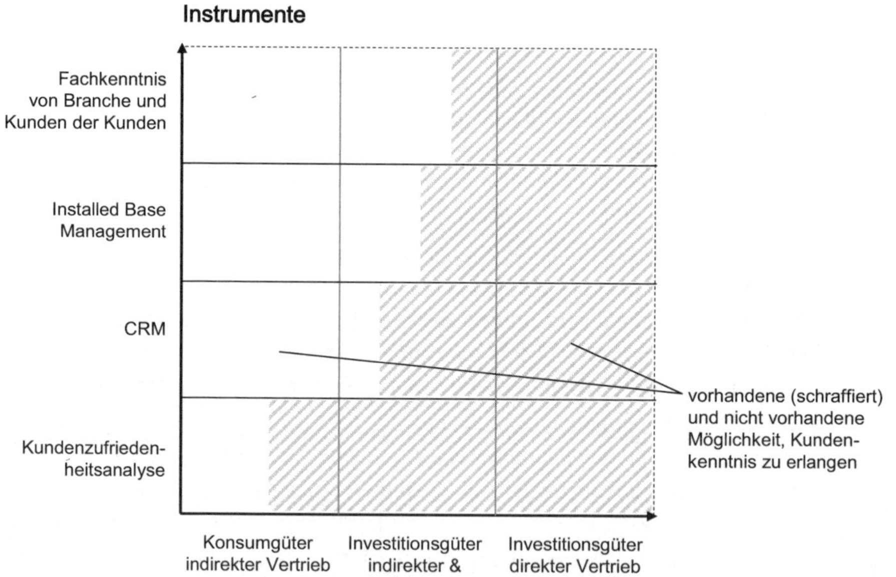

Abbildung 53: Möglichkeiten zur Erlangung von Kenntnissen über Endkunden

Unternehmen im Investitionsgütermarkt mit direktem Vertriebsansatz haben, die Nutzung entsprechender Instrumente vorausgesetzt, die besten Chancen, ihre Kunden wirklich zu kennen und die Implikationen der Kundenanforderungen auf das eigene Unternehmen zu verstehen. Es gibt sehr große Unternehmen, die kaum eine Handvoll wichtiger Kunden haben (z. B. Automobilzulieferer, Anbieter von Flugzeug-, Bahn-, Festnetz- oder Mobilfunktechnik). Dem gegenüber können bereits kleine und mittlere Investitionsgüter-Unternehmen ein unüberschaubares Kundenspektrum bedienen. Zahlreiche Mittelständler im Investitionsgütermarkt haben daher gar keine andere Wahl als (auch) auf Distributoren, also einen indirekten Vertriebsansatz zurückzugreifen, wenn sie ihre Produkte nicht nur lokal vertreiben möchten. Auch wenn der Steuerung der einzelnen, indirekten Vertriebskanäle (sog. „Channel Management") in letzter Zeit mehr Aufmerksamkeit zukommt – in der Praxis wissen Unternehmen häufig sehr wenig bis gar nichts über die von ihren Distributionspartnern bedienten Kunden; von deren Anforderungen ganz zu schweigen. Die Ausrichtung regelmäßiger Distributionspartnermeetings gilt als einer der wenigen Wege, zumindest mittelbar und wenn auch nur aus zweiter Hand von den wesentlichen Kundenanforderungen zu erfahren.

Das Installed Base Management ist ein Unterstützungsprozess für den After-Sales. Systemtechnisch wird das Installed Base Management zunehmend über CRM-Module von ERP-Systemen (wie z. B. im Rahmen von SAP CRM) realisiert. Installed Base Management umfasst die Sammlung kundenbezogener Produktinformationen wie beispielsweise Datum der Lieferung und Inbetriebnahme, Konfiguration, Vertrag, Servicehistorie, geschätzte Nutzungsintensität oder Verkaufspreis. Diese und weitere Daten bieten dem Unternehmen die Möglichkeit, den Kunden passende Services anzubieten, ihren Vertrieb hinsichtlich erwarteter Ersatzinvestitionen, Updates oder Upgrades zu steuern – vor allem aber, die Kunden besser kennen zulernen.

Die Segmentierung von Kunden kann grundsätzlich auf zwei verschiedene Arten geschehen: Erstens nach der Attraktivität der Kunden (z. B. Loyalität, Umsatz), zweitens nach anderen Merkmalen (z. B. Land, Branche). Wie gut aber ist der Kundenstamm insgesamt? Wie kann das Unternehmen weitere „gute" Kunden gewinnen, die vorhandenen „guten" Kunden entwickeln und gegebenenfalls die Abwanderung „schlechter" Kunden fördern? Warum hat ein Unternehmen überhaupt „schlechte" Kunden? Eine der wichtigsten Antworten auf diese letzte Frage hat mit zwei wesentlichen Problemfeldern zu tun: Der Unternehmens- bzw. Marktposition sowie der Vertriebsphilosophie. Hat das Unternehmen bzw. die ganze Branche mit Überkapazitäten und Auslastungsproblemen zu kämpfen, weicht die Anstrengung um die besten Kunden einem ruinösen Wettbewerb. Viele Unternehmen sehen in einer Verbreiterung der Kundenbasis um jeden Preis, der Auslastung bis unter die Deckungsbeitragsgrenze, den letzten Ausweg. Eine undifferenzierte Vertriebsphilosophie kann die Struktur des Kundenstamms auf andere Art und Weise negativ beeinflussen: Eine Kundenjagd um jeden Preis, die übertriebene Kundenorientierung und Befriedigung kostenwirksamer Sonderwünsche, eine rein umsatzorientierte variable Gehaltsbildung des Direktvertriebs oder Teilnahme an Kundenbindungsprogrammen nach dem Gießkannenprinzip sind sichtbare Gründe für eine unausgeglichene Kundenstruktur. Dass es überhaupt dazu kommt, hängt nicht selten mit der fehlenden Kenntnis über Kunden und deren Wert für das Unternehmen zusammen. Aber was genau ist eigentlich der Kundenwert?

Zur Bestimmung des Kundenwertes, also der Attraktivität und Wichtigkeit eines Kunden für das Unternehmen, lassen sich quantitative und qualitative Merkmale heranziehen. Zu den quantitativen Merkmalen gehören vor allem Umsatz, Profitabilität und Deckungsbeitrag; qualitative Merkmale umfassen beispielsweise Zahlungsverhalten, Loyalität, Cross-Selling-Potenzial, Betreuungsaufwand oder Weiterempfehlungspotenzial. Zur Bestimmung des Kundenwertes setzen Unternehmen auf verschiedene Modelle. Vor allem vier unterschiedliche Ansätze lassen sich unterscheiden: Die ABC-Analysen (hinsichtlich: Umsatz, Profitabilität oder Deckungsbeitrag), Portfolioanalyse, Scoring-Modelle und Customer Lifetime Value (Abbildung 54).

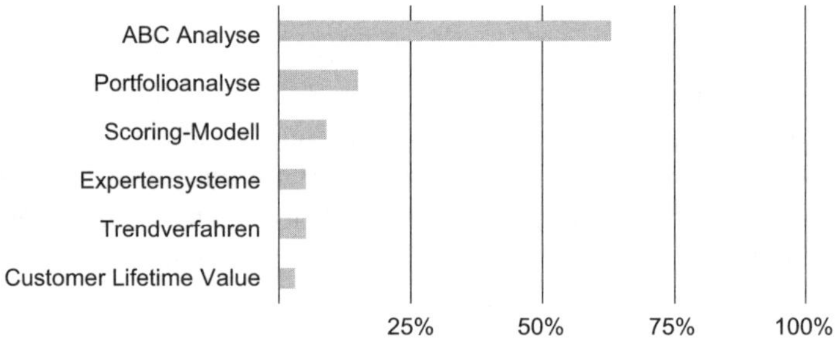

Abbildung 54: Einsatz von Instrumenten der Kundenbewertung in der Praxis[145]

Während die ABC-Analyse statischen Charakter hat, somit lediglich die aktuelle Situation berücksichtigt, beziehen dynamische Portfolioanalysen, Scoring-Modelle und Customer Lifetime Value-Methoden die Zukunft mit ein und betrachten den Kundenwert mithin über einen längeren Zeitraum, teilweise über die gesamte (angenommene) Dauer der Geschäftsbeziehung.

ABC Analyse

Die bei weitem populärste Methode in der Praxis ist die ABC-Analyse. Der Grund hierfür ist auch darin zu vermuten, dass lediglich eine finanzielle Größe (z. B. Umsatz) und der Kundenname (bzw. die Kundennummer) benötigt wird, um die Analyse durchführen zu können. Dies und das Fehlen qualitativer Merkmale lässt eine maschinelle Auswertung zu. So kann diese Auswertung aus den meisten ERP-

[145] Vgl. Studie St. Gallen (2005). Basis: 155 Unternehmen.

Systemen ohne großen Aufwand generiert werden. Insbesondere beim Umsatz, als finanzieller Größe, kann aufgrund der gesetzlichen Anforderungen davon ausgegangen werden, dass entsprechende Informationen „einigermaßen sauber“ in den ERP-Systemen gepflegt sind. Mit der ABC-Umsatzanalyse lassen sich Kunden(-segmente) nach ihren Umsätzen in A-, B- oder C-Kunden(-segmente) differenzieren. Zunächst wird der Umsatz pro Kunden(-segment) je Periode erhoben. Die Kunden(-segmente) werden anschließend nach ihrem Umsatzanteil am Gesamtumsatz geordnet. Abhängig von der Kundenstruktur eines Unternehmens kann, exemplarisch, auf die folgende Verteilung zurückgegriffen werden:

- 10 Prozent der Kunden generieren 80 Prozent des Umsatzes (A-Kunden)
- weitere 30 Prozent der Kunden verantworten weitere 15 Prozent des Umsatzes (B-Kunden)
- die 60 Prozent „kleinsten“ Kunden tragen nur zu insgesamt fünf Prozent des Umsatzes bei (C-Kunden)

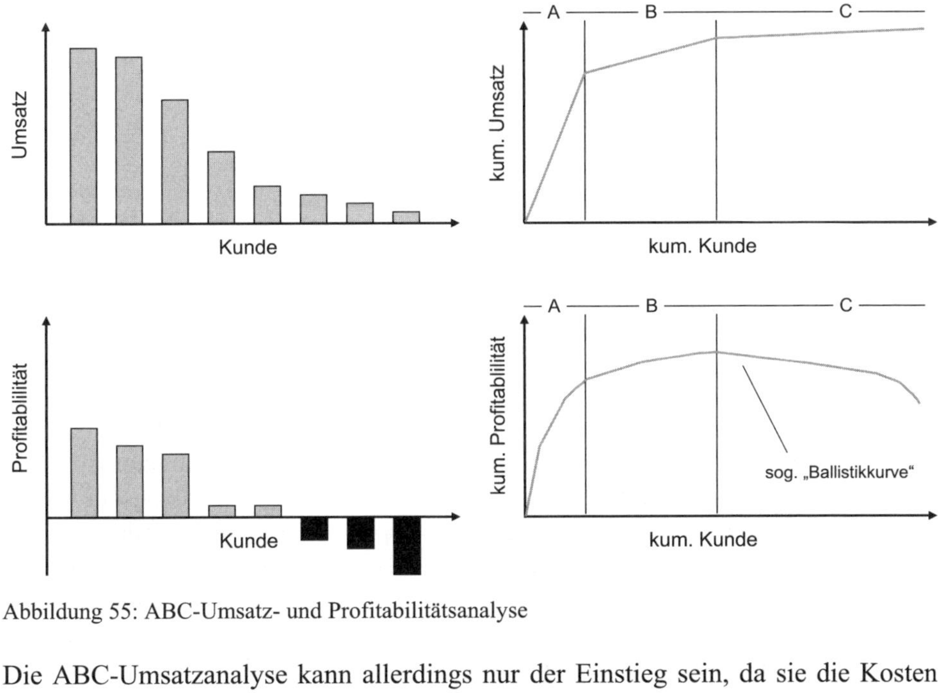

Abbildung 55: ABC-Umsatz- und Profitabilitätsanalyse

Die ABC-Umsatzanalyse kann allerdings nur der Einstieg sein, da sie die Kosten und damit sowohl die Profitabilität als auch das Risiko der Geschäftsbeziehung ausklammert: Auch wenn sich durch einen Kunden ein signifikanter Umsatzbeitrag erzielen lässt, können viele Faktoren (z. B. hoher Betreuungsaufwand, hohe Kosten für die Anbahnung der Geschäftsbeziehung, hohe Logistikkosten aufgrund kleiner Liefermengen) dazu führen, dass auch ein Kunde mit relativ hohem Umsatzanteil für das Unternehmen nicht profitabel ist (Abbildung 55).

Sinnvollerweise wird die ABC-Umsatzanalyse daher durch eine ABC-Profitabilitätsanalyse ergänzt. Durch die Kombination der beiden ABC-Analysen lassen sich erste Schlüsse über notwendige Aktionen ziehen. So lassen sich im dargestellten Beispiel (Abbildung 56) insbesondere zwei von drei Handlungsfeldern identifizieren, die eine starke Managementeinbindung verlangen.

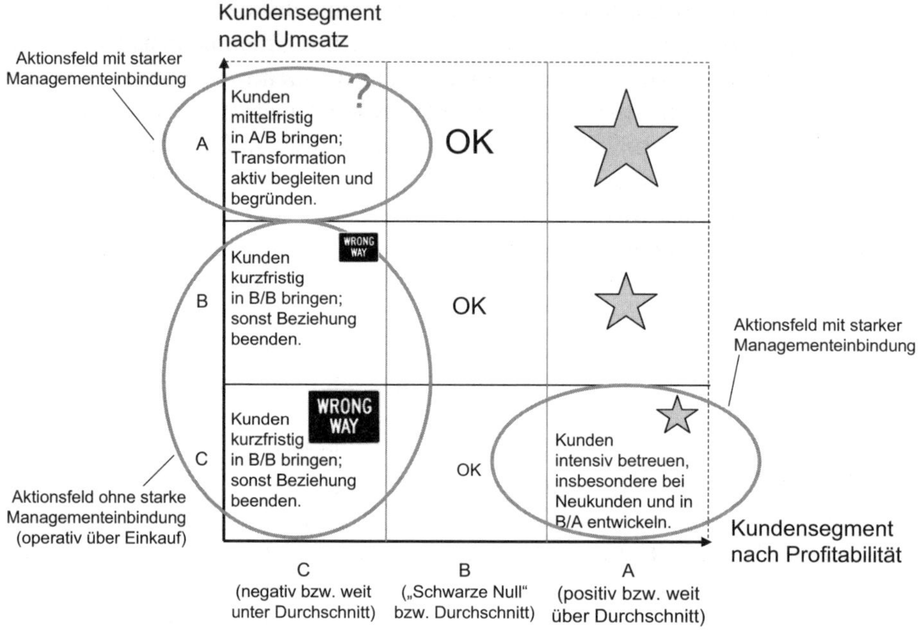

Abbildung 56: Kombinierte ABC-Umsatz- und Profitabilitätsanalyse

Gerade aus der Kombination von Umsatz- und ABC-Profitabilitätsanalyse lässt sich verhältnismäßig einfach eine gut strukturierte und anschauliche Darstellung eines heterogenen Kundenstamms erreichen. Auch andere Charakteristika und Muster sind solchen Analysen zu entnehmen und bieten Handlungsoptionen – manchmal ganz besonderer Art: Es kommt beispielsweise immer wieder vor, dass Unternehmen mit einer polypolistischen Kundenstruktur feststellen, dass sie tatsächlich mit mehreren Kunden Umsatz – aber nur mit einem echten Gewinn erzielen. Eine Empfehlung, die auf der Hand liegt, aber teilweise aus Unkenntnis nicht umgesetzt wird, besteht darin, sich zügig und extrem freundlich um den aktuellen Key-Account-Manager zu bemühen. Es wäre nicht das erste Mal, dass dieser dem Unternehmen bald auf Kundenseite gegenüber sitzt.

Nachteil dieser Analyse sind vor allem in der vergangenheitsbezogenen Betrachtung (die allen statischen Methoden gemein ist), dem Verzicht auf qualitative Merkmale und darin zu sehen, dass sich Entwicklungspotenziale einzelner Kunden nicht veranschaulichen lassen. Immer wieder bestätigt sich die alte Weisheit, dass viele Unternehmen mit nur wenigen Kunden einen relativ großen Teil ihres Gewinns erzielen. Dagegen stehen auf der anderen Seite viele Kunden, die einen negativen Gewinnbeitrag liefern. Natürlich liegt es da zunächst nahe, auf solche Kunden zu verzichten – dennoch kann sich die Gestaltung von Geschäftsbeziehungen nicht ausschließlich an der Profitabilität der Vergangenheit orientieren. Das Potenzial der Kunden spielt eine große Rolle und wird in der nächsten Analyse berücksichtigt.

Portfolioanalyse

Obgleich zum Abschluss der ABC-Analyse auch ein „Portfolio" erstellt wurde (Abbildung 56), bezeichnet die Kunden-Portfolioanalyse etwas anderes. Hier wird der Kundenwert anhand der beiden Dimensionen Wertstatus und Wertpotenzial gemessen, über die letzte Dimension erhält diese Analyse ihren dynamischen Charakter.

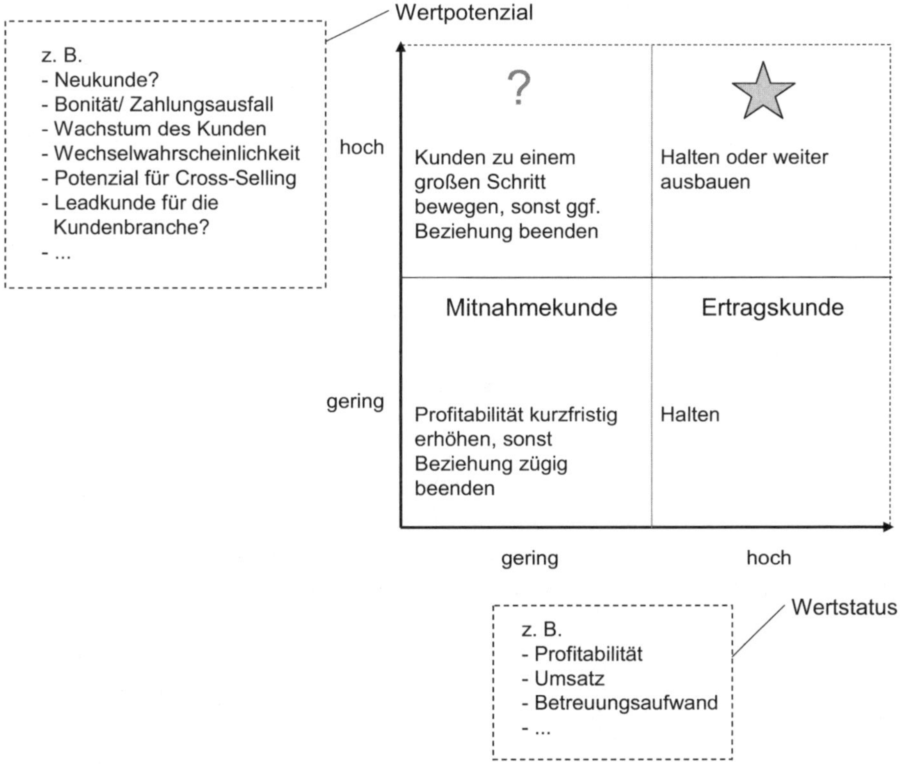

Abbildung 57: Kunden-Portfolioanalyse

Zunächst werden die Kriterien für die beiden Dimensionen bestimmt (Abbildung 57), operationalisiert, gewichtet und bewertet (entsprechend dem normalen Vorgehen einer Nutzwertanalyse). In der Praxis werden häufig Pilotbewertungen durchgeführt, so lassen sich die Kriterien und ihre Gewichtung validieren. Die eigentliche Bewertung und Aufstellung des Kundenportfolios sowie die Analyse der Kundenstruktur schließen sich daran an. Zuletzt sind konkrete Maßnahmen abzuleiten und kontrolliert umzusetzen. Die Kunden-Portfolioanalyse berücksichtigt, gegenüber der ABC-Analyse, das Potenzial der Kunden, bietet damit die Möglichkeit, antizipierte zukünftige Entwicklungen abzubilden.

Die Art der einfachen Darstellung ist den meisten Managern vertraut und die Analyse bietet Ansatzpunkte zur Erschließung von Ertrags- und Kostensenkungspotenzialen. Qualitative Kriterien fließen ebenso in die Analyse ein wie quantitative Faktoren. Hier allerdings setzen dann auch die Nachteile an. Die Ergebnisgüte qualitativer Methoden ist stark abhängig von der intersubjektiv unterschiedlichen Bewertung – und an dieser Stelle auch einer gewissen Willkür ausgesetzt: Während der Kundenumsatz ein nicht diskutierbares Datum darstellt, lässt sich über eine entsprechende Gewichtung ein angestrebtes Ergebnis auch „hinbiegen". Durch Verwendung von k.o.-Kriterien lässt sich verhindern, dass die schlechte Bewertung allzu wichtiger Kriterien kompensiert werden kann.

Customer Lifetime Value

Das Modell des Customer Lifetime Value berücksichtigt, gegenüber anderen Modellen, zwei Besonderheiten. Erstens wird der Kundenwert über die gesamte Dauer der Geschäftsbeziehung berücksichtigt; und dabei wird, zweitens, davon ausgegangen, dass die Profitabilität im Anschluss an die Anbahnungsphase steigt. Diese im Durchschnitt sicher zu bestätigende Annahme beruht darauf, dass zu Beginn der Geschäftsbeziehung einem recht hohen Transaktionsaufwand (z. B. Vorführung, Kontrahierung) ein häufig geringer Umsatz entgegensteht, da der Kunde die Beziehung und angebotene Qualität zunächst testet. Im Modell des Customer Lifetime Value werden zunächst alle erwarteten kundenbedingten Umsätze und Kosten (z. B. für Produktion, Verwaltung, Vertrieb, Marketing) sowie die Dauer der Geschäftsbeziehung (z. B. über die Dauer eines Rahmenvertrages oder die erwartete Dauer der Kundenbeziehung) systematisch prognostiziert (ggf. in verschiedenen Szenarien), wobei die zeitliche Verteilung berücksichtigt. Mithilfe der Nettokapitalwertmethode („Net-Present-Value") werden Umsatz- und Kostenströme auf einen Zeitpunkt abgezinst (Ermittlung der Barwerte) und saldiert. Mittels dieses Verfahrens lässt sich der Kundenwert über die gesamte Dauer einer Geschäftsbeziehung bewerten, so fließen beispielsweise auch Vorkaufkosten (z. B. Anbahnungskosten) oder Nachkauferlöse (z. B. Service) in die Bewertung ein. Drehen wir dieses Modell um, können wir auch danach fragen, welche Investition (z. B. Marketingaufwand) ein Unternehmen für die Akquisition eines bestimmten Kunden tätigen darf. Insgesamt ergibt sich eine fundierte Entscheidungsgrundlage, der allerdings bei heterogener Kundenstruktur ein relativ hoher Aufwand gegenübersteht. Da der Blick in eine monetär quantifizierte Zukunft gerichtet ist, ist die

Unsicherheit der Zahlenbasis bei der Kommunikation der Analyseergebnisse entsprechend transparent darzustellen.

Sämtliche der vorgestellten Analysen lassen sich, neben der erläuterten Orientierung auf einzelne Kunden, auch auf Kundengruppen (z. B. aggregiert zu einem Land, einer Branche) beziehen. So ist es durchaus üblich, Umsatz oder Profitabilität aus verschiedenen Blickwinkeln zu betrachten:

- aus Regionen-/Ländersicht
- aus Branchensicht
- aus Produktgruppensicht
- aus Vertriebskanalsicht (z. B. Direktvertrieb, Distributoren)

Bei aller Wichtigkeit einer Betrachtung der Kunden aus der Warte des Unternehmens ist es nun an der Zeit, die Perspektive zu verändern und mit den Augen des Kunden auf das eigene Unternehmen zu blicken. Hierbei stehen nicht operative Anforderungen von Kunden an die Produkte, Lieferwege oder Konditionen im Mittelpunkt. Dies ist Aufgabe des Produktmanagements, der Logistik oder des Vertriebs. Vielmehr muss die Frage lauten, wie sich ein Unternehmen in Hinblick auf sein Geschäftsmodell, sein Portfolio zukünftig positionieren muss, um der strategische Partner seiner Kunden zu bleiben oder zu werden.

Bisher verfolgt nur ein kleiner Teil der mittleren und großen Unternehmen konsequent den Weg, Anforderungen, Strategien und Herausforderungen der Kunden systematisch zu erheben, um so eigene Fähigkeiten zu verbessern, aus den Erkenntnissen zu lernen und die eigene Position zu optimieren. Dennoch wird die Relevanz dieser Analyse von den befragten Managern sehr hoch bewertet.

Wenn Unternehmen Kundenzufriedenheitsbefragungen (engl. „Customer Satisfaction Surveys“) durchführen, sind diese in der Regel auf die Bewertung der aktuellen Situation gerichtet: Zufriedenheit mit und Qualität von Produkten, Preisen, Lieferbedingungen usw. Strategische Fragestellungen werden selten bis gar nicht behandelt. Genau hierauf zielt die im Folgenden beschriebene strategische Kundenanforderungsanalyse.

Strategische Kundenzufriedenheitsanalyse

Die Zufriedenheit der Kunden detailliert und ungefiltert (also eben nicht ausschließlich über den Vertrieb) zu kennen ist eine der wichtigsten Prioritäten des Top-Managements. Daher ist diese Analyse ein verbindlicher Baustein der Strategischen Planung. Eine einzelne Geschichte eines verärgerten Kunden kann mehr Wert sein als alle Marktforschungsdaten zusammen. Die Marktforschung mag ein Problem aufzeigen – die Lösung hingegen kann nur von den Kunden kommen. Ein konkreter Lösungsvorschlag muss zur konkreten Unternehmens-/Kundenbeziehung passen. Das Ziel der strategischen Kundenanforderungsanalyse besteht darin, das Geschäftsmodell, das Portfolio aus Produkten und Dienstleistungen sowie die Prozesse und Funktionen zu optimieren, um

- das Geschäft mit den bestehenden Kunden weiter zu führen und auszubauen (Forschungsergebnisse zeigen, dass es etwa fünfmal so aufwändig ist, Neukunden zu gewinnen, als einen schon bestehenden Kunden zu halten und dass die Wiederkaufswahrscheinlichkeit zufriedener Kunden etwa dreimal so hoch ist wie die unzufriedener Kunden),
- das Geschäft bei neuen Kunden – beispielsweise über Empfehlungen existierender Kunden – zu generieren. Forschungsergebnisse zeigen, dass zufriedene bzw. unzufriedene Kunden ihre guten bzw. schlechten Erfahrungen an durchschnittlich drei bzw. elf (potenzielle) Kunden weiterkommunizieren und
- geringere Kosten bzw. höhere Effizienz hinsichtlich der eigenen Produkte, Dienstleistungen, Prozesse und Funktionen zu erreichen.

Im Gegensatz zu anderen hier vorgestellten Methoden ist die strategischen Kundenanforderungsanalyse auf eine konkrete Situation, nämlich die Beziehung zweier Unternehmen ausgerichtet, d. h. im Zentrum der strategischen Kundenanforderungsanalyse steht der Kontakt mit den Kunden, der über Gespräche bzw. Befragungen realisiert wird. Die hier vorgestellte strategische Kundenanforderungsanalyse ist eine derjenigen Methoden, die Unternehmen gerade jetzt als zunehmend wichtig erkennen und deren Relevanz außerordentlich hoch eingeschätzt wird. Im Kern geht es darum,

- Kundenerwartungen und -anforderungen hinsichtlich des Geschäftsmodells, Portfolios, der Prozesse und Funktionen zu verstehen,
- beurteilen zu können, ob die Strategie der Kunden und des eigenen Unternehmens in Deckung gebracht werden können,
- den entscheidenden Wettbewerbsvorteil aus Kundensicht zu ermitteln: An welchen Stellen differenziert sich das eigene Unternehmen positiv und negativ vom Wettbewerb?
- identifizierte potenzielle Erfolgsfaktoren (s. Kapitel 7.2.1) hinsichtlich ihrer Relevanz zu validieren,
- wesentliche Verbesserungspotenziale zu identifizieren und
- die Ergebnisse zu nutzen, entsprechende Maßnahmen abzuleiten und diese konsequent umzusetzen.

Drei Aspekte bilden den Kern der strategischen Kundenanforderungsanalyse.

1. Kundenzufriedenheit:
    - Mit Hilfe von Umfragen (z. B. Online-Umfragen im Internet) und Interviews (persönlich oder telefonisch) wird die Kundenzufriedenheit untersucht. Die Untersuchung bezieht sich auf Produkte, Services, Prozesse und Funktionen. Aus den Ergebnissen werden konkrete, operative Maßnahmen abgeleitet, weiterhin werden die Ergebnisse bei der Strategieformulierung berücksichtigt.

   - Zumeist werden in solchen Umfragen und Interviews auch operative und aktuelle Probleme angesprochen, auf die das Unternehmen gezielt und pragmatisch reagiert. Der Kunde erhält so den Eindruck, dass die Analyse tatsächlich schnelle Wirkung zeigt und die Beziehungsintensität kann effizient gesteigert werden.
2. Kundenstrategie:
   - Mit Erhebung der Kundenstrategie können Maßnahmen mit strategischem Charakter für das eigene Unternehmen abgeleitet werden, gleichzeitig stellt sich das Unternehmen als interessierter Partner für den Kunden dar.
   - Neben den offen kommunizierten Kundenstrategien gibt es auch intransparente Entwicklungen der Branche, einzelner Kunden oder Endkunden, die aus der Veränderung des Geschäftsmodells, der Wertschöpfungskette, der Technologie und des Nutzungsverhaltens abgeleitet werden können. Dieser Teil der strategischen Kundenanforderungsanalyse ist der einzige Analyseteil, der eher theoretischen Charakter hat. Es bietet sich an, diese Untersuchung im Vorfeld der Umfragen und Interviews durchzuführen, sodass die Ergebnisse mit den Kunden validiert werden können.
3. Unternehmensstrategie:
   Mit dem Verständnis der Kundenstrategie und Branchenveränderung kann die eigene Unternehmensstrategie und langfristige Ausrichtung mit dem Kunden diskutiert werden. Damit können eigene Ziele und Vorstellungen plausibilisiert und am Markt ausgerichtet werden.

Die Anzahl durchzuführender Interviews bzw. Befragungen lässt sich nur in Abhängigkeit der Unternehmensgröße sowie des Produkt- und Kundenspektrums definieren.

Eine Untersuchung mehrerer großer Kundenzufriedenheitsbefragungen ergab, dass in der Praxis bei Unternehmen mit mehr als 1 Mrd. EUR Umsatz ca. eine Kundenbefragung für je 10 Mio. EUR Umsatz angenommen werden kann. Generell muss beachtet werden, dass eine genügend große Menge an Befragungen erreicht wird, da sonst die Gefahr der Überbewertung einzelner Aspekte mit entsprechend negativer Auswirkungen bezüglich der abgeleiteten Maßnahmen nicht ausgeschlossen werden kann. So können – als Richtwert – etwa 80 Personen je Unternehmen bzw. SGE befragt werden. Auch bei stark konzentrierten Absatzmärkten, in denen das Unternehmen vielleicht nur 10 bis 50 Kunden hat, kann die gleiche Größenordnung an Befragungen durchgeführt werden, wobei je Kunde entsprechend mehr Ansprechpartner (in verschiedenen Funktionen und Ländern) kontaktiert werden. Zu berücksichtigen ist, dass nicht alle potenziellen Interviewpartner an der Befragung teilnehmen. Bei anonymen schriftlichen bzw. web-gestützten Befragungen zeigt die Untersuchung eine Antwortquote von ein bis zwei Prozent. Ist die schriftliche bzw. web-gestützte Befragung vorher angekündigt und besteht eine engere Beziehung zum Kunden, kann mit einer Antwortquote von ca. 15 Prozent gerechnet werden. Bei einer telefonischen Befragung ergibt sich eine Quote von etwa 30 Prozent. Entsprechend könnte, beispielsweise für telefonische Befragungen die Auswahlliste etwa um den Faktor drei vergrößert werden. Abbildung 58 zeigt die Gründe und relative Häufigkeit der nicht durchführbaren Gespräche am Beispiel einer Telefonbefragung. Insgesamt lagen für mehrere Kundenzufriedenheitsbefragungen verschiedener Unternehmen knapp 4.000 Kontaktdaten vor und etwas über 1.000 Interviews wurden durchgeführt.

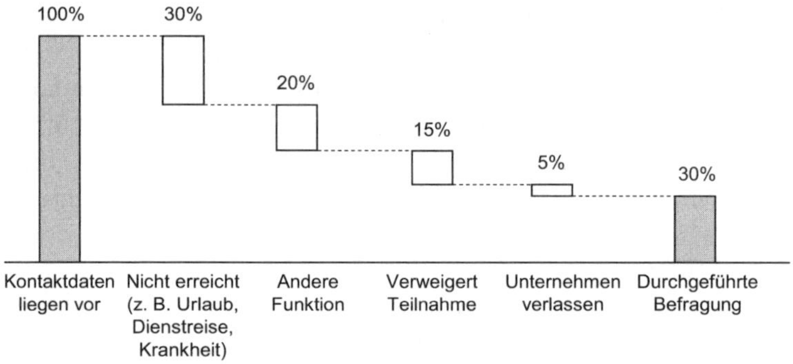

Abbildung 58: Gründe und Häufigkeit nicht durchführbarer Gespräche (Telefonbefragung)

Auch wenn sich, gedanklich, bereits im Vorfeld der Befragung alle Kundendaten validieren ließen, es stellt sich die Frage, ob diese Vorgehensweise effizient ist. In der Regel steht die 100 Prozent-Validierung der Kundendaten in keinem Verhältnis zum erhöhten Aufwand, mehrere Kontaktpersonen anzurufen. Bei Online-Umfragen entsteht gar kein Mehraufwand und bei persönlichen Interviews wird die Verfügbarkeit und Bereitschaft des Kontaktpartners bereits im Vorfeld abgeklärt. Das Geheimnis einer hohen Teilnahmerate liegt im Vertrieb: Die geschickte Einbindung des eigenen Vertriebs kann die Erfolgsaussichten und die Akzeptanz der strategischen Kundenanforderungsanalyse erheblich steigern. Die Vorbereitungen an der Schnittstelle des eigenen Unternehmens zum Kunden ist daher soweit wie möglich über den Vertrieb abzuwickeln.

Eine der wichtigsten Aufgaben besteht zunächst darin, die zu befragenden Kunden aus der Grundgesamtheit möglicher Gesprächspartner auszuwählen. Während in einigen strategische Kundenanforderungsanalysen rein zufällig aus der Grundgesamtheit ausgewählt wurde, haben die Verantwortlichen anderer Analysen spezifische Kunden bewusst ausgewählt. Durch einen Ansatz, der beides berücksichtigt, lässt sich ein repräsentatives Ergebnis erreichen. So können zunächst spezifische Kundengruppen gebildet werden, aus denen dann, evtl. unter Berücksichtigung einer Quote, zufällig ausgewählt wird. Solche Kundengruppen werden typischerweise nach acht Strukturkriterien gebildet, die den Minimalrahmen vorgeben:

1. *Größe:* z. B. die zehn größten und die zehn kleinsten Kunden.
2. *Einkaufsvolumen:* z. B. zehn Kunden mit dem größten Einkaufsvolumen.
3. *Auftragsveränderung:* z. B. die Kunden, deren Auftragsvolumen im letzten Jahr über zehn Prozent gestiegen bzw. geschrumpft ist.
4. *Position in die Wertschöpfungskette:* z. B. zehn Kunden aus jeder Wertschöpfungsklasse (z. B. Systemanbieter, reine Weiterverkäufer, Betreiber).
5. *Geschäftsmodell:* z. B. zehn Kunden, die in der Kundenbranche innovative und zukunftsfähige Geschäftsmodelle pilotieren.
6. *Zufriedenheit:* z. B. je zehn Kunden, die bekanntermaßen sehr zufrieden bzw. unzufrieden sind. Die Kontakte zu den bekanntermaßen unzufriedenen Kunden gehören zu den sensibelsten und gleichzeitig interessantesten Elementen der strategischen Kundenanforderungsanalyse. Diesem Termin muss eine besonders sorgfältige Vorbereitung zukommen, zu der auch gehört, dass der Interviewer die Problemdetails und Geschichte der Unternehmensbeziehung kennt.
7. *Verlorene Kunden:* z. B. zehn Kunden, die im letzten Geschäftsjahr keine Aufträge an das Unternehmen mehr vergeben haben.
8. *Nicht-Kunden:* die Berücksichtigung „potenzieller" Kunden stellt die Königsdisziplin der strategischen Kundenanforderungsanalyse dar.

Auf Basis der ausgewählten Kunden werden dann mehrere Ansprechpartner je Kunde selektiert. Dazu werden Ansprechpartner nach Funktionskriterien (z. B. Einkauf, Vertrieb, F&E, Service, Produktion) und Managementlevel ausgewählt. Die Einteilung der Gruppen und Funktionen der Ansprechpartner gibt unterschiedliche Fragebögen vor. Die Basis der Fragestellungen (vielleicht 60–80 Prozent) sind für alle Befragten gleich. 20–40 Prozent der Fragen werden spezifisch an die Kundengruppe, die Funktionen und den Managementlevel angepasst. Diese Reihe wird typischerweise um „strategische" Kunden ergänzt, denen besondere Relevanz aus anderen als den genannten Gründen zugesprochen wird. Weiterhin gibt es oft so genannte „User Group Meetings", deren Teilnehmer als besonders interessierte Ansprechpartner ebenfalls in die Befragung eingebunden werden können.

Befragungsart	Aufwand	Hintergrund-information erhebbar	Geeignet für unzufriedene & Nicht-Kunden	Akzeptanz	Strategische Fragestellungen erörterbar	Geeignet für Top-Management-level
Persönlich	●	●	●	◕	◕	●
Telefonisch	◑	◑	◔	◑	◑	◔
Online/ schriftlich	◔	○	◔	◔	◔	○

○ ... ● sehr gering ... sehr hoch

Abbildung 59: Vor- und Nachteile von Befragungsarten

Eine wichtige Fragestellung ist, mit welcher Befragungsart (d. h. schriftlich, online/web-gestützt, telefonisch, persönlich) ein Ansprechpartner kontaktiert wird. Da die Auswahl der Befragungsart von den Determinanten Aufwand (z. B. Kapazität, Budget), Möglichkeit zur Erörterung strategischer Fragestellungen/Hintergrundinformationen, Akzeptanz und der Einsatzmöglichkeit bei unzufriedenen Kunden, Nicht-Kunden und dem Top-Management abhängt, gibt es keine allgemeingültige Aufteilung. Abbildung 59 illustriert die Möglichkeiten der einzelnen Befragungsarten und stellt diese dem jeweiligen Aufwand gegenüber.

Grundsätzlich gilt, dass der Anteil der persönlichen Interviews so groß wie möglich ist und sich der Rest auf andere Befragungsarten verteilt. Nur bei persönlich durchgeführten Interviews können Fragen zu strategischen Aspekten (Kundenstrategie und Unternehmensstrategie) offen diskutiert werden. Bei einer großen Anzahl durchzuführender Befragungen (z. B. 1.000) könnten etwa 50 der wichtigsten Ansprechpartner persönlich befragt werden. Bei einer kleineren Anzahl durchzuführender Befragungen (z. B. 100), wird sicherlich ein größerer Anteil persönlich befragt werden (vielleicht 20 der wichtigsten Ansprechpartner). Bei der Untersuchung von in der Praxis durchgeführten strategischen Kundenanforderungsanalysen stellt man fest, dass die Online-Umfrage relativ selten angewendet wird.

In der Regel ist die strategische Kundenanforderungsanalyse über externe Institute abzuwickeln. Dies ist, neben nahe liegenden Kosten- und Kapazitätsaspekten, hauptsächlich durch die Möglichkeit einer höheren Akzeptanz und Offenheit begründet. Ist das Top-Management wirklich daran interessiert, die strategischen Kundenanforderungen sowie die aktuelle Zufriedenheit zu verstehen, wird es wenig Erfolg haben, wenn es Mitarbeiter des eigenen Unternehmens, im schlechtesten Fall den Vertrieb, mit den Befragungen beauftragt. Vorhandene Beziehungen, beispielsweise zwischen Vertriebsmitarbeiter und Kunde beeinflussen die Ergebnisse immer – Entscheidungen, die auf dieser Basis getroffen werden, können nur unsicher sein. Seriöse Institute vermitteln dem Kunden des Unternehmens nicht nur ein Bild der Anonymität, sondern wahren dieses auch gegenüber dem beauftragenden Unternehmen. Natürlich können Kunden auf die Anonymität verzichten, oder die Anonymität wird bei bestimmten Fragen transparent ausgesetzt, grundsätzlich gilt jedoch die Devise, dass die Antworten der befragten Personen streng vertraulich behandelt und nur anonymisiert ausgewertet werden.

Eines der interessantesten Ergebnisse der strategischen Kundenanforderungsanalyse ist das Einflussmodell. Mit dem Einflussmodell wird die Frage beantwortet, welche Faktoren die drei obersten Kenngrößen: Loyalität, Image und Gesamtzufriedenheit wie stark beeinflussen. Dazu werden Beta-Koeffizienten der einzelnen Faktoren in Hinblick auf ihren Einfluss in Richtung der obersten Kenngrößen gebildet. So lässt sich ganz konkret für das eigene Unternehmen feststellen, welche spezifischen Faktoren die Verbesserung der obersten Kenngrößen überproportional begünstigen. Als Frage formuliert: In welche Funktion, in welchen Prozess, in welches Produkt investiert das Unternehmen am besten? So stellt sich bei der Auswertung von Kundenanforderungen immer wieder heraus, dass der Preis einen wesentlich geringeren Einfluss auf die genannten drei Kenngrößen ausübt, als beispielsweise die Kontaktperson (z. B. Vertriebsmitarbeiter) oder die Möglichkeit, ein wirkungsvolles Beschwerdemanagement-System zu nutzen.

Stellen Sie sich vor: Ihr Unternehmen hat bei der Kundenzufriedenheitsanalyse 2,5 Punkte erreicht! Und nun? Ein solches Ergebnis sagt nicht viel aus. Daher müssen Werte verglichen werden. Für die Schaffung einer Vergleichbarkeit gibt es unterschiedliche Möglichkeiten:

- Reines Ranking (z. B. von 1 bis 6 in Schulnoten oder qualifiziertes Ranking: „schlecht“, „eher schlecht“, „eher gut“, „gut“).
- Ranking mit Aussagen verbinden (z. B. „1: wir sind so zufrieden, dass wir das Unternehmen schon öfter uneingeschränkt weiterempfohlen haben“).
- Kunde bewertet selbst die Relevanz des Kriteriums. Je Kriterium werden die beiden Faktoren „Reife“ und „Relevanz“ beurteilt.
- Vergleich der Ergebnisse über die Zeit (z. B. mit Ergebnissen der Vorjahre), dies setzt eine gewisse Kontinuität hinsichtlich der Fragen voraus.
- Vergleich der Ergebnisse zwischen den SGEs, Produkten, Regionen oder Kunden desselben Unternehmens.
- Indirekter Vergleich mit dem Wettbewerb. Der Befragte wird gebeten, die jeweils aus seiner Sicht wichtigsten Wettbewerber zu nennen und die Bewertung dann für alle (das Unternehmen und die Wettbewerber) durchzuführen.
- Direkter und konkreter Vergleich mit bestimmten Wettbewerbern. Dabei nennt das Unternehmen selbst seine beispielsweise drei wichtigsten Wettbewerber und bittet den Befragten, die Bewertung für alle vier durchzuführen.

Die strategische Kundenanforderungsanalyse läuft über das gesamte Jahr. Sie setzt sich aus vier Hauptphasen unterschiedlicher Dauer zusammen (Abbildung 60).

Bei der Durchführung der strategischen Kundenanforderungsanalyse ist zu beachten, dass in der Erhebungsphase zunächst die Online-Umfragen bzw. telefonischen Interviews stattfinden und persönliche Interviews erst gegen Ende durchgeführt werden, da die Erkenntnisse aus den Online-Umfragen und telefonischen Interviews einen wichtigen Input für die persönlichen Interviews darstellen.

Bei der Vorbereitung der strategischen Kundenanforderungsanalyse fließen auch die im vorangegangenen Jahr vereinbarten Maßnahmen und deren Umsetzungsgrad ein. Einerseits wird dadurch der Zyklus der Analyse geschlossen, andererseits muss es möglich sein, die Höhe der Umsetzungsgrade vereinbarter Maßnahmen und die Veränderung der Zufriedenheit mit bestimmten Elementen zu korrelieren. In dieser Weise können Rückschlüsse auf die Wirkung vereinbarter Maßnahmen gezogen und die Auswirkung einer unzureichenden Umsetzung veranschaulicht werden. Die Ergebnisse dieser Betrachtung fließen in die Bestimmung neuer Maßnahmen, die Anpassung vorhandener Maßnahmen sowie die zielgerichtete Fokussierung ein. Zum Abschluss der Analyse-, Report- und Maßnahmenphase kann ein prägnantes und aussagekräftiges Feedback an die befragten Kunden erfolgen. Darin sind nicht nur Teile der Analyseergebnisse darzustellen, sondern auch einige beschlossene Maßnahmen. Dabei können für die wichtigsten Kunden durchaus diejenigen Maßnahmen zusammengestellt werden, die auf Verbesserung der spezifischen Problemfelder hinweisen. Der Kunde registriert, dass seine Zeit honoriert, seine Aussagen ernst genommen wurden und im eigenen Unternehmen erhöht sich der positive Umsetzungsdruck (der „sense of urgency").

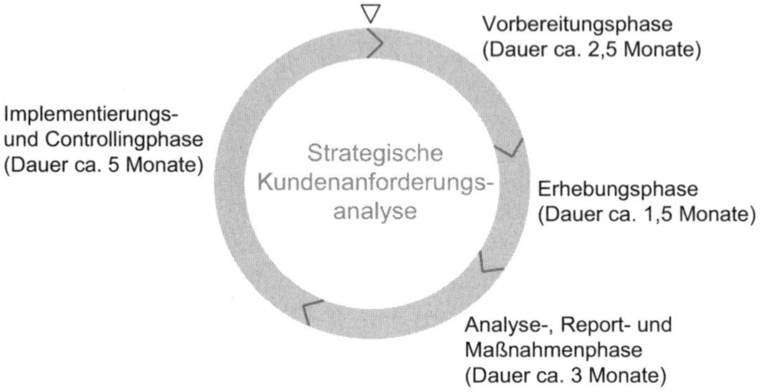

Abbildung 60: Phasen der strategischen Kundenanforderungsanalyse

Die einzelnen Strukturelemente der strategischen Kundenanforderungsanalyse sind nachfolgend in einem ERD (Abbildung 61), die Aktionen einer EPK grafisch dargestellt (Abbildung 62).

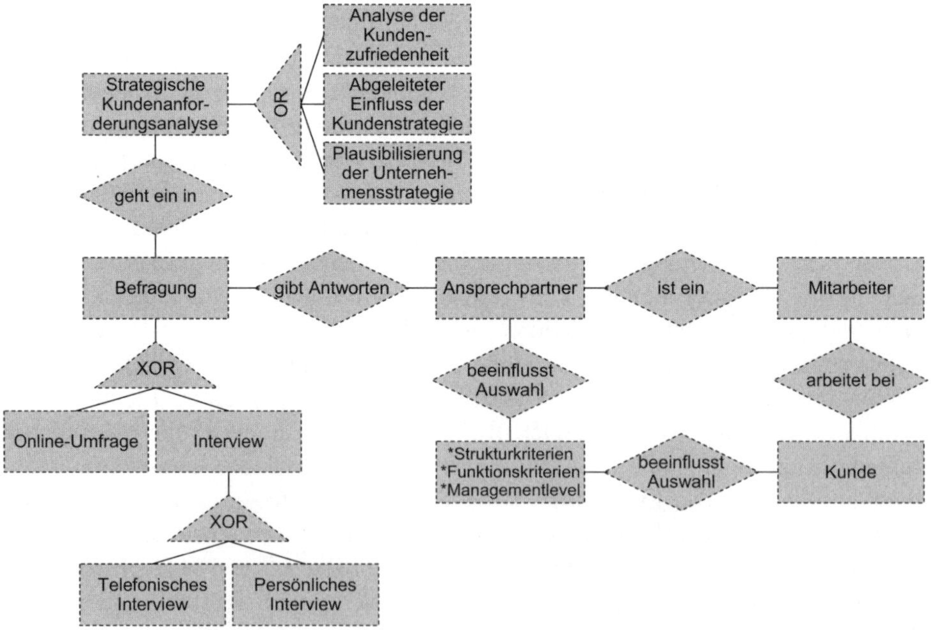

Abbildung 61: Strategische Kundenanforderungsanalyse als ERD

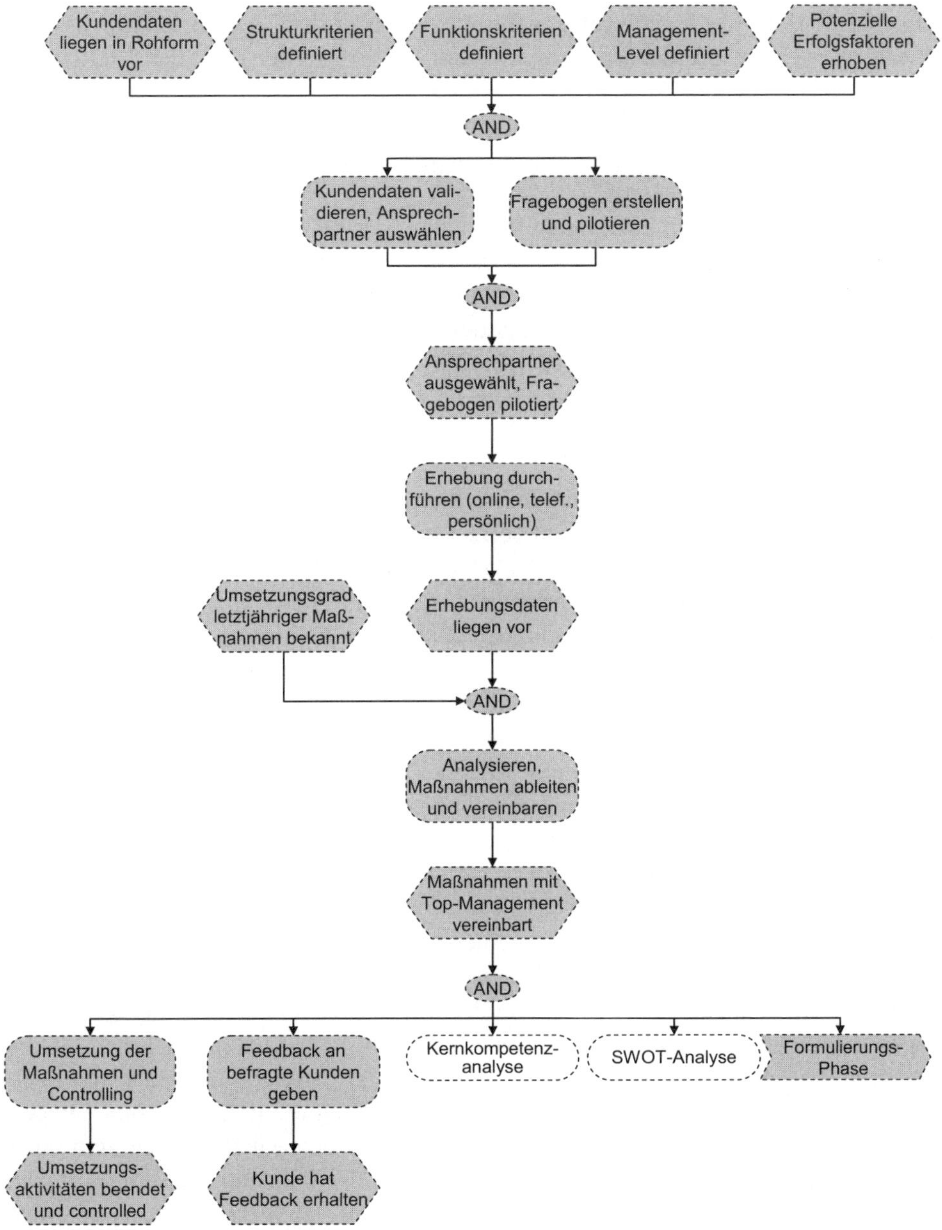

Abbildung 62: Strategische Kundenanforderungsanalyse als EPK

7.2.4 Wettbewerb

Unter dem Begriff „Wettbewerbsanalyse" werden in der Literatur alle Aktivitäten zusammengefasst, die dazu dienen, einzelne Wettbewerber oder den Wettbewerb insgesamt zu verstehen,

- ihre Stärken und Schwächen zu identifizieren,
- ihre Handlungen und deren Auswirkungen zu antizipieren (auch als Reaktion auf das eigene Verhalten),
- ihren Marktanteil zu bestimmen (auch als Input für die Portfolioanalyse, s. Kapitel 7.2.5),
- die Rivalität in einer Branche oder Region zu bestimmen,
- das eigene Unternehmen gegenüber dem Wettbewerb zu positionieren und
- so auch die Voraussetzungen zur Bewertung potenzieller Erfolgsfaktoren (s. Kapitel 7.2.6) sowie eigener Stärken und Schwächen, relativ zum Wettbewerb, zu schaffen (s. Kapitel 7.2.7).

Somit ist die Wettbewerbsanalyse die zielgerichtete und systematische Sammlung und Auswertung von Informationen vorhandener und potenzieller Anbieter im gleichen „totalen" Markt (s. Kapitel 7.2.2). Durch die Nennung des „totalen" Marktes ist auch beschrieben, wer als Wettbewerber betrachtet wird: eben nicht nur die Unternehmen, die die gleichen Produkte herstellen – sondern vielmehr diejenigen Player, deren erbrachter Nutzen am Kunden vergleichbar ist. In diesem Zusammenhang wird auf Substitutionsaspekte abgestellt: Unternehmen gelten als Wettbewerber, wenn eine Preisänderung des einen Unternehmens zu einer Mengenänderung des anderen Unternehmens führen kann. Entsprechend können wir das Wettbewerbsumfeld eines Unternehmens sehr weit oder sehr eng fassen.

Liegt der Sinn, den sich ein Manager von einer Geschäftsreise zu einer Niederlassung verspricht, vielleicht darin, dass er sich sehr persönlich, direkt und nah mit seinem Gesprächspartner austauschen kann – lässt sich beispielsweise das Auto als Erbringer des Nutzens „Realisierung einer persönliche Besprechung" beschreiben. Dieser Nutzen kann aber auch über so genannte Collaboration-Tools wie beispielsweise Netmeeting (MICROSOFT) oder Skype (EBAY) erbracht werden. Stehen diese Lösungen nun im Wettbewerb zur Automobilindustrie (speziell dem Dienstwagenmarktsegment)? Ein vorschnelles „Nein" vernachlässigt den stark ansteigenden Gebrauch von VoIP-Telefonie und -Videoübertragung in Unternehmen gegenüber einem sinkenden Einsatz von Dienstwagen. Ziehen wir den Zirkel nun etwas enger und setzen wir die Automobilindustrie und die Bahn für denselben Nutzen: „Realisierung einer persönliche Besprechung" in Relation, wird die competitive Beziehung deutlicher. Es existiert durchaus eine wichtige Beziehung – und wenn sich die Bahn in einer fernen Zukunft vielleicht einmal fragen wird, warum viele Menschen, trotz Stau und hoher Benzinpreise, lieber mit dem Auto fahren, als ihren Service in Anspruch zu nehmen – und warum das bei der Schweizerischen Bahn anders ist, wird sie sicher viel daraus lernen: Während die Deutsche Bahn alles dafür tut, um an die Börse zu kommen, tut die Schweizerische Bahn alles für ihre Kunden. Stellen wir zwei Produkte aus dem gleichen Segment (Automobil und Automobil) gegenüber, ist die Wettbewerbssituation für jeden offensichtlich. Dennoch: manchmal ist auch diese Einschätzung noch unzureichend. Einen Audi A4 mit einem Porsche 911-997 zu vergleichen ist vielleicht sogar noch sinnloser als ein Telefon und ein Pfund Kaffee in einem Markt zusammenfassen zu wollen. Hier brauchen wir ganz spezielle Marktsegmente, mithin Autobauer und Modelle (z. B. Ferrari F430, Lamborghini Gallardo, Maserati Coupé), damit von Substitution und damit einer Wettbewerbssituation gesprochen werden kann (Abbildung 63).

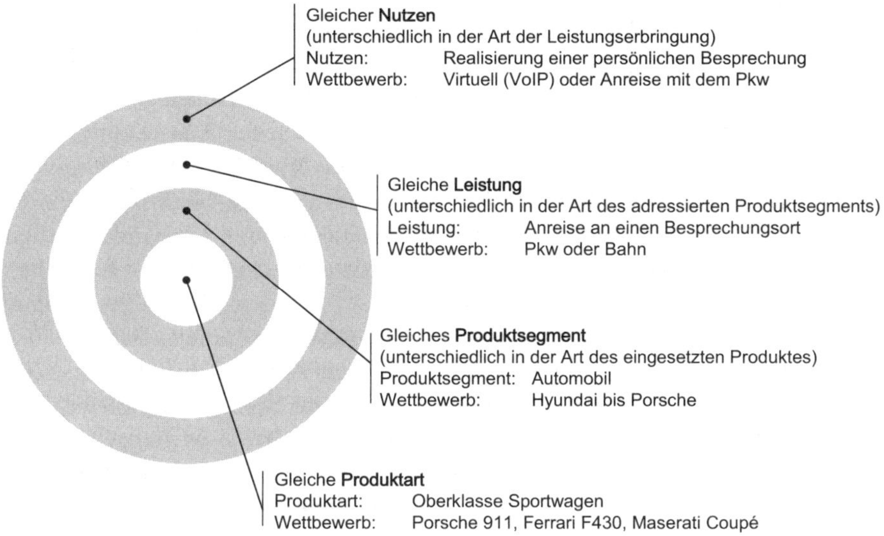

Abbildung 63: Ausdehnung des Wettbewerbsumfelds eines Unternehmens

Aus den Informationen werden operative und strategische Maßnahmen für das eigene Unternehmen abgeleitet. Die Motivation für die Wettbewerbsanalyse ist offensichtlich: Nur Unternehmen, denen es gelingt, die Bedürfnisse ihrer Kunden besser zu befriedigen als ihre Konkurrenten, werden auf Dauer erfolgreich sein.

Wettbewerbsanalysen, die nicht nur darauf gerichtet sind momentane Schwächen auszunutzen, sondern Konkurrenten direkt und unerlaubt zu schaden, sind nicht Bestandteil dieses Kapitels. MATTHIAS PRINZ, einer der bekanntesten deutschen Medienanwälte gibt für diesen Fall ein Beispiel: „Medien werden manchmal bewusst als Waffe eingesetzt [...] Ein typischer Fall ist, eine anonyme Anzeige an die Staatsanwaltschaft oder die Bundesanstalt für Finanzdienstleistungsaufsicht zu schicken. Die Kopie der Anzeige landet kurz darauf in einer Redaktion, versehen mit dem Hinweis, man solle sich mal bei der Staatsanwaltschaft erkundigen. Das machen die Journalisten natürlich – und prompt kriegen sie ein Akten-

> zeichen mitgeteilt. Was am nächsten Tag in der Zeitung steht, können Sie sich ja ausmalen.“[146]

Generell lassen sich zwei Arten unterscheiden, die projektbezogene und die kontinuierliche Wettbewerbsanalyse. Die projektbezogene Wettbewerbsanalyse beinhaltet beispielsweise die Analyse vorhandener Wettbewerber im Rahmen der Marktattraktivitätsanalyse (s. Kapitel 7.2.2), bei Eintritt in einen neuen, bisher nicht bedienten Markt, die Durchführung einer Due Diligence im Rahmen eines Akquisitionsvorhabens, die Erhebung von Informationen für ein Benchmarking oder die Vorbereitung einer strategischen Kundenanforderungsanalyse (s. Kapitel 7.2.3).

Von der projektbezogenen kann die kontinuierliche und oft institutionalisierte Wettbewerbsanalyse (seit einiger Zeit gerne auch als „Competitive Intelligence“ oder einfach „CI“ bezeichnet) unterschieden werden. CI ist ein Teilbereich der „Business Intelligence“ und bezeichnet einen systematischen Ansatz zur Informationserhebung und -verarbeitung, mit dessen Hilfe aus fragmentierten Informationen über Wettbewerber, deren Technologien und gegebenenfalls Markttrends ein plastisches Gesamtbild über die Wettbewerbssituation entsteht. CI wird nicht selten in Zusammenhang mit dem Sarbanes-Oxley-Act gebracht, der für (auch deutsche) an US-Börsen gelistete Unternehmen verbindlich ist. Immer wieder ist zu lesen, dass der Sarbanes-Oxley-Act die Schaffung einer CI-Funktion fordert. Das ist Unsinn. Die Unternehmen sind vielmehr verpflichtet, ihren Aktionären innerhalb von 48 Stunden Informationen über Ereignisse zu geben, die ihre Wettbewerbsfähigkeit betreffen – wie dies innerbetrieblich gewährleistet wird, ist nicht geregelt. Wird die Wettbewerbsanalyse kontinuierlich durchgeführt, lassen sich als Aufgaben u. a. die Erhebung und kontinuierliche Pflege von Wettbewerberprofilen (z. B. Kennzahlen, Reaktionsprofile, Stärken und Schwächen) oder die (strategische) Frühaufklärung nennen.

Soweit die Theorie. Sämtliche starren Methoden und Vorgehensmodelle, die in der Literatur in großer Fülle vorgeschlagen werden, wecken eher theoretisch-wissenschaftliche Begeisterung als die der operativ verantwortlichen Manager. Bislang konnte ich kein einziges Unternehmen identifizieren, das mit einer Wettbewerbsanalyse von der „Stange“ gut bedient gewesen wäre. Die Unternehmen, die Ergebnisse aus der Wettbewerbsanalyse wirklich nutzen, konzentrieren sich auf sehr wenige aber sehr konkrete Fragestellungen. Während die Notwendigkeit einer Kundenanalyse auf der Hand liegt, muss die Frage bei der Wettbewerbsanalyse lauten „Warum machen wir das?“ Dies ist keine provokante Frage – vielmehr ist in der Praxis festzustellen, dass entsprechende Abteilungen nicht selten ein Inseldasein führen und ihre Leistung kaum berücksichtigt wird. Dies liegt nicht zuletzt auch daran, dass es das Management versäumt hat, sich diese Frage zu stellen und klare, messbare Anforderungen an die Wettbewerbsbeobachtung zu stellen. Der

[146] Vgl. Schwarzer, U. (2007).

erste und wichtigste Schritt der Wettbewerbsanalyse besteht daher in der glasklaren Bestimmung konkreter Ziele. Ein konkretes Ziel ist beispielsweise nicht: „Wir wollen unseren Wettbewerb besser verstehen." Konkrete Aufgaben wären dagegen,

- herauszufinden, inwieweit eine vertikale Integration den Wettbewerbern, die diese bereits vollzogen haben, Vorteile verschafft,
- die kontinuierliche Überprüfung der Top 10-Wettbewerber, ob Schlüsselpersonen (z. B. regionale Vertriebsleiter, wichtige Entwickler) das Wettbewerbsunternehmen verlassen haben, um so sehr kurzfristig in der Lage zu sein, Chancen zu nutzen und gegebenenfalls Kunden dieses Wettbewerbers zu gewinnen,
- alle wesentlichen Entscheidungen (z. B. Investitionen, Akquisitionen, neue Produktlinien, Suche nach neuen Mitarbeitern mit bestimmten Fähigkeiten) von Wettbewerbern strukturiert zu erheben („Muster im Entscheidungsstrom", s. Kapitel 3 des ersten Buchteils), um so frühzeitig erkennen zu können, welcher Wettbewerber seine Positionierung oder sein Geschäftsmodell einschneidend verändern wird oder
- eine Wettbewerbsanalyse auf Produktebene durchzuführen, mit dem Ziel, dass eigenen Produkte, die gegen entsprechende Wettbewerbsprodukte positioniert sind, immer ein kleines bisschen besser (z. B. hinsichtlich Funktionsumfang) sind.

Unabhängig davon, wie weit oder eng der Kreis der Wettbewerber gezogen wird, einem Zweck darf die Analyse der Wettbewerber nicht dienen: Der Schaffung einer Copy & Paste-Vorlage. Das Ziel der Wettbewerbsanalyse besteht eben nicht darin, die Wettbewerber zu kopieren und in den unausweichlichen Effizienzwettbewerb einzutreten, sondern im genauen Gegenteil: Möglichkeiten zu finden, das eigene Unternehmen vom Wettbewerb zu unterscheiden. Nur das zählt. Und Möglichkeiten zur Differenzierung sind rar. Die Zielsetzung der Wettbewerbsanalyse genau auf diesen Punkt auszurichten kann daher als eine der wichtigsten Empfehlungen gelten. Die Analyse der Ziele, der Strategie, der Finanzen, des Produktportfolios der Wettbewerber kann nur dem einen Zweck dienen: Möglichkeiten zu finden, das eigene Unternehmen dauerhaft von den wichtigsten Wettbewerbern abzusetzen, die Differenzierung weiter auszubauen, auf (antizipierte) Aktionen bzw. eine veränderte Situationen des Wettbewerbs die richtige Reaktion des eigenen Unternehmens zu definieren – und dies bereits bevor der Wettbewerber eine relevante Aktion durchführt bzw. in eine bestimmte Situation gerät.

Lediglich zwei Schritte der Wettbewerbsanalyse, der erste und der letzte, sind vorgegeben: Zu Beginn werden Anforderungen an die Wettbewerbsanalyse erhoben und messbare Ziele definiert. Am Ende werden aus den Ergebnissen konkrete Maßnahmen abgeleitet, Entscheidungsträgern zugewiesen und kontrolliert umgesetzt. Zunächst sind also die Möglichkeiten der Wettbewerbsanalyse darzustellen und vom operativen Management konkrete und spezifische Anforderungen einzufordern. Beispielsweise hilft es einer operativen Vertriebsgruppe in China relativ wenig, wenn sie die Profit-Entwicklung der letzten Jahre und die Vorlieben des Vorstands eines Hauptkonkurrenten kennt. Im Gegensatz dazu kann sie aus der schwachen Neubesetzung des Service-Leiters ihres Wettbewerbers in der Region Asien echten Nutzen ziehen – und aus ähnlichen Situationen, die es in anderen Regionen gegeben hat, lernen. Aus Wettbewerbsanalysen müssen sich konkrete Attack-Strategien abgeleiten lassen. Nur mit der genauen Kenntnis der Bedarfe kann eine Analyse richtig, Nutzen stiftend und mit hoher Akzeptanz aufgesetzt und durchgeführt werden.

Was bringt eine detaillierte Wettbewerbsanalyse überhaupt, wenn induzierte Marktveränderungen nicht ernst genommen werden? Um zu erkennen, dass HONDA, SUZUKI und YAMAHA in den 1960er Jahre ihre leichten Motorräder auf den Weltmärkten einführten, brauchte es keine CI-Abteilung. Das war offensichtlich. Vielmehr als detaillierte Wettbewerbsdaten zu kennen scheint der Schlüssel zum Erfolg im Vorstellungsvermögen der Manager in der Kenntnis von Kundenanforderungen zu liegen: ERIC TURNER, Vorstand von BSA (TRIUMPH und BSA-Motorräder) kommentiert die japanische Invasion: Die Leute beginnen sich eines dieser japanischen Dinger zu kaufen und sie beginnen Spaß daran zu haben. Das endet dann damit, dass sie eine unserer starken Maschinen kaufen. WILLIAM DAVIDSON, Präsident von HARLEY DAVIDSON erklärt: Wir glauben nicht an den Markt für leichte Motorräder. Selbst wenn ein Mann angibt, dass er sich ein Motorrad als Transportfahrzeug kauft, wird es meistens in der Freizeit genutzt.

Entgegen der Vorstellungen der beiden Unternehmenslenker entwickelte sich die Zukunft der leichten Motorräder prächtig: Ende der 1970er Jahre kämpft HARLEY DAVIDSON ums Überleben. Die Produktion von TRIUMPH- und BSA-Motorrädern wurde ganz eingestellt. Bis heute dominieren japanische Motorradhersteller, die nun auch schwere Maschinen liefern.

Die Liste der Fehleinschätzungen lässt sich beliebig ergänzen und gerade aus der überlegenen Warte der Gegenwart fällt es uns leicht, über verfehlte Prognosen zu schmunzeln: Dass es den Protagonisten mit ihren Behauptungen ernst war – und sie damit keinesfalls alleine standen, lässt sich aus heutiger Sicht kaum mehr nachvollziehen:

- „Flugmaschinen, die schwerer sind als Luft, sind unmöglich.“
  (LORD KELVIN, Präsident der ROYAL SOCIETY, 1895)
- „Ich glaube, der Weltmarkt für Computer ist nicht größer als fünf Stück.“
  (THOMAS WATSON, CEO IBM, 1943)
- „Es gibt keinen Grund, dass jemand einen Computer zu Hause haben sollte.“
  (KEN OLSEN, Gründer DEC, 1977)
- „Wer zum Teufel möchte Schauspieler sprechen hören?“
  (HARRY WARNER, WARNER BROS., 1927)

- „Die Leute werden schnell die Nase voll davon haben, Abend für Abend auf eine Sperrholzschachtel zu starren.“
  (DARYL ZANUCK, CEO 20TH CENTURYFOX, zum Thema Fernsehen, 1946)
- „Das Telefon hat zu viele Nachteile, um als Kommunikationsmittel ernsthaft in Erwägung gezogen zu werden. Es hat keinen Wert für uns.“
  (Internes Memo der WESTERN UNION, 1876)
- „Die Glühlampe wird wohl niemals über das Gaslicht triumphieren.“
  (WERNER VON SIEMENS, 1898)
- „Ich schlage vor das Amt zu schließen, alle nötigen Erfindungen sind getan.“
  (Leiter, LONDONER PATENTAMT, 1908)
- „Ich glaube an das Pferd.“
  (KAISER WILHELM II zum Automobil)

Eine der zentralen Fragen im Rahmen der Wettbewerbsanalyse ist die der Informationsbeschaffung: Wie erhält das Unternehmen notwendige Informationen, um wirklich in der Lage zu sein, den Wettbewerber zu beurteilen. Nachfolgend sind einige Quellen aufgelistet, die in der Praxis von Unternehmen regelmäßig verwendet werden – unabhängig davon, ob sie in der Wissenschaft als legitim oder ethisch vertretbar gelten:

Primärquellen
- *Web-Seite:* Unternehmensstruktur, Informationen zu Produkten, offenen Stellen, sehr aufschlussreich sind teilweise auch ausgeschriebene Diplomarbeiten usw.
- *Reverse Engineering:* Erhebung von Kosten und Prozessen (z. B. Stückliste, Beschaffungsstrategie, Fertigungs- und Montageart, Fertigungstiefe).
- *Scheinehe:* Informationen direkt vom Wettbewerber durch „Kooperationsvorhaben“.
- *Sonstiges:* Messen, Ausstellungen, Newsletter, Veröffentlichungen in Fachzeitschriften, Pressemitteilungen.

Sekundärquellen
- *Geschäftsbericht:* Kerndaten, Segmentinformationen, Risiken und Strategien (im Lagebericht).
- *Firmenauskunfteien:* Gerade für GmbHs interessant; Erhebung von Kerndaten (z. B. Umsatz, EBIT), Kredit-Rating. Die wichtigsten drei Firmenauskunfteien für deutsche Unternehmen sind: DUN & BRADSTREET, CREDITREFORM und BÜRGEL. Ein einmaliges Firmenprofil kann u. U. recht teuer sein (bis 1.000 EUR), da dic Unternehmen daran interessiert sind, ihre Leistungen kontinuierlich (Rahmenvertrag) anzubieten; dann kostet ein Profil zwischen 20 und 150 EUR.

- *Kunden:* Befragung eigener Kunden, zu denen eine besonders gute Beziehung besteht. Oder im Rahmen der strategischen Kundenanalyse über eine Abfrage bestimmter Kriterien des Unternehmens im Vergleich zu den wesentlichen Wettbewerbern.
- *Ehemalige Mitarbeiter des Wettbewerbers:* Zwischen den meisten großen Unternehmen findet ein kontinuierlicher Austausch von Fach- und Führungskräften statt.
- *(Online-)Datenbanken:* Profile, die die Wettbewerber selbst erstellt bzw. übermittelt haben (z. B. auf Verbands-Web-Seiten, Studien).

Eine in den letzten Jahren äußerst populär gewordene Methode, die (auch aber nicht nur) auf den Vergleich des eigenen Unternehmens mit dem Wettbewerb abstellt, ist das so genannte „Benchmarking". Benchmarking zielt vor allem auf die Beantwortung von zwei Fragen:

1. „Wie gut ist der Wettbewerber?" An welchen Stellen existieren Lücken zwischen der eigenen Position und der des Wettbewerbs (z. B. hinsichtlich Zeit, Qualität, Kosten), was sind die Ursachen für die identifizierten Lücken?
2. „Was macht der Wettbewerber anders?" Wo sind die Unterschiede (z. B. hinsichtlich Strategie, Organisation, Produkt-Roadmap), was sind die Ursachen für die identifizierten Unterschiede?

Die Bewertung der Kostenposition des eigenen Unternehmens im Vergleich zum Wettbewerb berücksichtigt mehrere Kostenarten (z. B. Arbeits-, Material-/Service- oder Kapitalkosten). Die Kostenarten werden in Beziehung zu drei beeinflussenden Kriterien gesetzt: Aufbau von Produkten und Produktion, Effizienz und Volumenvorteilen. Insgesamt ergibt sich eine statische (d. h. auf den Untersuchungszeitpunkt bezogene) Kostenlücke zwischen dem eigenen Unternehmen und dem Wettbewerb. Wenn das eigene Unternehmen nun versucht, diese Kostenlücke durch geeignete Maßnahmen zu schließen, wird es feststellen, dass das betrachtete Unternehmen sich ebenfalls weiterentwickelt hat, sodass es erneut zu einer Kostenlücke kommt. Dieses Hase-Igel-Spiel kann nur durch Dynamisierung der Kostenlücke durchbrochen werden, d. h. das eigene Unternehmen muss abschätzen, wie sich die Kostenlücke zum Wettbewerb weiter entwickeln wird, bis die Maßnahmen umgesetzt sind – und die Maßnahmen gleich auf dieser Basis (dynamische Kostenlücke) planen.

Der dominante Einsatz von Instrumenten, die auf den Wettbewerb gerichtet sind, führt zwangsläufig dazu, dass nicht Kunden im Mittelpunkt der Gestaltung des eigenen Unternehmens stehen, sondern der Wettbewerb. Die Verbreitung des strategischen Benchmarking begünstigt die Gleichschaltung von Strategien – geprägt von denen erfolgreicher Wettbewerber. Auf Kosten fehlender Differenzierung entsteht eine homogene Strategielandschaft. Benchmarking muss daher in „gut" und „böse" unterteilt werden (Abbildung 64).

Abbildung 64: Verschiedene Formen des Benchmarking

Aus einem operativem Benchmarking, das auf die Beantwortung der ersten oben gestellten Benchmarking-Frage zielt (die auf den Vergleich von u. a. Zeit, Kosten und Qualität gerichtet ist), können häufig interessante Ansatzpunkte zur operativen Veränderung im eigenen Unternehmen gezogen werden. Das operative Benchmarking muss dabei nicht unbedingt im Verborgenen und im Vergleich zu einem Wettbewerber stattfinden. Es gibt viele Beispiele dafür, dass Nicht-Wettbewerbsunternehmen bestimmte Funktionen und Prozesse (z. B. Einkauf, HR, Entwicklung, Montage, Lagerhaltung) miteinander vergleichen. Durch die neutrale Situation in Hinblick auf angebotene Produkte und den Markt kann oft eine große Offenheit erreicht werden, die für beide Unternehmen von Vorteil ist.

Das amerikanische Unternehmen XEROX ist als das erste Unternehmen bekannt, das Benchmarking systematisch und dokumentiert durchgeführt hat.[147] Ausgelöst durch einen dramatischen Verlust an Marktanteilen im Kopiererbereich an japanische Wettbewerber Ende der 1970er Jahre, entschloss sich das Management, Funktionen und Prozesse des Unternehmens mit anderen Unternehmen zu vergleichen. Produkte von Wettbewerbern (vor allem CANON) wurden erworben und zerlegt, um Hinweise auf Kostenposition und Herstellungsprozesse zu erhalten. Außerdem wurden Vergleiche mit Nicht-Wettbewerbern angestellt, so unter an-

[147] Vgl. Tucker, G. et al. (1987).

derem mit dem Sportartikelhersteller L.L.BEAN, der besonders für seine effiziente Logistik bekannt war.

Durch die Publikation dieses Ansatzes, setzte Ende der 1980er Jahre ein Benchmarking-Boom (Abbildung 52) ein, der bis heute anhält und durch die Aufnahme des Benchmarking als Beurteilungskriterium diverser Qualitätsmanagement-Zertifizierungssysteme noch zusätzlichen Aufwind erhält.

Insbesondere das so genannte „Reverse Engineering“ zeigt sich zunehmend als integraler Bestandteil eines operativen Benchmarking. Als Reverse Engineering wurde ursprünglich die Kunst bezeichnet, ein vorhandenes Produkt in seinen Planungszustand zurück zu überführen, also Pläne, Zeichnungen, Stücklisten usw. zu erstellen. Während dieses Vorgehen auch für die Erstellung von Plagiaten benutzt wird und damit gegebenenfalls gewerbliche Schutzrechte verletzt, ist das Reverse Engineering im Rahmen des Benchmarking eher darauf gerichtet zu verstehen,

- wie viel die Herstellung eines Produktes kostet, um daraus auch Rückschlüsse auf die Preispolitik des Wettbewerbers ziehen zu können,
- von wem das Produkt gefertigt und montiert wurde,
- wie hoch der Automatisierungs- und Standardisierungsgrad ist,
- bei welchen Zulieferern eingekauft wurde,
- wie lange die Entwicklungszeit („Time to Market“) war oder
- inwieweit ein Plattformkonzept realisiert wurde.

Neben den prozessorientierten Zielen spielt der kostenbasierte Vergleich mit Wettbewerbsprodukten und die Berechnung der Design-orientierten Kostenlücke die größte Rolle. Im Rahmen des Reverse Engineering werden technische Produktvergleiche erstellt, die Herstellkosten erhoben und verglichen sowie Ideen für Kostensenkungsmöglichkeiten („Design-To-Cost“) abgeleitet. Dazu werden folgende Kostenarten erhoben:

- Materialkosten (z. B. verwendete Materialien, Komponenten)
- Kapitalkosten (z. B. Produktionsprozess, Produktionstechniken)
- Personalkosten (z. B. Automatisierung, Wertschöpfung, Produkt-Komplexität)
- Gewährleistungskosten (z. B. Reparaturfreundlichkeit, Qualität)
- Servicekosten (z. B. Fernwartbarkeit)
- Entsorgungskosten (z. B. demontagegerechte Konstruktion)

Aus der Kostenbewertung kann u. a. ein Rückschluss darauf gezogen werden, wie groß die Kostenlücke zwischen den verglichenen Produkten ist. Im Anschluss daran lassen sich Innovation, Funktionalität, Leistung, Ergonomie, Qualität und andere kundenwirksame Faktoren bewerten.

Im Gegensatz zum operativen Benchmarking ist das strategische Benchmarking (das z. B. auf Strategie, Organisation oder Produkt-Roadmap fokussiert) auf den strategischen Vergleich mit bestimmten Wettbewerbern, dem Best-in-Class oder dem Best-of-All (nur gedanklich konstruiertes Unternehmen, das die besten Eigenschaften aller Wettbewerber vereint) gerichtet. Dieser strategische Vergleich führt häufig dazu, dass in den strategischen Unterschieden des Wettbewerbers vermeintliche Vorteile vermutet werden. Vielleicht ist ein Wettbewerber aber nicht wegen eines strategischen Unterschieds so erfolgreich – sondern trotz? Dennoch wird versucht, gleich mehrere strategische Unterschiede zu kopieren. Die Verlockung ist riesengroß: Niemand kann mir vorwerfen etwas falsch gemacht zu haben – habe ich mich nicht am besten der besten orientiert? Wenn es dann immer noch nicht klappt, oder die Organisation nicht in der Lage ist, meine Empfehlungen umzusetzen, ist das nicht meine Schuld! Am Ende ähneln sich Geschäftsmodelle, Produkte und damit Wettbewerber. Wer das Spiel gewinnt? Der erste – für den zweiten bleibt schon nicht mehr viel übrig: die notwendige Differenzierung bleibt auf der Strecke.

HENNING KAGERMANN, Vorstandssprecher der SAP AG, betont: „Die Innovation des Geschäftsmodells ist wichtiger als die Innovation der Produkte."[148]

Zum Abschluss dieses Kapitels sind ERD (Abbildung 65) und EPK (Abbildung 66) der Wettbewerbsanalyse mit dem notwendigen Freiraum für die eigene Anforderungsdefinition dargestellt.

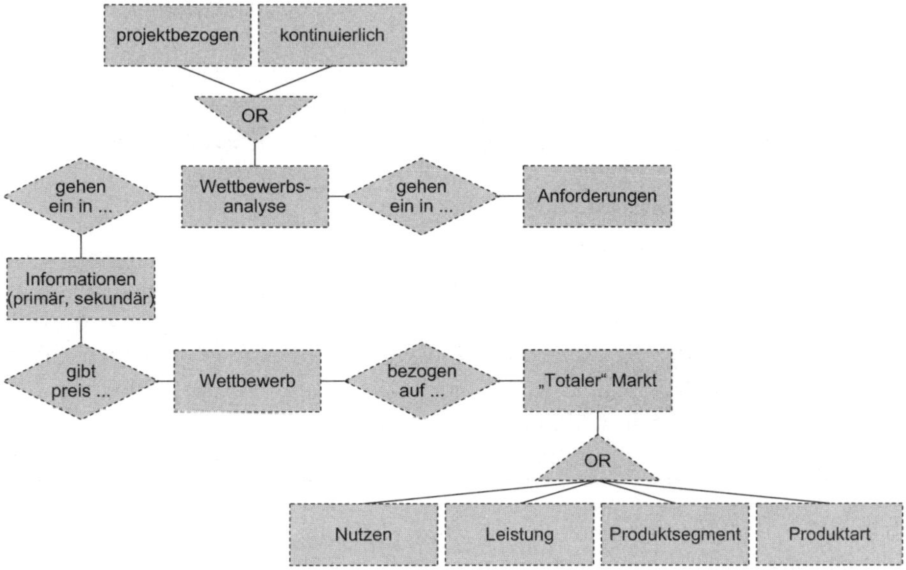

Abbildung 65: Wettbewerbsanalyse als ERD

[148] Vgl. Kagermann, H.; Österle, H. (2007).

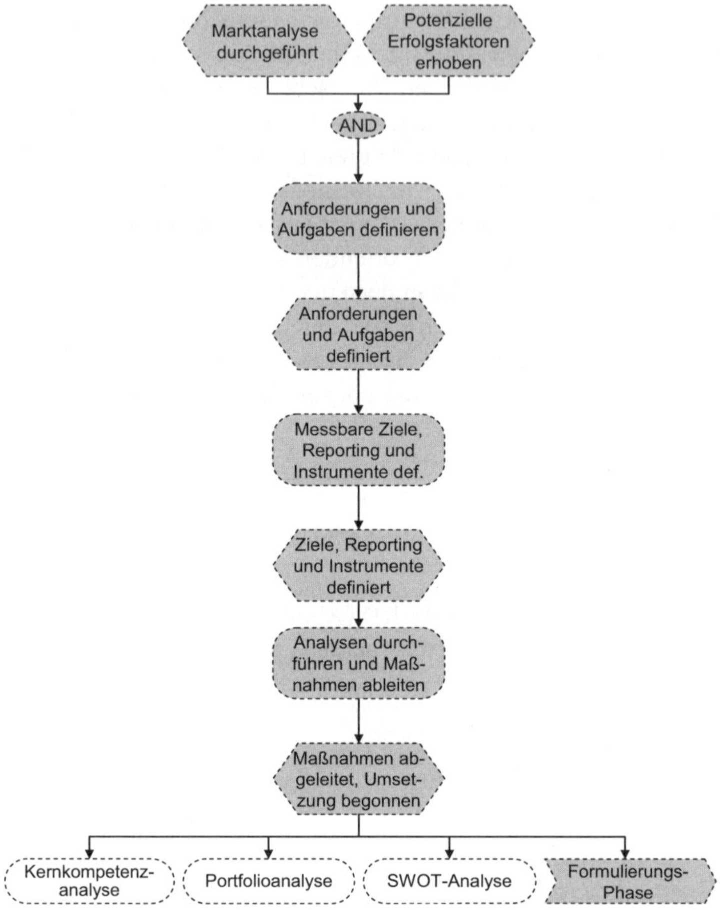

Abbildung 66: Wettbewerbsanalyse als EPK

7.2.5 Portfolio

Die Portfolioanalyse gehört zu den bekanntesten Konzepten der Strategischen Planung. Die befragten Manager stufen die Portfolioanalyse (wie z. B. auch die Marktattraktivitäts- und die Kundenzufriedenheitsanalyse) als sehr wichtig ein, dennoch hat sie in der Praxis noch nicht überall die entsprechende Reife erlangt.

Die Portfolioanalyse ist ein Instrument zur modellhaften und komplexitätsreduzierten Darstellung des Unternehmensportfolios (z. B. auf der Ebene von SGE, Produktlinien oder Produkten), wobei aus der Darstellung Informationen über Ausgewogenheit, Struktur, Beitrag zum Unternehmenserfolg, Position oder Attraktivität des Portfolios abgeleitet werden können. Für die Portfolioanalyse sind Informationen aus vorgelagerten Analysen notwenig: Aus der Wettbewerbsanalyse, der Umsatz- bzw. Profitabilitätsanalyse und der Marktanalyse.

Allen Formen der Portfolioanalyse ist gemein, dass sie als Matrix visualisiert werden und eine der beiden Achsen die externe Umweltsicht repräsentiert, die andere Achse die interne Unternehmenssicht (Abbildung 67).

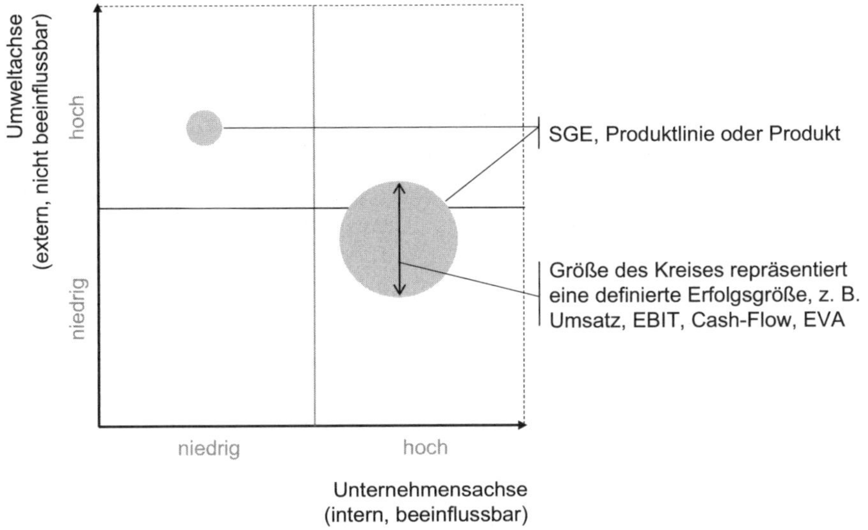

Abbildung 67: Grundstruktur der Portfolioanalyse

Die Unterscheidung in diese beiden Sichten hat zwei Vorteile: Zum einen lässt sich so das beeinflussbare Unternehmen in seiner nicht beeinflussbaren Umwelt darstellen, zum anderen sind die beiden Sichten bzw. Achsen voneinander unabhängig. Ohne die Einhaltung der Forderung nach Unabhängigkeit, also dem Fehlen eines Einflusses der einen auf die andere Achse, würde regelmäßig eine geordnete Anordnung der Portfolioelemente (z. B. auf der Winkelhalbierenden) entstehen. Innerhalb der Matrix werden, zumeist in Kreisform, die betrachteten Portfolioelemente (z. B. SGE, Produktlinie bzw. Produkt) eingetragen. Die Größe (z. B. Höhe, Umfang, Volumen) der jeweiligen Kreise eines Elements repräsentiert dabei den Wert der betrachteten Erfolgsgröße (z. B. Umsatz, EBIT, Cash-Flow bzw. EVA).

Die Analysevorbereitung besteht nunmehr darin, beide Sichten bzw. Achsen zu operationalisieren, d. h. mit bestimmbaren und messbaren Kriterien zu hinterlegen. Einer der ersten und bis heute weit verbreiteten Vorschläge zu Operationalisierung der beiden Sichten bzw. Achsen stammt von der Unternehmensberatung BOSTON CONSULTING GROUP (BCG), die Ende der 1960er Jahre vorschlug, die Unternehmensachse mit dem Kriterium „Relativer Marktanteil“ und die Umweltachse mit dem Kriterium „Marktwachstum“ zu beschreiben. Aufgrund der hohen Verbreitung wird die Portfolioanalyse oft als BCG-Matrix oder BCG-Portfolioanalyse bezeichnet. Die Matrix setzt sich aus vier Feldern zusammen. Je nach Detaillierung der Betrachtungsperspektive können verschiedene Ebenen von Portfolioelementen analysiert werden: Findet eine Analyse aus Konzernsicht statt, werden beispielsweise einzelne Bereiche bzw. SGE als Portfolioelemente betrachtet. Wird die Analyse innerhalb eines Bereiches bzw. SGE durchgeführt, so lassen sich die Produktlinien als Elemente heranziehen. Für die Betrachtung einer bestimmten Produktlinie schließlich kann auf die Ebene der Einzelprodukte gewechselt werden. Die letztgenannte Betrachtungsart spielt auch für kleine und mittlere Unternehmen, die eine überschaubare Anzahl von Produkten anbieten, die zentrale Rolle.

Die von BCG vorgeschlagenen Kriterien Marktwachstum und relativer Marktanteil erlauben eine erste Aussage hinsichtlich Ausgewogenheit und Struktur, Beitrag zum Unternehmenserfolg, Position und Attraktivität der betrachteten Portfolioelemente. Das Marktwachstum als Umweltkriterium lässt sich mit den Instrumenten der Marktanalyse bestimmen (s. Kapitel 7.2.2), wichtig ist hierbei, den Markt anhand der betrachteten Portfolioelemente zu definieren: Betrachten wir die SGE eines Unternehmens als Portfolioelemente, umfasst der Markt (und damit das Marktwachstum) den gesamten totalen Markt, auf dem das Unternehmen tätig ist; betrachten wir die Produkte einer Produktlinie als Portfolioelemente, wird der Markt (und damit das Wachstum) entsprechend auf dieses Segment zugeschnitten.

Die Umweltachse ist in einen „hohen" und einen „niedrigen" Bereich eingeteilt (Abbildung 67). Im Rahmen der BCG-Analyse wird der hohe Bereich als „Gebiet mit überdurchschnittlichem Wachstum" bezeichnet. Als überdurchschnittlich gilt ein Wachstum, wenn es über dem Durchschnitt der Vergleichsgröße (z. B. der Branche) liegt. Ist der Markt sehr diversifiziert, wie beispielsweise bei Konzernen, lassen sich als Durchschnitt notfalls auch volkswirtschaftliche Größen (z. B. Bruttosozialprodukt) heranziehen.

Die Unternehmensachse wird durch den relativen Marktanteil repräsentiert. Der Marktanteil des eigenen Unternehmens lässt sich mit den Instrumenten der Marktanalyse bzw. der Wettbewerbsanalyse bestimmen. Der relative Marktanteil wird bestimmt, indem der eigene Marktanteil (in Prozent) durch den Marktanteil des besten Wettbewerbers, sei er größer oder kleiner als der des Unternehmens, geteilt wird. Der relative Marktanteil liegt also zwischen 0 und 1 für Unternehmen, die keine Marktführer sind – und über 1 für den Marktführer in einer bestimmten SGE, Produktlinie oder bei einem bestimmten Produkt. Entsprechend wird auch diese Achse geteilt: hat ein Unternehmen hinsichtlich eines Portfolioelements (z. B. SGE, Produktlinie, Produkt) einen höheren Marktanteil als das beste Wettbewerbsunternehmen, wird das entsprechende Portfolioelement im „hohen" Bereich eingetragen. Die Grenze zwischen „hoch" und „niedrig" wird im BCG-Ansatz also durch die Zahl 1 repräsentiert. Hinter dem BCG-Ansatz liegen vier weitere Vereinbarungen bzw. Annahmen (Abbildung 68):

1. Jedes der vier Felder erhält einen Namen,
2. jedem Feld ist eine so genannte Normstrategie zugeordnet,

3. weiterhin wird von einem idealtypischen Durchlauf entsprechend des Lebenszyklus eines Portfolioelements (beginnend bei den Questionmarks, über die Stars und Cash Cows bis zu den Poor Dogs) ausgegangen und
4. ein entsprechender Erfahrungskurvenverlauf unterstellt.

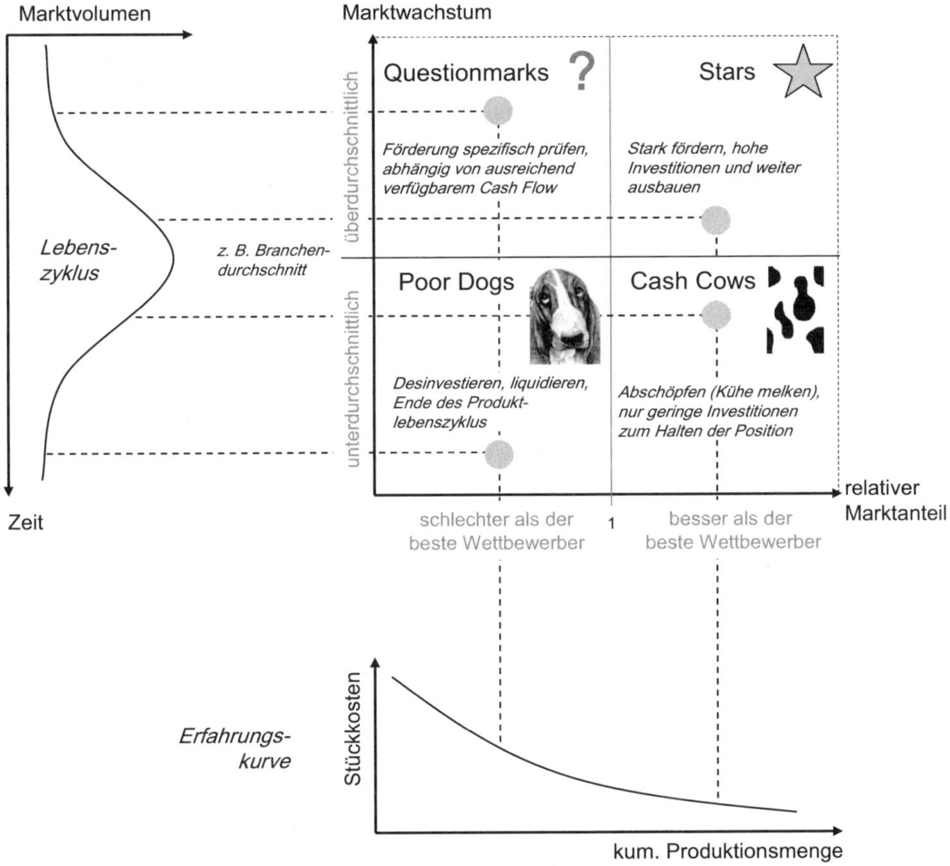

Abbildung 68: BCG-Portfolioanalyse

Der Charme dieser Darstellung liegt in ihrer Einfachheit: Unterschiedliche Geschäfte eines diversifizierten Unternehmens lassen sich nach einem einheitlichen Maßstab (z. B. Cash Flow, Umsatz, EBIT, EVA) darstellen. Die einfache und bildhafte Struktur eignet sich daher auch gut als Diskussionsvorlage in Strategiemeetings. Lücken im Produktportfolio werden ersichtlich, ebenso wie ein nicht ausbalanciertes Portfolio, in dem beispielsweise zu viele Questionmarks und Stars (in die stark investiert werden müsste) zu wenigen Cash Cows (aus deren erwirtschafteten Mitteln diese Investition gespeist werden müsste) gegenüber stehen. Genauso unausgeglichen wäre der umgekehrte Fall. Weiterhin liefern Normstrategien erste Anhaltspunkte für mögliche Maßnahmen als Beitrag zur Entscheidungsfindung.

Normstrategien, Annahmen und sehr starken Vereinfachungen dieses Ansatzes führen gleichzeitig auch zu den wesentlichen Kritikpunkten, die, ebenso wie die Vorteile, auch für die meisten anderen Portfolio-Ansätze gelten: Durch die starke Vereinfachung und Vernachlässigung von wichtigen Faktoren kann eine durchgängig hohe Aussagekraft nicht sichergestellt werden. So werden beispielsweise Kompetenzen des Unternehmens nicht einbezogen, weiterhin ist fraglich, ob das Marktwachstum als alleiniges Umweltkriterium genügt, um die Attraktivität eines bestimmten Marktes bzw. Segmentes zu bestimmen. Im Zusammenhang mit den Normstrategien besteht darüber hinaus die Gefahr, dass diese als „Patentrezepte" missverstanden werden und nicht nur als Anregung. Weiterhin lassen sich Innovationen bzw. Inventionen, die noch keine Marktreife haben, nicht darstellen. Die generischen Annahmen hinsichtlich der Erfahrungskurve und des Lebenszyklus sind ebenfalls nicht uneingeschränkt gültig. Nicht jedes Produkt schafft es, den Produktlebenszyklus zu durchlaufen – oder muss letztlich als Poor Dog enden. Die Erfahrungskurve unterstellt, dass es besonders günstig ist (z. B. in Hinblick auf die Profitabilität), einen hohen Marktanteil zu erzielen; dies wird allerdings von einigen Untersuchungen widerlegt, die einen U-förmigen Zusammenhang zwischen Marktanteil und Profitabilität konstatieren.

Ausgehend von der Grundform werden vor allem von Beratern und Hochschulen viele Modifikationen vorgeschlagen, die darauf gerichtet sind, einige der hier besprochenen Nachteile zu kompensieren. Die bekanntesten darunter stammen von McKinsey, Arthur D. Little und dem Massachusetts Institute of Technology. Von diesen lässt sich vielleicht die Portfolioanalyse von McKinsey als interessantes weiteres Beispiel heranziehen, dennoch sollten die Unternehmensstrategen bei der Konzeption einer Portfolioanalyse durchaus die eigene, unternehmensspezifische Situation berücksichtigen und auf Basis existierender Konzepte gegebenenfalls ihren eigenen Ansatz definieren.

Die als so genannte McKinsey-Portfolioanalyse bekannte Version wurde zu Beginn der 1970er Jahre in Zusammenarbeit mit General Electric entwickelt und baut auf den vier Elementen der Grundform (Elemente, Matrix, Unternehmenssicht, Umweltsicht) auf. Der wesentliche Unterschied zur BCG-Matrix besteht darin, dass die Operationalisierung der beiden Matrix-Achsen nicht eindimensional (Umweltsicht: Marktwachstum bzw. Unternehmenssicht: Marktanteil), sondern mehrdimensional erfolgt (Abbildung 69).

Die Umweltsicht wird durch eine Vielzahl qualitativer und quantitativer Kriterien gebildet, die insgesamt die Marktattraktivität ausdrücken. Die Unternehmenssicht wird mithilfe der relativen Wettbewerbsposition beschrieben, die ebenfalls eine Reihe qualitativer und quantitativer Kriterien beinhaltet. Die relevanten Kriterien und Methodik der Markattraktivität wurden in Kapitel 7.2.2 dargestellt. Entsprechend, ebenfalls unter Verwendung der Nutzwertanalyse und unter Berücksichtigung der Ergebnisse aus der Wettbewerbsanalyse (s. Kapitel 7.2.4), lässt sich die relative Wettbewerbsposition bestimmen; als Kriterien können beispielsweise Produktqualität, Preisvorteil, Marktanteil, Vertriebsstärke, Innovationskraft, Finanzstärke, Prozesseffizienz, aber auch Mitarbeitermotivation oder Kompetenzen herangezogen werden. Diese Variante der Portfolioanalyse bietet sich insbesondere für Unternehmen an, die auf vielen, völlig unterschiedlichen Märkten tätig sind und die verschiedenen Attraktivitäten der einzelnen adressierten Marksegmente stets im Blick behalten.

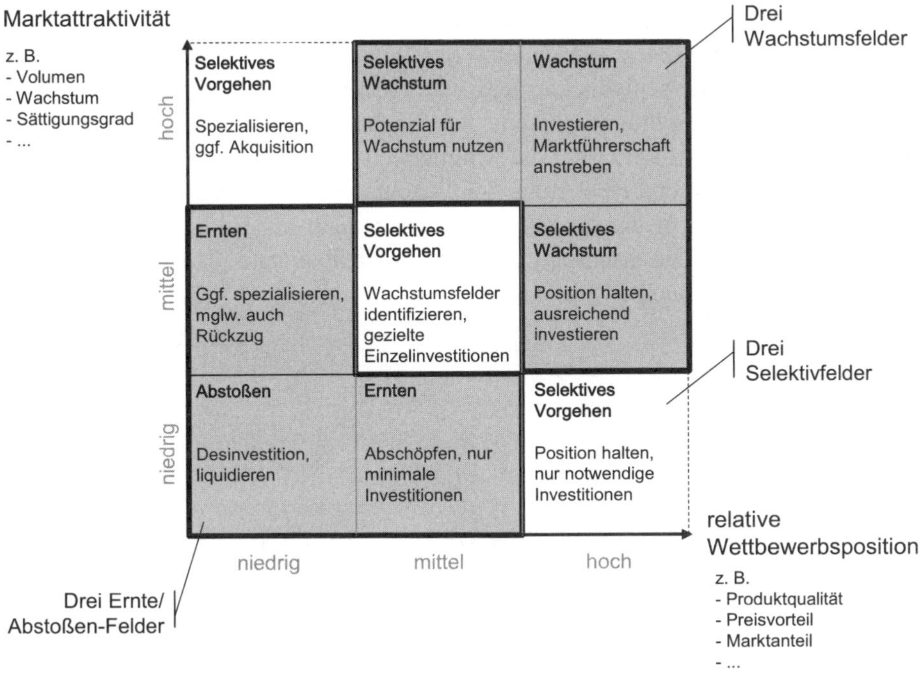

Abbildung 69: McKinsey-Portfolioanalyse

Das Geschäftsmodell des Hanauer Konzern HERAEUS gleicht einem Gemischtwarenladen – einem sehr erfolgreichen, wohlgemerkt. Vertreten in vielen Nischen, die für andere Unternehmen dieser Größenordnung allein aufgrund des geringen Volumens völlig uninteressant wären, behauptet sich das Unternehmen seit Jahrzehnten mehr als erfolgreich: HERAEUS macht sich überall dort breit, wo ein einzelner großer Player genügt, um den Markt zu besetzen. In über einhundert SGE agiert das Unternehmen nicht selten als Marktführer. Die Kernkompetenz besteht dann auch darin, ein scheinbar völlig zusammenhangloses Gebilde als Gesamtportfolio zu begreifen und entsprechend zu steuern: 98 Prozent

Marktanteil bei den auf Füllfederhaltern aufgesetzten Schreibkügelchen, Sonnensimulatoren, Herzschrittmacher-Elektroden, Krebsmedikamente, Quarzglas, Edelmetallhandel und Großkatalysatoren. Wo bitte, besteht der Zusammenhang? Ganz einfach: im Umgang mit edlen Metallen und hohen Temperaturen. Das ist der Kleber, der alles zusammenhält.

Insgesamt ergibt sich ein, im Vergleich zum BCG-Ansatz, differenzierteres Bild, mit dem Vorteil der Nutzung mehrerer auch qualitativer Kriterien. Die gemeinsame Bewertung der qualitativen Kriterien im Management Team bietet häufig neue Einblicke in die SGE, Produktlinien, Produkte und Märkte – insbesondere bei hoch diversifizierten Unternehmen kann alleine die Durchführung dieser Analyse für die Manager aus den unterschiedlichen SGE, die teilweise sehr wenig miteinander gemein haben, sehr aufschlussreich sein. Als Nachteile können, wie immer bei der Arbeit mit qualitativen Kriterien, die Möglichkeit zur Manipulation und die Probleme bei der Auswahl und Bewertung der einzelnen Kriterien genannt werden.

Die Struktur, die in diesem Zusammenhang auch als Bildungsvorschrift gilt und die Schritte zur Durchführung der Portfolioanalyse sind als ERD (Abbildung 70) bzw. EPK (Abbildung 71) dargestellt.

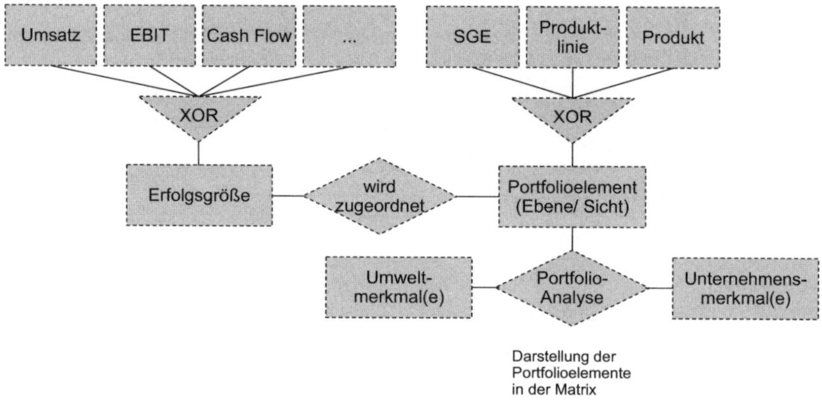

Abbildung 70: Portfolioanalyse als ERD

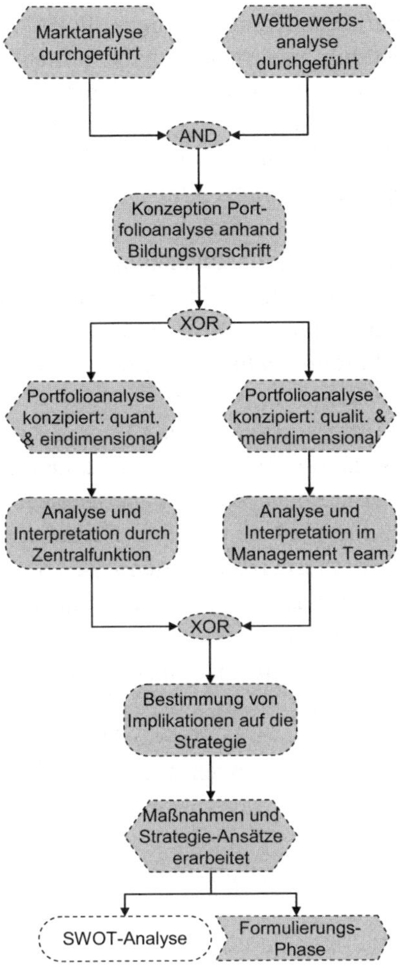

Abbildung 71: Portfolioanalyse als EPK

7.2.6 *Kernkompetenzen*

Der Begriff der Kernkompetenz ist in der Literatur nicht einheitlich definiert. So wird u. a. von „kritischem Wissen“ oder „unsichtbarem Vermögen“ (engl. „Invisible Assets“) gesprochen. Das Konzept der Kernkompetenzen beruht auf einem Vorschlag von PRAHALAD und HAMEL[149], die davon ausgehen, dass Produkte oder Dienstleistungen eines Unternehmens nicht die Grundlage von Wettbewerbsvorteilen bilden, sondern vielmehr deren Auswirkung sind. Sie argumentieren, dass es in einer globalen Weltwirtschaft starken Wettbewerbern leicht fällt, Angebote zu imitieren oder zu verbessern. Folglich verlassen sie die Ebene des „sichtbaren“ Ange-

[149] Vgl. Prahalad, C.; Hamel, G. (1990).

bots und schlagen vor, ein Unternehmen weniger als Portfolio einzelner SGE (Produkt-Markt-Kombination) zu sehen (siehe dazu auch die in Kapitel 7.2.5 genannten Schwächen zur Portfolioanalyse) denn als Portfolio „entscheidender Fähigkeiten" (Kernkompetenz-Markt-Portfolio). Nur so könne, in der Argumentation von PRAHALAD und HAMEL, der „SGE-Tyrannei" entgegen getreten werden; führe doch das Denken in getrennten „Kästchen" dazu, dass sich keine Einheit in der Verantwortung für den Aufbau und Erhalt der Kernkompetenzen sehe. Die beiden Autoren treten dafür ein, das übliche Unternehmenskonzept der SGE durch eines von Kernkompetenzen zu ersetzen. Dass diese bald 20 Jahre zurückliegende Forderung bis heute eher theoretisches Interesse weckt, als Anwendung in der Praxis zu finden, ist ein Resultat der begrenzten Verwendbarkeit dieses Ansatzes, auf die weiter unten noch eingegangen wird.

Die Grundlage von Wettbewerbsvorteilen sei, so die Autoren, in den Fähigkeiten zu suchen, die für die Durchführung wesentlicher Prozesse erforderlich sind. Manche dieser Fähigkeiten können, wenn sie bestimmten Voraussetzungen genügen, als Kernkompetenzen bezeichnet werden. Kernkompetenzen entstehen langsam durch kollektives Lernen des Unternehmens. Zur Selektion einer Kernkompetenz aus einem Bündel von Fähigkeiten eines Unternehmens werden folgende Voraussetzungen diskutiert:[150]

1. Ein signifikanter, wahrgenommener Kundennutzen, der durch eine Fähigkeit erzielt wird. Die vom Kunden wahrgenommene Differenzierung ist direkt oder indirekt kaufentscheidend. Eine hohe Kundenzufriedenheit wird erzielt.
2. Seltenheit, schwere Imitierbarkeit bzw. Substituierbarkeit einer Fähigkeit, beispielsweise dadurch, dass die Fähigkeit aus einer Kombination verschiedener Faktoren (z. B. Technologie, Wissen, Werte, Denkmodelle, Organisation) besteht.
3. Ausbaufähigkeit und Multiplizierbarkeit einer Fähigkeit, d. h. Transferierbarkeit auf andere Produkte oder Geschäftsfelder.
4. Beständigkeit einer Fähigkeit durch unterstützende Strukturen. Kernkompetenzen sind in der Regel nicht von einzelnen Personen abhängig, sondern vielmehr vom unternehmerischen Wissen, dem Kontrollbereich eines Unternehmens (z. B. der Kontrolle des Zugangs zu Distributionskanälen) und der Unternehmenskultur.

Zentral für das Vorliegen einer Kernkompetenz ist die weitgehende Erfüllung aller vier genannten Voraussetzungen: So kann ein „Happy Engineering" zwar zu technischen Spitzenleistungen führen, die selten (siehe 2.), ausbaufähig (siehe 3.) und beständig (siehe 4.) sind – von einer Kernkompetenz sind wir aber weit entfernt, wenn (siehe 1.) dies von den Kunden nicht honoriert wird.[151]

---

[150] Vgl. z. B. Prahalad, C.; Hamel, G. (1990); Hinterhuber, H. (1997); Barney, J. (2002)

[151] Vgl. Rühli, E. (1994).

Worin ist die Kernkompetenz von IKEA zu vermuten? Im überragenden Firmenimage? Wohl kaum. In der Innovationskraft? In der Freundlichkeit der Mitarbeiter? Auch zu bezweifeln. In vielen Werken über Strategisches Management muss IKEA als Musterbeispiel für die Realisierung von Skaleneffekten durch den Bezug, die Herstellung und den Vertrieb großer Mengen gleicher Produkte herhalten. IKEA verdankt seinen Erfolg aber etwas völlig anderem: einer Fähigkeit, die nicht zu kopieren ist.

Ein Insider erklärte mir einmal, dass kaum einer der eigenen IKEA-Mitarbeiter versteht, warum ihre Kunden bereit sind, solch hohe Abstriche an die Produkt- und Servicequalität hinzunehmen. Während die Käufer von Möbeln anderer Häuser ihre erworbenen Neuwaren kompromisslos und enttäuscht umtauschen, wenn sie auch nur die kleinste Macke entdecken, hat IKEA das Unmögliche geschafft: Die Kunden akzeptieren es, wenn die Ware nicht fehlerfrei ist! Und sind dennoch mehr als zufrieden. Die Kunden von IKEA gehören zu den loyalsten in der Branche. Die weit über das Normale hinausgehende Toleranzschwelle der Kunden, bei gleichzeitig überdurchschnittlicher Loyalität, ist das nach außen sichtbare Symptom einer Ursache, die im Zusammenspiel vieler verschiedener Faktoren („Kompetenzen“) liegt: Der Kunde investiert viel Zeit in den eigenen Aufbau, wenn er nun Mängel entdeckt, ist er nicht bereit, diesen Aufwand noch einmal zu leisten. Mängelbehaftete Produkte werden von IKEA nicht abgeholt, sondern der Kunde müsste Zeit und Geld für den Transport in Kauf nehmen. Aber dies ist eigentlich nicht wichtig, denn die Kunden sind sich bereits vor dem Kauf im Klaren darüber, dass sie Fehler akzeptieren werden. Mehr noch: IKEA ist zu einem „Teil der Familie“ geworden – und wer will einem geschätzten Familienmitglied keine kleinen „Macken“ zugestehen, keine kleinen Fehler verzeihen? In dieser speziellen und einmaligen Fähigkeit liegt der Schlüssel zu IKEAs Erfolg. Letztlich sind Wachstum und damit auch Realisierung der viel zitierten Skaleneffekte nur dadurch möglich. Wer sonst könnte dieses Bündel aus Kompetenzen imitieren, wer zum „Teil der Familie“ werden?

Die Kernkompetenzanalyse zählt zu den nach innen gerichteten Analysen der Strategischen Planung. Kernkompetenzen sind ein Teil der Stärken eines Unternehmens. Die Ergebnisse der Kernkompetenzanalyse fließen daher in die nachgelagerte SWOT-Analyse (s. Kapitel 7.2.7) ein. Kernkompetenzen ermöglichen einem Unternehmen das Erwerben langfristiger Wettbewerbsvorteile. Eine Voraussetzung dafür ist indes, dass sich das Management dieser Kernkompetenzen bewusst ist und diese konsequent ausschöpft. Welche Arten von Kernkompetenzen gibt es? In welchen Bereichen sind Kernkompetenzen zu vermuten?

Beispiele für unterschiedliche Kernkompetenzen bekannter Unternehmen[152]	
– APPLE:	Consumer Design, Markenpflege
– BENETTON:	Prozessmanagement, IuK
– BMW:	Engineering in autonomen, crossfunktionalen Teams
– CANON:	Feinoptik, Präzisionsmechanik, Mikroelektronik
– GE:	Steuerung eines stark diversifizierten Konzerns
– PROCTER GAMBLE:	Markenpflege
– WAL MART:	Logistik, IuK, Mitarbeiterführung

Die Kernkompetenzanalyse ist eine Methode zur Identifikation und Ausschöpfung vorhandener Kernkompetenzen. Daher sind im Rahmen der Kernkompetenzanalyse die beiden Fragen zu beantworten: „Wie lassen sich Kernkompetenzen erkennen?" und „Welchen Nutzen kann das Unternehmen daraus ziehen?" Die Kernkompetenzanalyse erfolgt in drei Schritten:[153]

1. Identifikation von Fähigkeiten
2. Selektion der Kernkompetenzen
3. Bestimmung der Implikationen auf die Strategie

Identifikation von Fähigkeiten

Gäbe es ein sicheres Verfahren, Kernkompetenzen zu identifizieren, quasi einen Algorithmus, dann würden uns Computer diese Arbeit abnehmen. Da es ein solches Verfahren, wie immer im Rahmen der Strategischen Planung, nicht gibt, weichen wir auf eine Methode aus, die uns Anleitung und Rahmen für die anstehende Aufgabe gibt. Die zentralen Fragen für die Identifikation von Fähigkeiten lauten:

- Wo liegen die Schwerpunkte unseres Investitionsverhaltens, wenn wir Investitionen ausklammern, die in konkrete Produkte oder Dienstleistungen (z. B. deren Entwicklung) fließen?
- Wo liegt der wesentliche, wahrgenommene Kundennutzen unserer Produkte oder Dienstleistungen? Warum kaufen die Kunden unsere Produkte oder Dienstleistungen?
- Wodurch genau, unterscheiden wir uns in der Wahrnehmung unserer Kunden deutlich von unseren Wettbewerbern?
- Warum waren bestimmte Projekte oder Produkte besonders erfolgreich?
- Welche konkreten Fähigkeiten zeichnen Schlüsselpersonen unseres Unternehmens (z. B. in der Entwicklung, im Marketing, im Vertrieb) aus?
- Was schätzen Lieferanten und Kunden besonders an unseren Prozessen?
- Welche Möglichkeiten gäbe es auf unserem Markt nicht – welche Chancen würden die Kunden verpassen, wenn es unser Unternehmen nicht gäbe?

---

[152] Vgl. Grant, R. (2003).

[153] Vgl. z. B. Welge, K.; Al-Laham, A. (2003); Grant, R.; Nippa, M. (2006).

Selektion der Kernkompetenzen
Die Antworten auf die obigen Fragen, also das Ergebnis des ersten Schrittes, stellt noch keine bereinigte Liste der Kernkompetenzen dar, sondern zunächst eine Grundgesamtheit verschiedener angenommener Fähigkeiten des Unternehmens (Abbildung 44). Erst durch die Prüfung bzw. Validierung anhand der oben genannten Voraussetzungen (Kundennutzen, Seltenheit, Imitierbarkeit, Ausbaufähigkeit und Beständigkeit) lassen sich Kernkompetenzen selektieren. In der Regel bleiben (wenn überhaupt) vielleicht zwei bis vier Kernkompetenzen „übrig". Als Rahmen und Struktur für den Untersuchungsbereich bietet sich die bekannte PORTER'SCHE Wertkette an (Abbildung 72).

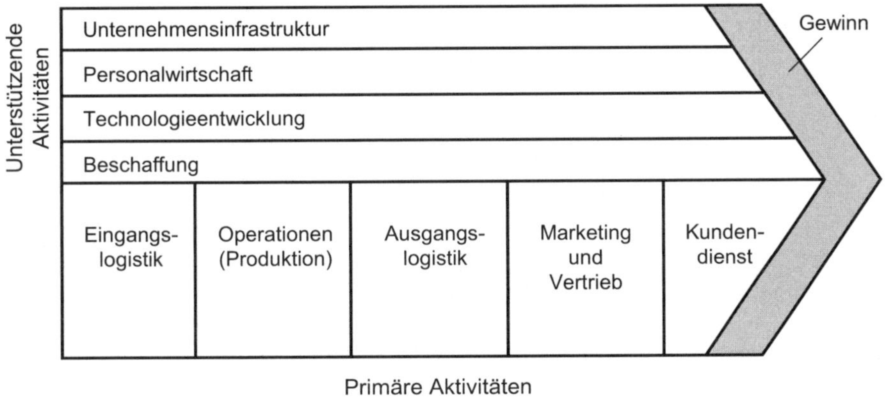

Abbildung 72: Wertkette (generisch) nach Porter[154]

Die Wertkette folgt einem ähnlichen Grundgedanken wie das Konzept der Kernkompetenzen: Ursachen für Wettbewerbsvorteile sind schwer erkennbar, wenn das Unternehmen als Ganzes betrachtet wird. Die von PORTER vorgeschlagene Zerlegung eines Unternehmens in „primäre" sowie „unterstützende" Wertaktivitäten kann auch für die Kernkompetenzanalyse als Rahmen und Struktur für den Untersuchungsbereich herangezogen werden. Dafür muss die dargestellte „generische" Wertkette auf die spezifische Situation eines Unternehmens adaptiert werden.

Kernkompetenzen differenzieren ein Unternehmen. Diese Differenzierung ist immer relativ: relativ zum Wettbewerb. Da Aussagen des Managements und der Mitarbeiter eines Unternehmens immer nur einen Teil des Untersuchungsbereiches abdecken können, ist es wichtig, die Einschätzung der Kunden in die Betrachtung einzubeziehen. Weiterhin lassen sich relevante Informationen aus der Wettbewerbsanalyse berücksichtigen. Insgesamt fließen also die identifizierten potenziellen Erfolgsfaktoren vor allem in die Wettbewerbs- und Kundenanalyse und werden dort aus Wettbewerbs- bzw. Kundensicht bewertet. Durch die ergänzende Beurtei-

[154] Vgl. Porter, M. (1985).

lung des eigenen Managements vervollständigt sich das Bild, und aus einigen der identifizierten „potenziellen“ Erfolgsfaktoren werden echte „kritische“ Erfolgsfaktoren, die in die Analyse der Kernkompetenzen eingehen.

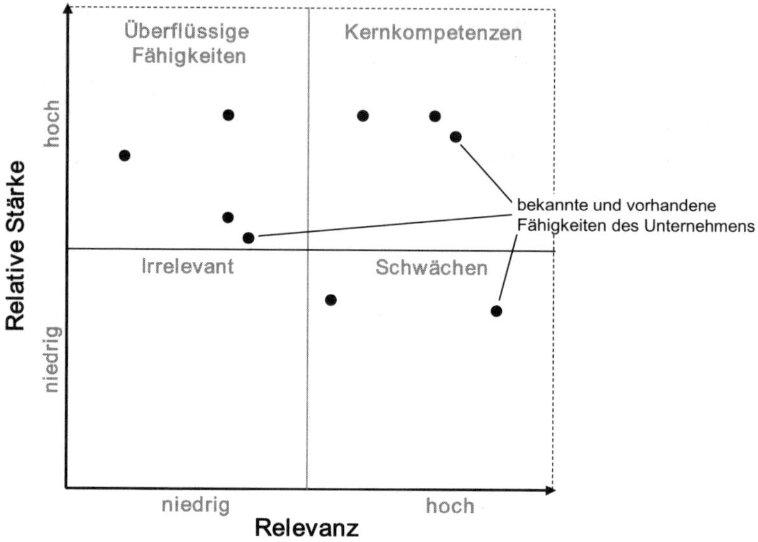

Abbildung 73: Darstellung von Relevanz und Stärke bekannter Fähigkeiten[155]

Informationen vom Management, den Mitarbeitern und Kunden sowie über Wettbewerber fließen in eine Nutzwertanalyse, deren wesentliche Kriterien „Relative Stärke“ und „Relevanz“ über die oben genannten Voraussetzungen operationalisiert und bewertet werden: So werden zur Ermittlung der „Relativen Stärke“ einer Fähigkeit entsprechend Seltenheit, Imitierbarkeit, Ausbaufähigkeit und Beständigkeit gewichtet und bewertet. Analog werden den identifizierten Fähigkeiten entsprechende „Relevanzen“ bezüglich der Erfüllung spezifischer Kriterien des direkten/indirekten Kundennutzens zugewiesen. Insgesamt kann das Ergebnis in einer Vierquadrantenmatrix (Abbildung 73) grafisch visualisiert werden. Mithilfe der Nutzwertanalyse bzw. der Darstellung in einer Vierquadrantenmatrix lassen sich die Kernkompetenzen (oberer, rechter Quadrant in Abbildung 73) aus der Grundgesamtheit identifizierter Fähigkeiten selektieren.

Auch wenn die Matrix die Möglichkeit bietet, Schwächen darzustellen, werden bei der praktischen Durchführung der Analyse kaum Schwächen auftreten, da wir nicht nach ihnen gefragt haben. Diese Frage ist Teil der in Kapitel 7.2.7 zu behandelnden SWOT-Analyse. Dennoch, in der Praxis kommt es immer wieder zu einem interessanten Phänomen: Eine vermeintlich als Stärke identifizierte Fähigkeit entpuppt sich als Schwäche.

[155] Eigene Darstellung in Anlehnung an Grant, R.; Nippa, M. (2006).

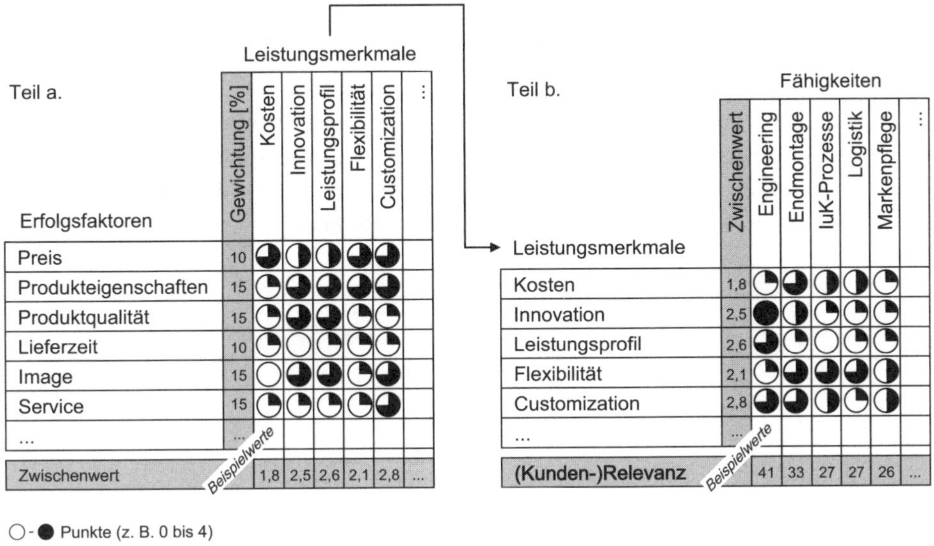

Abbildung 74 (a/b): Überführung kundenbewerteter Erfolgsfaktoren in Kernkompetenzen[156]

Die Analyse zur Darstellung von Relevanz und relativer Stärke von Fähigkeiten ermöglicht es, aus einer Grundgesamtheit vorhandener und bekannter Fähigkeiten diejenigen herauszufiltern, die den Charakter einer Kernkompetenz aufweisen. Damit ist die Analyse allerdings noch nicht beendet; zwei Fragestellungen sind bislang unbeantwortet geblieben: Erstens sind die Kunden nicht in der Lage, alle Fähigkeiten eines Unternehmens direkt zu beurteilen. Insbesondere bleiben „innere" Fähigkeiten in der Regel unberücksichtigt, denken wir beispielsweise an einen überlegenen Einsatz von IuK-Systemen und -Prozessen durch BENETTON oder WAL MART. Zweitens findet die Bewertung nur auf Basis vorhandener und bekannter Fähigkeiten statt; somit bleibt unklar, welche weiteren Kernkompetenzen das Unternehmen zukünftig erwerben muss. Zur Beantwortung dieser beiden Fragestellungen bietet es sich an, das von HINTERHUBER vorgeschlagene kundenwertorientierte Kompetenzportfolio zu verwenden. Diese Methode bietet die Möglichkeit, die für ein bestimmtes Unternehmen notwendigen Kernkompetenzen zu identifizieren; unabhängig davon, über welche Kernkompetenzen das Unternehmen bislang verfügt. Auch in der Durchführung dieser Methode spielt die Befragung von Kunden eine große Rolle.

Der Ansatz der Methode besteht darin, zunächst nach außen sichtbare Erfolgsfaktoren (z. B. Preis, Produkteigenschaften, Lieferzeit, Image), unter Berücksichtigung von Kundeneinschätzungen und im Vergleich zum Wettbewerb, auf interne Leistungsmerkmale abzubilden (z. B. Kosten, Innovation, Flexibilität). Der Zusammenhang von Erfolgsfaktoren und Leistungsmerkmalen ist in Abbildung 74,

156 Eigene Darstellung in Anlehnung an Hinterhuber, H. et al. (1998).

Teil a dargestellt. Im zweiten Schritt werden die Leistungsmerkmale auf Fähigkeiten abgebildet (Abbildung 74, Teil b). Eine besonders hohe (Kunden-)Relevanz einzelner Fähigkeiten definiert diese zur Kernkompetenz um.

Nach diesen beiden Schritten der „mechanistischen" Vorbereitung können nun im dritten und letzten Schritt die „notwendigen" Kernkompetenzen in der bereits oben dargestellten Matrix ergänzt werden (Abbildung 75). So komplettieren unbekannte und/oder nicht vorhandene, dennoch notwendige Kernkompetenzen das Bild.

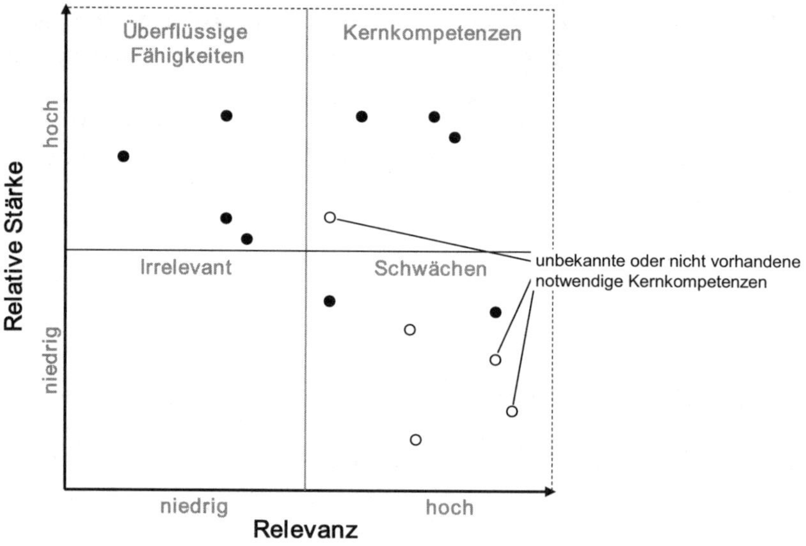

Abbildung 75: Darstellung von Relevanz und Stärke bekannter und unbekannter Fähigkeiten[157]

Bestimmung der Implikationen auf die Strategie

Die Ergebnisse der Kernkompetenzanalyse fließen in weitere Methoden der Strategischen Planung ein (z. B. in die SWOT-Analyse). Daneben können aber auch strategische Erkenntnisse aus der Analyse selbst gewonnen und für die Konkretisierung bzw. Validierung von Strategien verwendet werden.

Stellt IuK, wie dem obigen Beispiel zu entnehmen, eine Kernkompetenz von Wal Mart und Benetton dar, entschließen sich diese Unternehmen vielleicht dazu, entsprechende IuK-Systeme und -Prozesse eben nicht an Dritte auszulagern, wie es derzeit in Mode ist – sondern diese Kernkompetenz ganz bewusst auch weiterhin selbst zu beherrschen und so in der Lage zu sein, diese Fähigkeit passender zu gestalten, als ihnen dies vielleicht als Kunde eines IT-Outsoucing-Anbieters möglich wäre.

157 Eigene Darstellung in Anlehnung an Grant, R.; Nippa, M. (2006).

Bei den so genannten „Überflüssigen Fähigkeiten“ (Abbildung 75) stellt sich dem Management die Frage, ob Investitionen in diese Fähigkeiten in Zukunft unterbleiben. Diese Frage kann nicht pauschal beantwortet werden – es gibt keine Norm-Strategie. Gegebenenfalls kann auch eine scheinbar überflüssige Fähigkeit in eine Kernkompetenz überführt werden, wie folgendes Beispiel zeigt.

> Ein starkes Netzwerk von über 8000 Maklerbüros des Finanzberaters EDWARD JONES, aufgebaut in der Prä-Internet-Ära, scheint in der heutigen Zeit, in der die Kunden vermehrt online Abschlüsse tätigen, keine echte Stärke mehr zu sein. Oder doch?
>
> Tatsächlich gelang es EDWARD JONES durch eben die Betonung des persönlichen Umgangs mit seinen Kunden, seine Vertrauensstellung, gerade gegenüber einer anonymen Internet-Welt, zu nutzen und seinen Marktanteil noch weiter zu steigern.[158] Wie bewusst sich das Unternehmen heute hinsichtlich dieser Kernkompetenz ist, lässt sich erfahren, wenn man die Einstiegsseite des Webauftritts besucht. Auf dieser ersten Seite kann man zwei Dinge tun. Erstens seine bevorzugte Sprache auswählen und zweitens diesen Satz lesen. Sonst nichts:
>
> „For decades, we've believed in building relationships through face-to-face interaction, and adhering to a strategy of recommending quality investments that have proven themselves over time. We understand that this approach might be considered unfashionable. But if it means helping our clients achieve their goals, whether for retirement, education, or just financial security, it's an approach we plan to stick to."

Insgesamt lässt sich zum Konzept der Kernkompetenzen, sowie der entsprechenden Analyse, konstatieren, dass durch den theoretischen Ansatz oft Hoffnungen geweckt werden, die sich nicht in die Praxis transferieren lassen. Einige in der praktischen Anwendung verbreitete Fehleinschätzungen und Einschränkungen sind nachfolgend aufgeführt:

- Kernkompetenzen sind selten, sie tauchen nicht wie Unkraut plötzlich auf.
- Die Identifikation und Analyse von Erfolgsfaktoren bietet nicht notwendigerweise eine gute Methode, diese zu erhalten – oder gar zu entwickeln.
- In der Unternehmenspraxis werden häufig Kernprodukten und Kernkompetenzen verwechselt. Ein innovativer Motor, eine neuartige Antriebstechnologie kann nie Kernkompetenz – sondern immer nur Folge einer Kernkompetenz sein.
- Von der Durchführung der Kernkompetenzanalyse gehen meist viel weniger Impulse und „Aha-Erlebnisse“ aus als erhofft. Das Ziel der Kernkompetenzanalyse ist daher auch eher in der Schaffung von Transparenz vorhandenen Wissens zu sehen, als in der Erzeugung neuer Erkenntnisse. Neue Erkenntnisse

[158] Vgl. Grant, R.; Nippa, M. (2006).

wird nur der gewinnen, der sich bislang nicht mit dem Unternehmen als „Einheit“ beschäftigt hat. Diese Tatsache führt insbesondere dann zu Frustration und Ablehnung, wenn vor der Durchführung der Analyse keine Klarheit darüber besteht, was mit den Analyseergebnissen geschieht. In der Folge bezweifeln manche Kritiker den Nutzen des Kernkompetenz-Konzeptes völlig:[159] „Nach vielen Stunden beharrlichen Suchens nach Kernkompetenzen des eigenen Unternehmens kommen Manager häufig zum Ergebnis, dass das Konzept der Kernkompetenzen – so anziehend es in der Theorie ist, in der Praxis eher zu Frustration führt.“

– Die Entwicklung von Kernkompetenzen resultiert im Allgemeinen nicht aus einer expliziten und planmäßigen Entscheidung, sondern aus einem Strom verschiedener Aktivitäten, die schließlich und endlich, teilweise nach Jahren, zur Aneignung einzigartiger Fähigkeiten führen. Eine nachträgliche Umdefinition von Erfolgsfaktoren in Kernkompetenzen erfüllt weder das auf systematisches Planen gerichtete Herz der Zentrale – noch die durch Gestaltung erlebbare Freude des Managers.

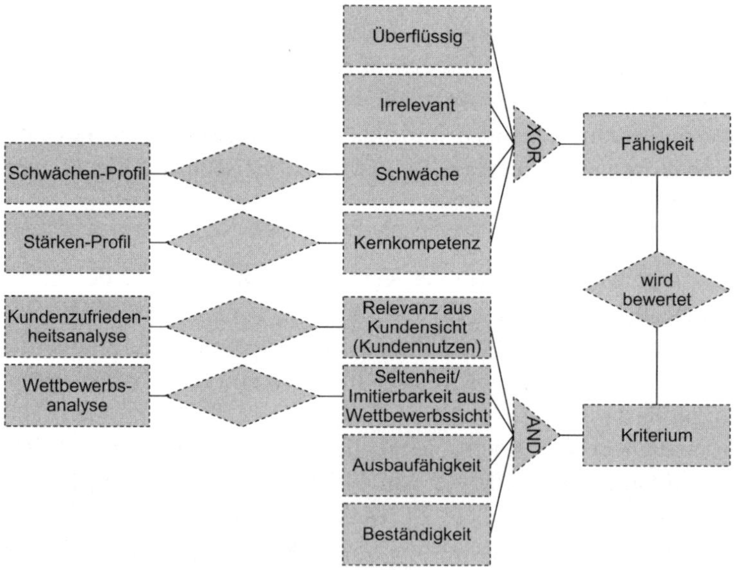

Abbildung 76: Analyse der Kernkompetenzen als ERD

Abschließend sind Struktur und Ablauf der Kompetenzanalyse als ERD (Abbildung 76) bzw. EPK (Abbildung 77) dargestellt. Dabei ist im Rahmen der EPK-Darstellung zusätzlich angegeben, in welche weiteren Methoden der Strategi-

[159] Vgl. Turner, I. zitiert in: Crainer, S. (1998).

schen Planung die gewonnen Daten unmittelbar einfließen, bzw. welche Daten aus vorherigen Methoden verwendet werden.

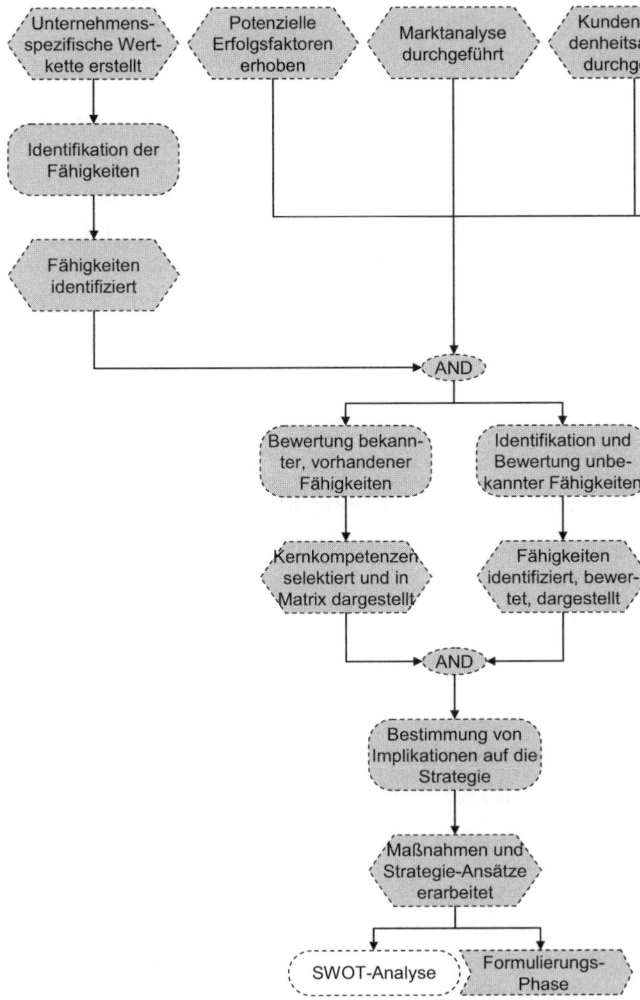

Abbildung 77: Analyse der Kernkompetenzen als EPK

7.2.7 Stärken, Schwächen, Chancen und Risiken

Die Zusammenstellung von Stärken, Schwächen, Chancen und Risiken bündelt die Ergebnisse vorheriger Analysen: Identifizierte Erfolgsfaktoren, die Position gegenüber Wettbewerbern, die Stellung im Markt, Aussagen von Kunden im Rahmen der strategischen Kundenanforderungsanalyse, Kernkompetenzen und nicht zuletzt die Bewertung des eigenen Portfolios bilden die Grundlage einer zusammenfassenden

Sicht. Der Bezug auf vorherigen Analysen ist auch deshalb so wichtig, weil die eigentlichen Ursachen von Stärken und Schwächen gefunden werden müssen, und diese liegen in den besonderen Kompetenzen eines Unternehmens, seinen Kenntnissen, Fähigkeiten und Ressourcen. Stärken und Schwächen sind relative Größen, die sich nur im Vergleich zu Wettbewerbern, der Bewertung durch Kunden oder im Kontext der Branche beurteilen lassen. Somit werden die Ergebnisse vorgelagerter Analysen in einem Gesamtbild konsolidiert.

Leider zeigt sich in der Praxis, dass SWOT-Analysen[160] häufig nicht Ergebnis einer integrierten Strategischen Planung sind, sondern „mal eben" für die kommende Strategiesitzung zusammengeschustert werden. Es darf nicht verwundern, dass durch die inflationäre und unsaubere Verwendung dieses Instruments keine Akzeptanz im Management erreicht wird. Grund für diese Situation ist die vermeintliche Einfachheit der Aufstellung der entsprechenden SWOT-Matrix mit seit langem bekannten und akzeptierten Inhalten, Gemeinplätzen, die unangreifbar sind. In der Strategiesitzung wird genickt und der Tagesordnungspunkt wird abgehakt.

SWOT-Analyse für SEAT
(exemplarisch-fiktiv)

Unternehmens-faktoren	**Stärken** (Strengths) Beispiele: - gutes Händler-/Werkstattnetz in Europa - geringer Wertverlust - Preis-/Leistungsverhältnis - gute Verbrauchszahlen	**Schwächen** (Weaknesses) Beispiele: - kleines Produktprogramm - schwaches Image - geringer Bekanntheitsgrad - wenig innovativ
Umwelt-faktoren	**Chancen** (Opportunities) Beispiele: - starke Wachstumsmärkte in China, Indien oder Brasilien - Anstieg der Nachfrage nach günstigen, verbrauchsarmen und langlebigen Kfz	**Risiken** (Threats) Beispiele: - Automobilmärkte in Europa gesättigt - zunehmender Wettbewerb im Kleinwagensegment - steigende Benzinpreise

Abbildung 78: Exemplarische SWOT-Matrix

Im Rahmen des hier vorgestellten integrierten Ansatzes der Strategischen Planung erhält die SWOT-Analyse allerdings einen anderen Stellenwert, stellt sie doch wichtige Einflussfaktoren von Umwelt und Unternehmen konsolidiert und übersichtlich dar. Aus der Gegenüberstellung von Umwelt- und Unternehmensfaktoren lassen sich fast immer interessante und neue Strategieoptionen gewinnen. Damit ist die SWOT-Analyse gleichsam Abschluss der Analysephase und Auftakt der Formulierung von Strategien.

Die SWOT-Analyse besteht aus zwei Schritten. Zunächst werden wesentliche Stärken, Schwächen, Chancen und Risiken, die in vorherigen Analysen identifiziert wurden, in eine Vierfelder-Matrix eingetragen. Anhand einer fiktiven SWOT-

[160] Stärken (Strengths), Schwächen (Weaknesses), Chancen (Opportunities), Risiken (Threats).

Matrix für die VOLKSWAGEN-Tochter SEAT sind einige der möglichen Einträge in Abbildung 78 dargestellt. Die eigentliche Analyse und Generierung von strategischen Optionen findet erst im nächsten Schritt weiter unten statt.

Stärken/Schwächen sind internen Ursprungs, Chancen/Risiken sind auf die Umwelt gerichtet. Ein bestimmter Einflussfaktor kann entweder als Stärke (Chance) oder als Schwäche (Risiko) Eingang finden – aber nicht als beides. Die Erfüllung dieser trivial klingenden Forderungen lässt sich in den meisten der oben genannten „schnell zusammengeschusterten" SWOT-Analysen vermissen. Damit wird dieses Instrument seiner Fähigkeiten beraubt und in die Reihe der Planungsrhetorischen Methoden eingereiht.

In einigen Lehrbüchern über Strategisches Management ist zu lesen, dass sich die Unterscheidung von Stärken und Schwächen „häufig als schwierig" erweist. Als Beispiel wird der Faktor „Heimatmarkt" für das Unternehmen BMW herausgegriffen.[161] Die Argumentation lautet: Man könne keine klare Aussage darüber treffen, ob der deutsche Heimatmarkt für BMW eine Stärke oder eine Schwäche ist, da auf der Aktiv-Seite beispielsweise der Herkunfts-Goodwill oder die gute deutsche Ingenieursausbildung stehe; dagegen schlagen Hochlohnland und inflexibler Arbeitsmarkt auf der Passiv-Seite zu Buche. Somit wäre eine klare Zuordnung des Faktors „Heimatland" nicht möglich.

Dem ist entgegenzuhalten, dass eine Zuordnung sehr wohl möglich ist, wenn der Faktor „Heimatland" in eben die genannten Bestandteile zerlegt wird und diese dann Eingang entweder in die Stärken- oder die Schwächenperspektive finden. Sind einige der Faktoren nicht wichtig genug, es handelt sich bei der SWOT-Analyse schließlich um eine konsolidierte Darstellung, werden diese ausgeklammert, denn Stärken und Schwächen sind nur dann relevant, wenn diese zu messbaren Erfolgsunterschieden im Vergleich zum Wettbewerb führen. Fazit: Durch Differenzierung sind Faktoren entweder als Stärke oder Schwäche definierbar.

Ohne die Einhaltung dieser beiden Forderungen ist der zweite Schritt, die eigentliche Analyse, undurchführbar. Der zweite Schritt kombiniert

- Stärken und Chancen zu so genannten SO-Strategien,
- Schwächen und Chancen zu so genannten WO-Strategien,
- Stärken und Risiken zu so genannten ST-Strategien und
- Schwächen und Risiken zu so genannten WT-Strategien.

Für die Bestimmung von SO-Strategien wird versucht, auf Basis der Stärken eines Unternehmens dessen Umwelt-Chancen zu nutzen. Häufig ergeben sich hier Strategien, die auf eine Ausweitung des Geschäftes oder die Einführung neuer Produkte gerichtet sind. Ziel der Kombination von Unternehmensschwächen und Chancen

[161] Vgl. z. B. Grant, R.; Nippa, M. (2006).

(WO-Strategien) ist die Minderung der Schwächen durch das gezielte Ausnutzen neuer Möglichkeiten des Unternehmensumfelds. In diesem Zusammenhang finden sich oft Strategien, die auf Kooperationen oder Ausweitung von Marketingaktivitäten gerichtet sind. Im Rahmen der ST-Strategien wird durch die Gegenüberstellung von Stärken und Risiken versucht, externe Bedrohungen zu mindern, indem vorhandene Stärken gezielt ausgebaut werden. Schließlich ist die Kombination von Schwächen und Gefahren zu nennen (WT-Strategie), die dem Unternehmen helfen kann, schwierige Situationen zu identifizieren und geeignete Maßnahmen zur Gefahrenabwehr zu treffen. Einige exemplarische strategische Optionen werden wiederum anhand des fiktiven Beispiels von SEAT in Abbildung 79 dargestellt.

Unternehmensfaktoren

Umweltfaktoren

SWOT-Analyse für SEAT (exemplarisch-fiktiv)	**Stärken** (Strengths) Beispiele: - gutes Händler-/Werkstattnetz in Europa - geringer Wertverlust - Preis-/Leistungsverhältnis - gute Verbrauchszahlen	**Schwächen** (Weaknesses) Beispiele: - kleines Produktprogramm - schwaches Image - geringer Bekanntheitsgrad - wenig innovativ
Chancen (Opportunities) Beispiele: - starke Wachstumsmärkte in China, Indien oder Brasilien - Anstieg der Nachfrage nach günstigen, verbrauchsarmen und langlebigen Kfz	**SO-Strategien** Beispiele: - Verstärkte Nutzung des VW-Netzes in China zur schnellen Marktdurchdringung - „Deutsches" Auto in China, „spanisches" Auto in Brasilien	**WO-Strategien** Beispiele: - Nutzung des kleinen Produktprogramms zur Verbesserung der Kostenposition in Asien - Verstärkt internat. Werbung mit Fokus auf „Image"
Risiken (Threats) Beispiele: - Automobilmärkte in Europa gesättigt - zunehmender Wettbewerb im Kleinwagensegment - steigende Benzinpreise	**ST-Strategien** Beispiele: - Erarbeitung einer deutlicheren Positionierung und Differenzierung ggü. anderen Kleinwagenherstellern	**WT-Strategien** Beispiele: - Kooperationen zum Lückenschließen (Produktprogramm und Innovation) - Herstellung von Komponenten für Wettbewerber

Abbildung 79: Exemplarische SWOT-Analyse inkl. strategischer Optionen

Die Vorteile der SWOT-Analyse liegen in der konsolidierten, übersichtlichen und einfachen Darstellung und der Möglichkeit (und Notwendigkeit), die SWOT-Analyse in gemeinsamer Diskussion im Management-Team, auf Basis der bisherigen Analyseergebnisse durchzuführen. Nachteilig ist, dass die Berücksichtigung aller wesentlichen Einflussfaktoren nicht gewährleistet ist, dass sich die Einflussfaktoren gegeneinander nicht gewichten lassen und die Gefahr besteht, dass erarbeitete strategische Optionen in Strategien umdefiniert werden, was sie keinesfalls sind. Vielmehr sind strategische Optionen der SWOT-Analyse eine von vielen Quellen, um im Rahmen der Phase der Strategieformulierung (s. Kapitel 8) aus Zielen, Vision, Ideen, Optionen, Analyseergebnissen, vorhandenen expliziten und emergenten Strategien die Gesamtstrategie des Unternehmens zu definieren. Eine professionell moderierte SWOT-Analyse kann einen hervorragenden Auftakt zum Abschluss der Analysephase und dem Eintritt in die Phase der Strategieformulierung bilden. Auch für diese letzte Analyse im Rahmen der Strategischen Planung wird die Struktur als ERD (Abbildung 80) und der Ablauf als EPK (Abbildung 81) dargestellt.

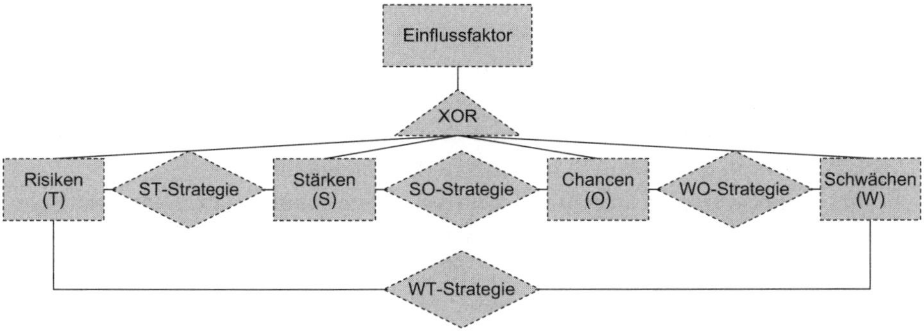

Abbildung 80: SWOT-Analyse als ERD

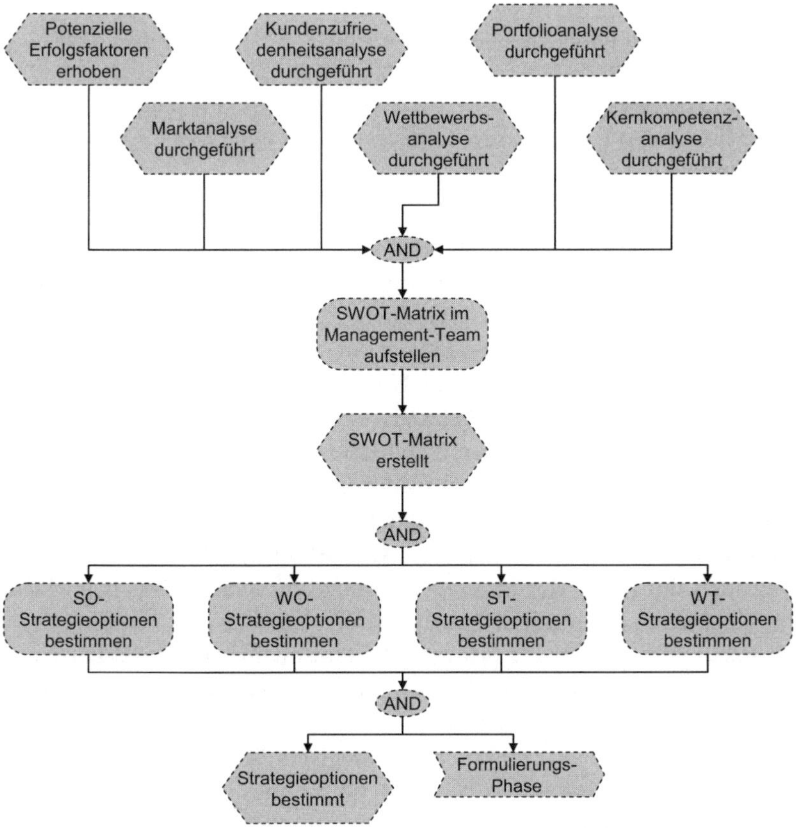

Abbildung 81: SWOT-Analyse als EPK

8 Rückwärts zum Ziel: Backplanning als Grundprinzip der Strategieformulierung

Kernthesen:

- Unsicherheit und Komplexität strategischer Fragestellungen führen zu einem formal nicht lösbaren Problem.
- Die Strategieformulierung umfasst drei zentrale Elemente: die strategische Konversation, die Polare Synthese und das Backplanning.
- Eine gute Strategie entspringt der willentlichen Konfrontation von faktischer Möglichkeit und Fantasie – der Auseinandersetzung an der Grenze von Realismus und Wunschdenken.
- Betrachten wir die Strategieformulierung als kommunikativen Akt, dann rücken die Sprache und die damit verbundenen Rechtfertigungs- und Legitimationsprozesse in den Fokus der Betrachtung.
- Da eine Strategie nur umgesetzt wird, wenn sie akzeptiert wird, ist im Umkehrschluss eine umgesetzte Strategie immer auch ein Kompromiss.
- Die Strategieformulierung ist beendet, wenn der durch das Backplanning sichtbar gewordene Weg konsistent, plausibel, valide und machbar ist und vom Management-Team akzeptiert wird. Und genau das – dieser Weg – ist die Strategie des Unternehmens.

Die in Kapitel 7.2 behandelten Methoden und Analysen bieten ein systematisches Fundament für die nun beginnende Phase der Strategieformulierung. Dabei kann die SWOT-Analyse als Bindeglied von Analyse- und Formulierungsphase gesehen werden. So notwendig und hilfreich jedoch ein stark analytisch geprägtes Vorgehen ist, sollte nicht vergessen werden, dass Unsicherheit und Komplexität gerade strategischer Fragestellungen ein „formal nicht lösbares“ Problem darstellt. Mithin bieten die Analyseinstrumente einen methodischen Rahmen, auf den im eigentlichen Prozess der fantasiereichen und intuitiven Formulierung von Strategien zurückgegriffen werden kann, sei es, um sich Anregungen zu holen, Ideen zu plausibilisieren, in Zusammenhang zu bringen oder Auswirkungen abschätzen zu können. So lebt dann auch die Phase der Strategieformulierung davon, dass das Management offen für neue Ideen ist und sich einer kreativen Sprache bedient. Eine der wesentlichen Voraussetzungen für die erfolgreiche Umsetzung der formulierten Strategie ist letztlich, dass das Management an die Strategie glaubt. Daher stehen drei Elemente im Zentrum dieses Kapitels:

- Die Relevanz der kreativen Sprache (strategische Konversation),
- die Abfassung der Strategie an sich (Polare Synthese) und
- die Sicherung ihrer Plausibilität, Validität, Machbarkeit und Konsistenz (Backplanning).

Das Ziel der Strategieformulierung besteht darin, am Ende eine akzeptierte und verstandene Strategie erarbeitet zu haben. Ob es sich schlussendlich um die „richtige“ Strategie handelt, kann nur die Zukunft zeigen. Nicht immer ist es dabei sinnvoll, die „theoretisch beste“ Strategie zu wählen: passt sie nicht zum Unternehmen, zur Kultur, fehlt dem Management der Glaube an die Sinnhaftigkeit oder Durchführbarkeit, ist die beste Strategie nichts. Sie wird nicht umgesetzt. Die einzige Möglichkeit beurteilen zu können, ob die Strategie „richtig“ ist, ist zu fragen, ob sie „richtig“ zustande kam. Dazu müssen viele Aspekte, und das gestaltet die Phase der Strategieformulierung nicht eben einfacher, berücksichtigt werden: von den Zielen, Visionen, Ideen und Optionen über die Ergebnisse der relevanten Analysen (s. Kapitel 7.2), den vorhandenen expliziten und emergenten Strategien des Unternehmens bis zur Unternehmenskultur und der -vergangenheit. Die Präsentation und Diskussion der wesentlichen Faktoren dieser genannten Aspekte schaffen die notwendige Awareness und bilden somit häufig den Auftakt der Strategischen Konversation und damit den Einstieg in die Phase der Strategieformulierung.

Strategische Konversation

Eine gute Strategie entspringt der willentlichen Konfrontation von faktischer Möglichkeit und Fantasie – der Auseinandersetzung an der Grenze von Realismus und Wunschdenken. Dabei ist die Diskussion faktischer Möglichkeiten, systematisch erarbeitet und mit Analyseergebnissen hinterlegt, nicht das Problem. Im Gegenteil: sind wir es nicht in unserem Arbeitsleben gewohnt, uns fachlich auseinanderzusetzen, Eindeutigkeit zu erzielen, den eigenen Standpunkt bestimmt zu vertreten, um ein bestimmtes Ergebnis zu einem bestimmten Zeitpunkt erreicht zu haben?

Wie kann jemand verlangen, dass wir nun, quasi auf Knopfdruck, einen kreativen, mehrdeutigen Sprachstil kultivieren, den Dialog über den eigenen Standpunkt stellen, nicht nur Hypothesen, sondern offensichtlich Falsches zulassen, mehr noch: willkommen heißen? Dass wir es akzeptieren, in eine ergebnisoffene, kontinuierliche Phase einzutreten? Aber genau darum geht es. Wer glaubt, nach Beendigung der Analysephase „fertig“ zu sein, hat die Strategische Planung nicht verstanden.

Gehen wir davon aus, dass die Strategieformulierung kommunikativ begleitet wird oder sogar selbst ein kommunikativer Akt ist, dann rücken Sprache, strategische Konversation und damit verbundene Rechtfertigungs- und Legitimationsprozesse in den Fokus der Betrachtung.[162] Dem sprachlichen Umgang zwischen den Akteuren des Managements innerhalb der Strategieformulierung kommt somit erhebliche Bedeutung zu. Die Untersuchung zur „Strategischen Planung in deutschen Unternehmen“ (s. zweiter Buchteil) hat ergeben, dass in fast keinem Unternehmen eine besondere Sprachkultur gefördert wird: Kreativität und Themenspektrum sind eingeschränkt, bestehende Grenzen werden nicht herausgefordert. Zahlreiche Untersuchungen belegen, dass analytisches Denken, Objektivität und Rationalität auch

[162] Vgl. Lechner, Ch.; Müller-Stewens, G. (1999).

in strategischen Diskursen vorherrschend sind. Ausgehend von Machterhaltung, der Stellung im Unternehmen und Absicherung der eigenen Position kommt der Intuition und dem Gefühl nur ein geringer Stellenwert zu.[163] Eine spielerische und kreative Sprache, veränderte Regeln der Konversation, das Zulassen von Mehrdeutigkeit, Rollenwechseln und Hypothesen müssen die Unternehmen lernen – dies ist keine Fähigkeit, die sich aus dem Tagesgeschäft ergibt.[164]

Diese Barrieren zu überwinden und die notwendige strategische Konversation gezielt zu fördern, gehört zu den schwierigsten Aufgaben im Rahmen der Strategischen Planung, da wir nun kollektiven und sicheren Boden verlassen und die einzelnen Individuen, namentlich die Mitglieder des Management-Teams, in den Vordergrund rücken. Gerade stark technologieorientierte Unternehmen, denen es an Querdenkern fehlt, haben hier die größten Schwierigkeiten. Nur durch die Überwindung der Angst der einzelnen Mitglieder wird es möglich, von der fachlichen in die kreative Sprache zu wechseln. Genau hierin liegt der Schlüssel: Strategische Konversation muss geübt und vor allem belohnt werden. Die Überwindung der Angst stellt die größte Barriere dar – wird diese von einem Individuum überwunden, muss dies, völlig unabhängig von der Art oder Qualität des Vorschlags, sofortige Anerkennung nach sich ziehen. In einem bekannten Unternehmen wurde vom Vorstand für jede absurde Idee eine Flasche 1999er DOM PÉRIGNON vergeben. Die Einladung von Kunden oder noch besser: Nicht-Kunden kann eine wahre Ideenexplosion auslösen. Auch die Verlagerung des Meetingortes in eine ungewohnte Umgebung kann Wunder wirken.

Polare Synthese

Ziel der Polaren Synthese ist die Verbindung von kontinuierlicher, linearer Entwicklung und der Freiheit eines Sprungs in die Zukunft. Der eine Pol bezeichnet die gegenwärtige Situation des Unternehmens, der andere eine szenarienhafte Vermutung über einen fernen Unternehmenszustand, der weit über das Ende des Planungshorizontes der Strategischen Planung hinausgeht. Von beiden Polen ausgehend und sich im Zentrum treffend werden Erwartungen, Anforderungen und Zustände in einer Synthese zusammengeführt. Verschiedene Techniken werden im Rahmen der Polaren Synthese zu einer integrierten und pragmatischen Methode verbunden. Zu den einzelnen Techniken gehören:

- Produkt-Markt-Matrix (sog. „Ansoff-Matrix"[165])
- Brainstorming
- Extrapolation und Retropolation[166]
- Szenariotechnik

[163] Vgl. Hurst, D. et al. (1989).

[164] Vgl. Krogh, G. von; Roos, J. (1995).

[165] Vgl. Ansoff, H. (1957).

[166] Vorgeschlagen von Siemens Corporate Technologies (CT).

- Megatrends
- Backplanning

Im Rahmen der Polaren Synthese wie auch im gesamten Prozess der Strategischen Planung findet keine Strategieentwicklung statt. Die Strategieentwicklung kann nicht institutionalisiert werden. Folgerichtig liegt der Schwerpunkt der Strategieformulierung darin, existierende Ansätze, Ideen und weitere Inputfaktoren (z. B. Ziele, Analyseergebnisse, bisherige explizite und emergente Strategien) an einer Stelle zusammenzubringen, weiterzuentwickeln, anzupassen, zu vervollständigen, zu plausibilisieren, zu validieren und zu aggregieren.

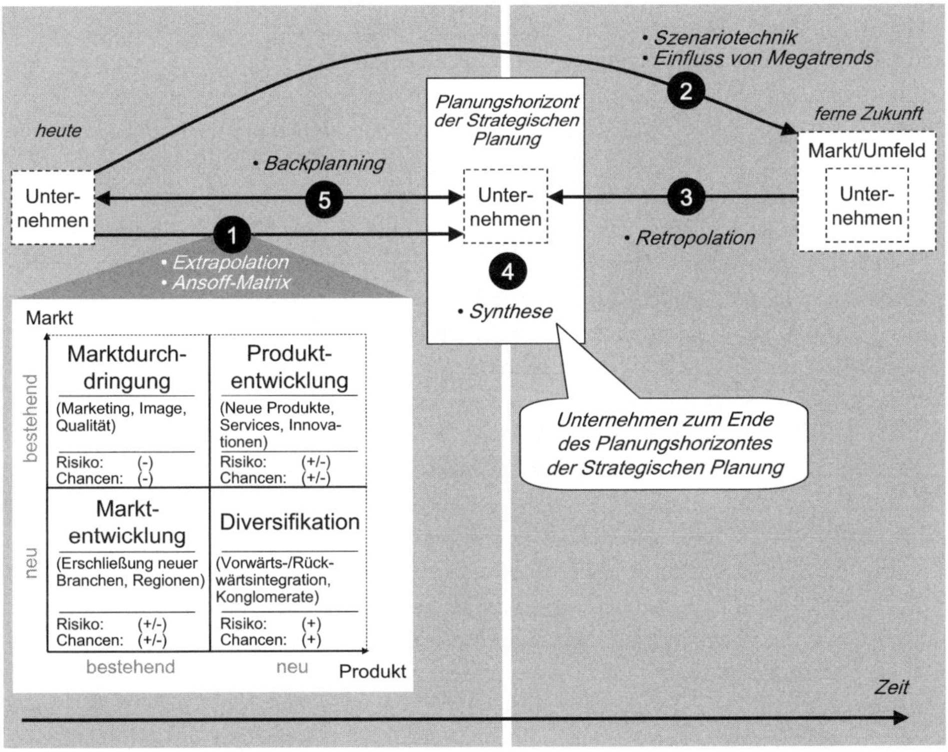

Abbildung 82: Polare Synthese

Ausgangspunkte der Polaren Synthese bilden zum einen die genannten Inputfaktoren und zum anderen das zentrale Problem der Strategieformulierung: Wenn wir von einem gegebenen Zustand heute in die Zukunft planen, lassen sich die meisten Menschen unbewusst von den heutigen Möglichkeiten und Rahmenbedingungen einschränken. Es ist daher kaum möglich, angestammte und vertraute Pfade zu verlassen. Wege, die in der Vergangenheit gegangen wurden, werden mit hoher Wahrscheinlichkeit auch in der Zukunft eingeschlagen. So besteht die eigentliche Herausforderung für die Unternehmen auch nicht in der Fortschreibung vermeintlicher Erfolgsrezepte in die Zukunft, sondern in der Bewältigung des Unbekannten.[167]

Eines der wesentlichen Ziele der Polaren Synthese liegt dann auch darin, eben diese Fesseln zu lösen: Zunächst wird die „Welt von heute“ extrapoliert (auch als „Roadmapping“ bezeichnet). Auf Basis des aktuellen Unternehmens, seines Portfolios, der Technologieposition, des Geschäftsmodells und der bedienten Märkte werden Technologien, Produktfamilien oder Marktentwicklungen in die Zukunft fortgeschrieben (Abbildung 82 (1)). Die Ansoff-Matrix, deren vier Felder entweder bestehende oder neue Produkt-Markt-Kombinationen repräsentieren, bietet eine gute Möglichkeit der strukturierten Extrapolation.

Die sichere Ausgangsbasis, der Vorteil der Extrapolation, ist gleichzeitig ihr größter Nachteil: Disruptive Entwicklungssprünge oder Diskontinuitäten lassen sich damit kaum berücksichtigen. Diese lassen sich aber beurteilen, wenn wir uns, ohne die Fesseln der heutigen Struktur mit uns tragen zu müssen, gedanklich in eine ferne Zukunft versetzen (Abbildung 82 (2)). Wie weit, hängt von der Unternehmensbranche ab. Energieunternehmen springen bis zu 30 oder 40 Jahre in die Zukunft, Automobilhersteller zehn und innovativen Herstellern von Elektronik-Komponenten ist vielleicht ein Sprung von fünf bis sieben Jahren zu empfehlen.

Für den gewählten Zeitpunkt werden mehrer Szenarien entworfen, die beschreiben, wie der Markt, das Unternehmen, die Kunden und Lieferanten dann „aussehen“: Welche Kunden hat das Unternehmen, welches Portfolio, wie groß ist es, welche technologischen Schwerpunkte, was werden die kritischen Erfolgsfaktoren sein, wo müssen die Kernkompetenzen liegen, welche Skills haben die Mitarbeiter, welche Märkte bedient es und wie lässt sich die Kultur des Unternehmens beschreiben. Wie hat sich der Markt geändert? Bei wem kaufen die Kunden ein? Welches „Buying behaviour“ zeichnet zukünftige Kunden aus? Was verlangen sie über das Produkt hinaus von ihren Lieferanten?

Für die Durchführung dieser Methode bietet es sich an, auf den wesentlichen Megatrends, die für die nächsten fünf, zehn oder fünfzehn Jahren erwartet werden, aufzusetzen. Auch wenn manchem die Megatrends als illusorisch oder – im Gegenteil als bereits eingetreten vorkommen, eine gute Liste der wesentlichen Trends, die für unterschiedlichste Bereiche, sei es Ökologie, Gesellschaft, Technologie usw. erwartet werden, ist als Anregung und Motivationsfaktor nicht zu unterschätzen. Nachfolgend sind zwanzig der gemeinhin diskutierten Megatrends zusammengestellt, die sich im Rahmen der Polaren Synthese gut einsetzen lassen.[168]

---

[167] Vgl. Hinterhuber, H. (2004a).

[168] Vgl. Z-Punkt (2007): Megatrends. Unter: http://www.z-punkt.de.

	Megatrends	*Beispiele*
1	Demografischer Wandel	- Alterung und Schrumpfung der Bevölkerung im Westen
2	Neue Stufe der Individualisierung	- Individualismus als globales Phänomen - Wenige starke, viele lose Bindungen - Vom Massenmarkt zum Mikromarkt - Selbstversorgung und Do-it-Yourself-Ökonomie
3	Boomende Gesundheit	- Steigendes Gesundheitsbewusstsein - Zunehmende Selbstverantwortung - Neue Nahrungsmittel: Functional-, Gen-, Novel-Food
4	Frauen auf dem Vormarsch	- Stärkere Integration von Frauen im Erwerbsleben
5	Kulturelle Vielfalt	- Plurale Lebensformen zwischen Moderne und Tradition - Global konkurrierende Wertesysteme - Entstehen von hybriden Kulturen
6	Neue Mobilitätsmuster	- Global anwachsende Mobilität - Ausbau der Verkehrsinfrastrukturen
7	Digitales Leben	- Digitaler Lebensstil: Virtuelle Realität wird real
8	Lernen von der Natur	- Biologie wird zur Leitwissenschaft - Renaissance der Bionik
9	Ubiquitäre Intelligenz	- Neurowissenschaften - Künstliche Intelligenz und Robotik - Transparent Society: Überwachung und Kontrolle
10	Konvergenz von Technologien	- Informations- und Nanotechnologie als Konvergenztreiber
11	Globalisierung 2.0	- Shift to Asia und die neue Rolle des Westens - Entstehung einer globalen Mittelklasse - Globalisierte Kapitalströme
12	Wissensbasierte Ökonomie	- Bildung und Lernen als Fundament - Innovation als zentraler Treiber und Wettbewerbsfaktor
13	Business Ökosysteme	- Neue Wertschöpfungsnetze: Kundenintegration, Coopetition

14	Wandel der Arbeitswelt	- Dynamisierung der Arbeit (orts- und zeitungebunden) - Flexible, interaktive Arbeitsstrukturen
15	Neue Konsummuster	- Nachholender Luxus in China, Indien und Russland - Nachhaltiger Konsum im Westen: Lohas, Eco Chic, Moral Commerce
16	Umsteuern bei Energie und Ressourcen	- Nutzung alternativer Energiequellen - Dezentrale Energieversorgung
17	Klimawandel und Umweltbelastung	- CO_2-Belastung und globaler Temperaturanstieg - Saubere Technologien - Steigende Verantwortung von Unternehmen
18	Urbanisierung	- Starkes Wachstum von Megacitys - Entwicklung angepasster Infrastrukturlösungen - Wasserknappheit
19	Neue politische Weltordnung	- Aufstieg Chinas und Indiens zu Weltmächten - Krise der westlichen Demokratien - Renaissance Russlands
20	Globale Sicherheits-bedrohungen	- Weltrisikogesellschaft - Globaler Terrorismus - Verbreitung von Massenvernichtungswaffen

Das Verfahren der Retropolation (Abbildung 82 (3)) entwickelt den entworfenen Unternehmens- bzw. Markt-/Umfeldzustand nun systematisch in Richtung „heute“ zurück. Wenn wir 15 Jahre in die Zukunft „gesprungen“ sind, fragt die Retropolation danach, was wir spätestens in 14, 13, 12 usw. Jahren erreicht haben müssen, um in 15 Jahren in einem angestrebten Zustand zu sein. Dieses langsame Bewegen auf die Gegenwart zu, ist allerdings bereits zu dem Zeitpunkt beendet, den wir als Planungshorizont der Strategischen Planung definiert haben (Abbildung 82 (4)). Und genau bis zu diesem Zeitpunkt ist auch die Vorwärtsbetrachtung der Extrapolation entwickelt worden.

Es hat sich gezeigt, dass diese beiden Aufgaben, zum einen die Extrapolation (1) und zum anderen die Entwicklung von Szenarien (2) und Retropolation (3), am besten von zwei getrennten Teams erarbeitet werden. Für die kommenden Schritte der Synthese (4) und des Backplanning (5) werden die Teams nun wieder zusammengefasst.

Im Ergebnis haben wir bisher, für einen bestimmten Zeitpunkt, nämlich den des Planungshorizonts der Strategischen Planung, zwei unterschiedliche „Sets“ von Erwartungen, Anforderungen, Zuständen usw. vorliegen. Diese beiden Sets werden im Rahmen der Synthese (Abbildung 82 (4)) nun „übereinander gelegt“. Das Ziel der Synthese besteht darin, aus den beiden unterschiedlichen Sets einen einzigen Zustand des Unternehmens zum Zeitpunkt des Planungshorizontendes der Strategischen Planung zu entwickeln. Es wird Erwartungen, Anforderungen und Unternehmenszustände geben, die deckungsgleich sind, andere werden stark divergieren. Genau das ist der erwünschte Reibungspunkt. Die Auseinandersetzung um den „besten" Unternehmenszustand entwickelt sich entlang komplementärer, konfliktärer und indifferenter Anforderungen. Im Ergebnis kann eine stimmige Zukunftsvision des gesamten Unternehmens entwickelt werden, die alle relevanten Aspekte umfasst: von Mitarbeiter-, Markt- und Finanzkennzahlen, Geschäftsmodell, Portfolio, Technologieposition und den Kompetenzen bis zur notwendigen Aufbau- und Ablauforganisation des Unternehmens. Dabei sind die Arten der Strukturierung und Darstellung so vielfältig wie die Unternehmen selbst.

Eines der beiden zentralen Ergebnisse der Strategieformulierung ist damit erreicht: Wir haben ein detailliert beschriebenes Bild des zukünftigen Unternehmenszustands. Ein solches Bild, eine solche Vorstellung ist für die Akzeptanz und Kommunikation im Unternehmen wesentlich wichtiger als alle abstrakten Strategien. Ein solches Bild kann das Management fühlen, ein solches Bild kann angefasst, begründet und weiterentwickelt werden.

Damit sind wir den wesentlichen, den gestalterischen Weg der Strategieformulierung gegangen. Dennoch sind für die erfolgreiche Strategieformulierung noch zwei notwendige Aspekte offen geblieben: Zum einen ist der Beweis der Plausibilität noch nicht erbracht. Viele Strategien scheitern daran, dass das Management nicht an die Zielerreichung glaubt. Ohne den Glauben an das Ziel wird aber der Weg nicht eingeschlagen, die Umsetzung nicht vorangetrieben. Zum zweiten ist der Weg zum Ziel noch nicht beschrieben – natürlich besteht genau darin auch die Aufgabe des operativen Managements, dennoch zeigt es sich immer wieder, dass es kein Nachteil ist, bestimmte Milestones/Aktivitäten und wichtige Zwischenergebnisse/Merkmalsausprägungen im Rahmen der Strategieformulierung zu definieren; damit die Freiheitsgrade einzuschränken, die Komplexität zu reduzieren und das Verständnis zu erhöhen. Der Zielerreichungsgrad wird messbar, eine gemeinsame Erwartungshaltung im Unternehmen aufgebaut und erst die Definition bietet die Möglichkeit zur konstruktiven Änderung. Beide Aspekte, Erreichung von Plausibilität und Wegbeschreibung, sind Kernziele des letzten Schrittes der Polaren Synthese, des Backplanning (Abbildung 82 (5)).

Backplanning

Backplanning bezeichnet die rückwärtige Planung von einem zukünftigen Zustand in Richtung der Gegenwart. Ziel des Backplanning ist die Sicherung der Plausibilität, Validität, Machbarkeit und Konsistenz. Und damit der Strategie-Akzeptanz im Unternehmen.

Im Schritt (4), der Synthese, haben wir den Unternehmenszustand anhand bestimmter Ausprägungen definierter Merkmale (z. B. Mitarbeiter-, Markt- und Finanzkennzahlen, Geschäftsmodell, Portfolio) beschrieben. Im Rahmen des Backplanning, Schritt (5), werden allen definierten Merkmale, zunächst auf Jahresebene, genau diejenigen Ausprägungen zugeschrieben, die notwendig sind, um am Ende des Planungshorizontes den beschriebenen Unternehmenszustand erreicht zu haben. Somit lassen sich die Zwischenergebnisse darstellen. Neben den Zwischenergebnissen/Merkmalsausprägungen werden die wichtigsten Aktionen (z. B. Akquisitionen, Eröffnung von Niederlassungen, Produktneueinführungen) als Milestones beschrieben (Abbildung 83).

Je näher das Planjahr an der Gegenwart liegt, desto kleiner sind die Planungsscheiben. Ein Beispiel: Hat ein Unternehmen einen Planungshorizont von fünf Jahren, wird es vielleicht die Jahre drei, vier und fünf als Jahresscheibe behandeln, das zweite Jahr auf Quartalsebene und das erste Jahr mit Monatsscheiben planen.

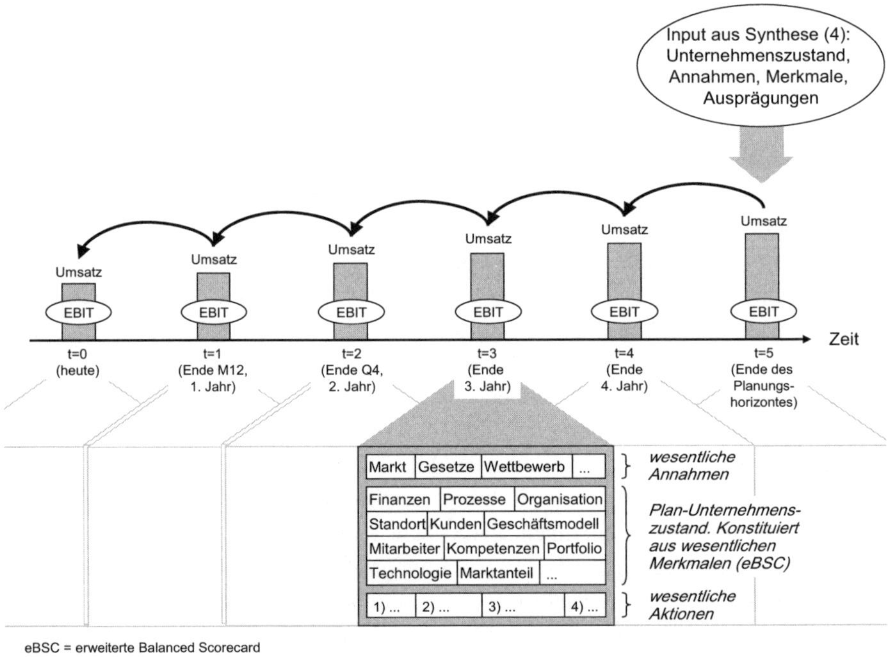

Abbildung 83: Backplanning

Durch diesen Ansatz wird sehr schnell deutlich, ob der definierte Unternehmenszustand zum Ende des Planungshorizontes (s. t = 5 in Abbildung 83) plausibel ist, wo der „kritische Pfad“ liegt und welches die sensibelsten Annahmen sind. Entsprechend ist das Backplanning auch keine Einbahnstraße. Es wäre vielmehr ein Wunder, wenn sich durch das Backplanning nicht an der einen oder anderen Stelle ganz offensichtlich zeigen würde, dass der angestrebte Unternehmenszustand anzupassen ist. Dadurch, dass sämtliche Merkmale des Unternehmenszustandes, also nicht etwa nur Finanzdaten, beschrieben sind, wird das „Bild“ des Unternehmens zu verschiedenen Zeitpunkten greifbar. Die wesentlichen Merkmale und deren Ausprägungen ergeben in Summe den Plan-Unternehmenszustand – werfen wir nochmals einen Blick auf die Abbildung 83, lässt sich die Ähnlichkeit der exemplarisch genannten Merkmale zu einer (erweiterten) Balanced Scorecard erkennen. Diese wird als Zielbestimmungs- und Umsetzungsinstrument im folgenden Kapitel 9 eine Rolle spielen.

Insgesamt wird klar, was bereits heute zu tun ist, welche Etappenziele in zwei Monaten, in einem halben Jahr erreicht werden müssten, damit das nur scheinbar so ferne Zukunftsziel realisierbar bleibt. Backplanning vermittelt so gerade am Anfang den häufig fehlenden „Sense of Urgency“, es wird transparent, wer wann was zu tun hat, wer wann was erreicht haben muss. Der iterative Prozess zwischen Backplanning und Anpassung des definierten Unternehmenszustandes zum Ende des Planungshorizontes ist beendet, wenn der durch das Backplanning sichtbar gewordene Weg konsistent, plausibel, valide und machbar ist und vom Management-Team akzeptiert wird. Und genau das – dieser Weg – ist die Strategie des Unternehmens. Die Phase der Strategieformulierung ist beendet.

Damit sind die Planungsphasen der Strategischen Planung abgeschlossen. Nun muss nur noch umgesetzt werden – sagt die Zentrale. Woran liegt es, dass die meisten Strategien an dieser Phase scheitern? Zwei Faktoren sind dafür verantwortlich: Zum einen an einer unzureichenden, akademischen, nicht fühlbaren, nicht plausibel und erreichbar erscheinenden Planung, die letztendlich vom Management nicht akzeptiert wird. Zum anderen an der Art Umsetzung selbst. Wo liegen die Stolpersteine? Welche pragmatischen Instrumente helfen den Mitgliedern des Top-Managements sicherzustellen, dass ihre Strategie auch wirklich umgesetzt wird?

9 Visionäre Umsetzer: Fokus auf Implementierung und Controlling

> Kernthesen:
> - Unternehmen scheitern nicht an der Formulierung von Strategien, sondern an ihrer Umsetzung. Das hat drei Ursachen.
> - Umsetzungscontrolling ist eine der zentralen Voraussetzungen einer funktionierenden Strategischen Planung.
> - Umsetzungscontrolling ist das natürliche Gegengewicht zur Unsicherheit und Komplexität der Strategischen Planung.
> - Nicht selten erkennen Führungskräfte die Abweichung von einstigen Annahmen schneller, als es dem Top-Management lieb ist und ziehen sich konsequent aus der Verantwortung für die Umsetzung und Zielerreichung zurück.
> - Eine der wesentlichen Probleme des strategischen Controllings besteht darin, dass sich häufig keine quantifizierbaren Zwischenziele definieren lassen.
> - Ziel des Instrumentes der Umsetzungsgrade ist es, eine Möglichkeit zu schaffen, den inhaltlichen Umsetzungsfortschritt einer Aktivität transparent zu gestalten, auch wenn diese keine quantifizierbaren Zwischenziele aufweist.

Unternehmen scheitern nicht an der Formulierung von Strategien, sondern an ihrer Umsetzung. In deutschen Unternehmen wird die Hälfte der als wichtig angesehenen Strategien nicht implementiert. Nur in zwölf Prozent der Fälle werden drei Viertel oder mehr der beschlossenen Strategien tatsächlich umgesetzt. Die Ursache dafür ist in drei Punkten zu suchen. Zunächst im fehlenden Glauben des Management-Teams und der Mitarbeiter an die Machbarkeit der Strategie. Dieser Punkt ist im vorherigen Kapitel 8 über das Instrument des Backplanning adressiert worden. Bleiben zwei Aspekte offen, die im Mittelpunkt dieses Kapitels stehen:

1. Keine eindeutige Verantwortlichkeit für klar beschriebene, abgegrenzte und terminierte Arbeitspakete bzw. Aktivitäten.
2. Fehlende kontinuierliche Messung.

Während die Erstellung einer operative Planung bzw. Projektplanung beim ersten Punkt im Vordergrund steht, kann eine kontinuierliche Messung mit verschiedenen Instrumenten erfolgen. Diese Instrumente helfen dabei, den Umsetzungsgrad beurteilen und steuernd eingreifen zu können. Die Vorgehensweise, die Methoden und die Arten der Einflussnahme, die im Rahmen der Umsetzungsphase ergriffen werden, müssen bereits zu Beginn der Strategischen Planung, also noch vor der Analysephase, eindeutig definiert sein. Nur das bietet den Handelnden die Möglichkeit, die Tragweite ihrer Entscheidungen abschätzen und notwendige Kontrollpunkte bereits in der Planungsphase berücksichtigen zu können. Das in Kapitel 8 behandelte Vorgehen zur Strategieformulierung und darin insbesondere die Polare Synthese und das Backplanning sind wesentliche Voraussetzungen für den erfolgreichen Eintritt in die Umsetzungsphase. Soweit es in den Händen des Top-Managements liegt, sind die Ziele und die groben Meilensteine sowie Aktivitäten auf dem Weg zur Erreichung eines definierten Unternehmenszustandes beschrieben. Die Leitplanken sind vorhanden und werden nun mithilfe der operativen Planung und durch kontinuierliche Messung und Steuerung operationalisiert. Das Ziel der Strategieumsetzung besteht darin, auf Basis veränderlicher Annahmen und Prämissen (z. B. hinsichtlich Markt, Wettbewerber, Kunden, Technologien) die definierten Ziele zu erreichen. Eine Strategie beschreibt den Weg, lassen Sie uns nicht vergessen, dass der Zusammenhang von Strategien und Zielen notwendigerweise immer ein vermuteter, nie ein formaler ist (Abbildung 6). Es ist eine Binsenweisheit, dass, auch bei 100-prozentiger Umsetzung der Strategien, die Zielerreichung immer nur so gut sein kann, wie es der eintretende Zusammenhang der erwarteten Ziel-Strategie-Relation zulässt.

Operative Planung

Das operative Planungssystem besteht aus vier wesentlichen Elementen.

1. *Zerlegung und Verantwortung:* Umfangreiche, beispielsweise im Rahmen des Backplanning identifizierte Aktivitäten werden in kleinere Arbeitspakete zerlegt. Oft stellt sich die Frage, wie detailliert, wie granular einzelne Arbeitspakete in der operativen Planung zu definieren sind. Auch wenn die Antwort auf diese Frage von vielen verschiedenen und unternehmensspezifischen Determinanten abhängt, kann jedoch ein in den meisten Fällen gültiges Kriterium benannt werden: Arbeitspakete müssen hinsichtlich der Verantwortung eindeutig (d. h. in der Regel einer einzelnen Person bzw. Rolle) zuordenbar sein. Konsequente Umsetzungsverantwortung zu definieren gehört zu den entscheidenden Erfolgsfaktoren der Strategieimplementierung. Konsequent bedeutet Konsequenz: ohne signifikante Incentivierung und entsprechendes Controlling erwarten die befragten Manager keine Besserung der Umsetzungswahrscheinlichkeit. Der jeweils „richtige" Verantwortungslevel (z. B. der Leiter einer Gruppe, Abteilung, Segments, Gebiets, Bereichs, Unternehmens) liegt immer eine Ebene über der tatsächlich ausführenden Instanz. Sind beispielsweise zwei neue Landesleiter bestellt worden, mit der Aufgabe, Niederlassungen bzw. Repräsentanzen in zwei neuen Ländern zu gründen, wird die Verantwortung der Ebene des übergeordneten Regionenleiters zugeordnet. Wie die einzelnen Verantwortungen dann tatsächlich aussehen, hängt im Wesentlichen von der Organisationsstruktur (z. B. Linien-, Matrix-, Projektorganisation) des Unternehmens ab. Dabei darf das AKV-Prinzip nicht verletzt werden, demzufolge die Verantwortung für eine Aufgabe organisatorisch durch die entsprechend notwendige Kompetenz und Verantwortung gedeckt wird (s. Kapitel 2). Unterhalb der operativen Planungsebene lassen sich dann eigene Projekte etablieren, deren Planung ent-

sprechend tiefer gehen (z. B. Standortsuche, juristische Gründung, Einstellen von Mitarbeitern, Qualifizierung). Die einzelnen Elemente der Projektpläne sind nur im Eskalationsfall auf Managementebene zu heben.

2. *Zeitplanung:* Jede Aktivität wird mit ihren zentralen Meilensteinen terminiert. Anschließend werden die einzelnen terminierten Aktivitäten zueinander in Beziehung gesetzt und in einen Gesamtplan integriert. Häufig hängen Aktivitäten voneinander ab (z. B. Investitionsvorhaben und deren Finanzierung) und müssen sequenziell geplant werden, andere Aktivitäten weisen keine oder nur unwesentliche Beziehungen zueinander auf und lassen sich parallelisieren.
3. *Ressourcenplanung:* Letztlich ergeben sich aus der Zerlegung von Aktionen in Aufgabenpakete und der zeitlichen Planung terminierte Ressourcenanforderungen. Aus dem Bedarf nach Personalressourcen (quantitativ und qualitativ) und Aufwänden (z. B. Miete, Material, Maschinen, Fremdleistung, Errichtungskosten) zur Durchführung einer Aktion ergibt sich das Budget für die Planperioden.
4. *Motivationssystem:* Die Wahrscheinlichkeit für die erfolgreiche Umsetzung von Strategien hängt zu einem Großteil von der Motivation der entsprechenden Personen ab. Gleichzeitig zählt die Verbindung von Motivation und Strategieumsetzung zu den schwierigsten Aufgaben der Unternehmensführung, da individuelle Belohnungen und Bestrafungen immer bezüglich ihrer Auswirkungen auf die Gesamtheit der Führungskräfte zu beurteilen sind.[169] Dennoch kann daraus keine Forderung nach einseitig kollektiven Anreizsystemen abgeleitet werden, da herausragende Führungskräfte durch Kollektivprämien demotiviert werden. Der Unternehmensführung kommt daher die Aufgabe zu, die Faktoren zu kennen, die einzelne Schlüsselpersonen motivieren. Dabei ist darauf zu achten, dass unter der Motivation einzelner Schlüsselpersonen die Kooperation und Moral insgesamt nicht leidet. Der Unternehmensführung ist klar, dass eine faire Belohnung zwar das Ziel ist, dieses aber nur annähernd erreicht werden wird. In diesem Zusammenhang ist Transparenz insoweit aufzubauen, als dass keine Verdachtsmomente auf Willkür, Zufälligkeit oder Intervention weisen. Die wesentlichen vier Motivationsinstrumente in der Praxis sind[170]
   a) finanzielle Anreize (z. B. Gehaltserhöhung, Prämien, Gewinnbeteiligung),
   b) die Schaffung von Arbeitsbedingungen, unter denen die Mitarbeiter ihre Möglichkeiten tatsächlich voll entfalten können (z. B. richtige Fachaufgabe und hierarchische Position),
   c) Anerkennung und sozialer Status (von der Teilnahme an wichtigen Ent scheidungsgremien bis zur Wahl des Dienstwagens) und schließlich
   d) Macht und Einfluss (z. B. Ausweitung des Verantwortungsbereichs).

[169] Vgl. Hinterhuber, H. (2004b).

[170] Vgl. Hitt, M. et al. (2003).

Aus diesen vier Elementen wird die operative Planung für ein bis zwei Jahre konstituiert, die Zielvereinbarungen für Anreizsysteme abgeleitet und die Budgetplanung erstellt. Während der Strategieprozess im Wesentlichen auf Top-Managementebene stattfindet, bietet sich bei der operativen Planung ein Top-Down-Bottom-Up-Prozess an.

Controlling

Auch wenn das Controlling, d. h. die Messung, Kontrolle und Steuerung der Strategieumsetzung als letzter Punkt der Strategischen Planung gilt, spiegelt das nicht die Relevanz wider, die diesem Instrument zukommt. Im Gegenteil, wie bereits in Kapitel 5 besprochen, ist ein wirksames Umsetzungscontrolling eine der zentralen Voraussetzungen einer Strategischen Planung insgesamt. Die befragten Manager betrachten das Controlling sogar als eines der beiden wesentlichen Verbesserungspotenziale in ihren Unternehmen, noch vor Analysemethoden, Verantwortlichkeiten oder Kommunikation. Ein zentraler Grund für die Relevanz des Controlling konnte in Interviews mit Vorständen, Bereichsleitern oder Leitern der Strategischen Planung identifiziert werden: Das Controlling wird von den Entscheidern als notwendige Voraussetzung für die eigentliche Umsetzung betrachtet. Daraus leiten sich die wesentlichen Anforderungen an den Aufbau einer strategischen Umsetzungscontrollings ab:

- Die Controllingsystematik ist nicht am Ende der Strategischen Planung zu definieren, sondern muss bereits zu Beginn transparent sein.
- Das Controlling darf nicht erst am Ende der Umsetzungsphase beginnen, sondern muss den gesamten Umsetzungsprozess von Beginn an begleiten.
- Das strategische Controlling kann nicht von einer operativen Controllingabteilung mal eben „mitgemacht" werden, sondern muss von einer eigenen Instanz etabliert und durchgeführt werden.
- Schlussendlich sind die Controllingergebnisse regelmäßig an das Top-Management zu berichten und bedürfen dazu eines reduzierten, auf das wesentliche gerichteten Komplexitätsgrads.

So wird das Umsetzungscontrolling zu einem natürlichen Gegengewicht zur Unsicherheit und Komplexität der Strategischen Planung. Die rollierend detailliertere Planung wird durch fortlaufende Soll-/Ist-Vergleiche abgesichert und gegebenenfalls modifiziert. Stehen die Unternehmen in einem zunehmenden Wettbewerb um Zeitvorteile, können sie nicht darauf warten, dass sich die Auswirkungen ihrer beschlossenen und umgesetzten Strategien im finanziellen Reporting zeigen. Traditionelle, oft bilanzorientierte Controllingansätze reichen für die besprochenen Zielsetzungen nicht aus.[171] Das Umsetzungscontrolling kann das interne Rechnungswesen nicht ersetzen, sondern neben dem existierenden Berichtswesen

[171] Vgl. Gleich, R. (1997).

ein auf die Ansprüche des Managements gerichtetes flexibles und schlankes System stellen, das den Informationsbedürfnissen der Führungskräfte gerecht wird.[172] Unerheblich, welcher der verbreiteten schlauen Sprüche gewählt wird, alle weisen in die gleiche Richtung, ohne Messung kein Ergebnis:

- „You always get what you measure“
- „If you can't measure it, you can't manage it“
- „What gets measured, gets done“
- „Das Auge des Bauern macht die Kühe fett“

Das Umsetzungscontrolling wird in der Literatur häufig in drei verschiedene Aspekte unterteilt.[173] Diese bieten sich auch für die praktische Konzeption eines entsprechenden Controlling-Ansatzes an:

1. *Prämissenkontrolle:* Stimmen die zu Beginn des Planungsprozesses definierten Annahmen noch?
2. *Wirksamkeitskontrolle:* Werden die definierten Ziele erreicht?
3. *Durchführungskontrolle:* Werden die Aktionen wie vorgesehen umgesetzt?

Wir können nur kontrollieren, steuern und messen, was eindeutig definiert wurde. Blicken wir auf das Backplanning (Abbildung 84), lassen sich die drei genannten Aspekte des Controlling wieder finden.

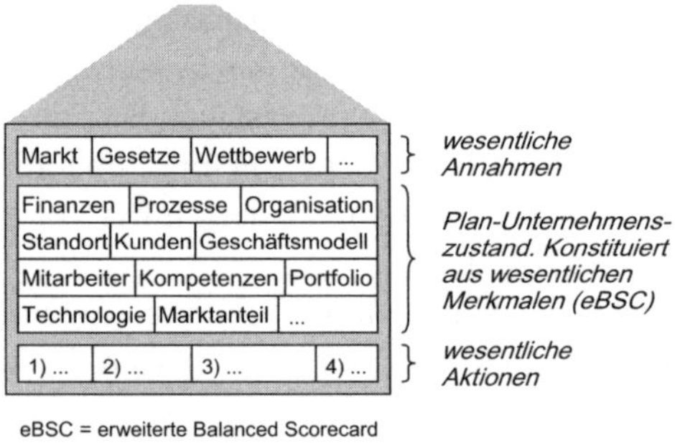

Abbildung 84: Ausschnitt aus dem Backplanning

Die „wesentlichen Annahmen“ werden durch die *Prämissenkontrolle* validiert bzw. modifiziert, der „Plan-Unternehmenszustand mit den wesentlichen Merkmalen“ beschreibt die Ziele, deren Erreichung über die *Wirkungskontrolle* gemessen werden und schließlich wird die Umsetzung der „wesentlichen Aktionen“ im Rahmen der *Durchführungskontrolle* geprüft.

Die zentrale Voraussetzung zur Prämissenkontrolle ist, dass der Strategischen Planung zu Grunde liegenden Annahmen dokumentiert sind. Das ist, so trivial sich

[172] Vgl. Müller-Stewens, G.; Lechner, Chr. (2005).

[173] Vgl. z. B. Müller-Stewens, G.; Lechner, Chr. (2005); Goold, M.; Quinn, J. (1990).

diese Forderung anhört, in der Praxis bei weitem keine Selbstverständlichkeit. Größere Unternehmen veröffentlichen zwar bindende Planvorgaben (z. B. hinsichtlich Zins-, Währungs- oder Inflationsentwicklung) in so genannten Planbriefen. Doch die erforderlichen Annahmen der Strategischen Planung gehen weit über volkswirtschaftliche Größen hinaus: Kommt es auf dem Beschaffungsmarkt für Stahl zu einem Engpass? Wie werden sich die Preise für Sensoren entwickeln? Welcher technologische Interface-Standard wird sich durchsetzen? Werden die angestrebten zehn neuen Entwickler im Bereich Mikrosystemtechnik überhaupt zu gewinnen sein? Wie wird sich die Alternativenergie-Einspeisevergütung, geregelt im Erneuerbaren Energien Gesetz (EEG), in den nächsten Jahren ändern? Was passiert, wenn es unter den Wettbewerbern zur Konsolidierung kommt? Steigt der Markt tatsächlich mit den angenommenen sechs Prozent pro Jahr (CAGR)?

Die zentrale Aufgabe der Prämissenkontrolle besteht darin, bei signifikanten Änderungen in den Plan einzugreifen. Geschieht das nicht, sind alle Ziele, alle Aktionen obsolet. Nicht selten erkennen Führungskräfte die Abweichung von einstigen Annahmen schneller, als es dem Top-Management lieb ist und ziehen sich konsequent aus der Verantwortung für die Umsetzung und Zielerreichung zurück. Dem kann nur entgegenwirken und damit die Strategischen Planung überhaupt aufrecht erhalten, wer Abweichungen von Annahmen kontinuierlich und systematisch identifiziert, bewertet, transparent darstellt und unverzüglich deren positiven oder negativen Einfluss in der Planung berücksichtigt und die Änderungen kommuniziert. Um diese Anforderung in die Praxis umsetzen zu können, ist es erforderlich, bereits im Rahmen der Prämissenbildung zu definieren, wie hoch Abweichungen sein müssen, sodass tatsächlich umgeplant wird. Häufig werden vielleicht fünf bis 15 kritische Annahmen definiert, für die jeweils ein „Band“ bestimmt wird, innerhalb dessen Grenzen Änderungen ohne Einfluss auf die Strategische Planung bleiben. Bei Überschreitung der vereinbarten Schwellen wird die Planung angepasst. Nur so bleibt der so wichtige Glaube an die Strategische Planung insgesamt erhalten, in allen anderen Fällen wird das Top-Management feststellen, dass sich die Führungsmannschaft Schritt für Schritt aus der Verantwortung nimmt – und das mit Berechtigung.

Die Erreichung der angestrebten Ziele, wie sie in der Abbildung 84 in den Elementen des Plan-Unternehmenszustandes ausgedrückt sind, lässt sich über die Wirkungskontrolle überprüfen. Eine der wesentlichen Voraussetzungen für die Messung und Kontrolle ist auch hier die nachvollziehbare Dokumentation der einzelnen Subziele und der entsprechenden Messgrößen. Dabei müssen bei jedem Ziel die vier Kriterien der Zielbildung (Inhalt, Ausmaß, Zeitbezug und Geltungsbereich) berücksichtigt werden (s. Kapitel 2 im ersten Buchteil). Zu diesem Aufgabenkomplex wurde in den letzten Jahren eine ganze Reihe von Ansätzen entwickelt. Viele dieser Ansätze beruhen dabei auf den Forderungen, die Zielerreichung auf Basis eines Kriterienrasters beurteilen zu können, eine angemessen komplexitätsreduzierte, managementorientierte Darstellungsform zu finden und eine integrierte Sichtweise zu ermöglichen, die sich nicht nur auf einzelne Aspekte (z. B. Finanzen) fokussiert, sondern alle wichtigen Perspektiven des Unternehmens berücksichtigt. Zu solchen Scorecard-Ansätzen gehören beispielsweise der „Trotter“ von GENERAL ELECTRIC, der „Skandia Navigator“ des schwedischen Versicherungsunternehmens SKANDIA, das „EFQM-Modell“ des MALCOM BALDRIDGE NATIONAL QUALITY AWARD und des EUROPEAN QUALITY AWARD, sowie die verbreitete „Balanced Scorecard“.

Die Balanced Scorecard (BSC) wurde Anfang der 1990er Jahre durch ROBERT KAPLAN und DAVID NORTON und einige US-amerikanische Unternehmen (z. B. APPLE, KPMG, GEMINI CONSULTING) vorgeschlagen[174]. Die hohe Verbreitung der BSC resultiert daraus, dass dies einer der ersten Ansätze war, der sich von der einseitig finanziellen Steuerung verabschiedete und, im traditionellen Ansatz, drei weitere Perspektiven einbrachte: Mitarbeiter (Lernen, Wachstum), Prozesse (interne Abläufe) und Kunden (Abbildung 85).

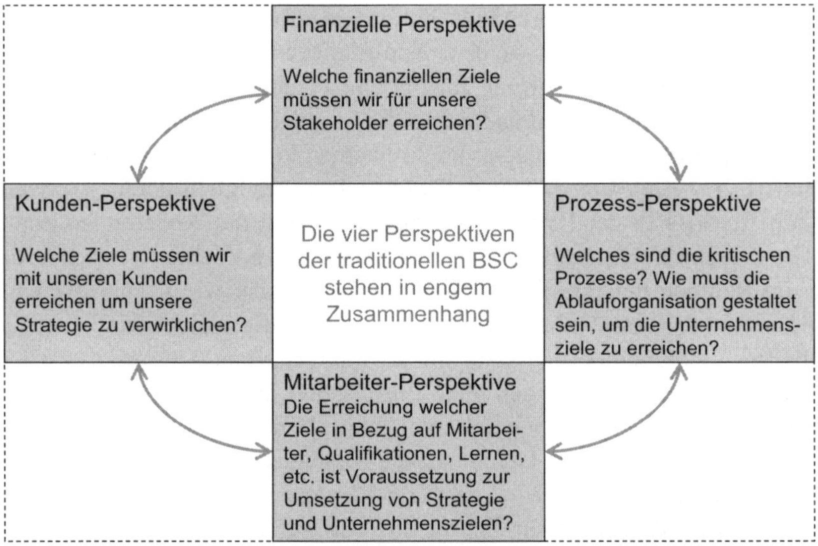

Abbildung 85: Balanced Scorecard

Dem Grundmuster der BSC liegt ein simpler Ursache-Wirkungs-Zusammenhang zugrunde: Die Fähigkeiten der Mitarbeiter (Mitarbeiter-Perspektive) sind Voraussetzung für eine hohe Prozessgüte (Kosten, Zeit, Qualität). Abhängig von der Prozessgüte (Prozess-Perspektive) können die Kunden mit den richtigen, innovativen Angeboten an das Unternehmen gebunden werden (Kunden-Perspektive). Insgesamt führen diese drei Perspektiven dann zur Erreichung einer hohen Gesamtkapitalproduktivität (finanzielle Perspektive).

[174] Vgl. Kaplan, R.; Norton, D. (1992).

Diese Ausgewogenheit, also die Forderung nach einer Balance der verschiedenen Perspektiven zueinander, gab der Scorecard ihren Namen: Eine Ausgewogenheit, in dem Sinne, dass eine ausbalancierte Zielerreichung der verschiedenen Perspektiven (Abbildung 86) eher angestrebt wird, als das Erreichen eines lokalen Optimums (z. B. im Bereich der Finanzen).

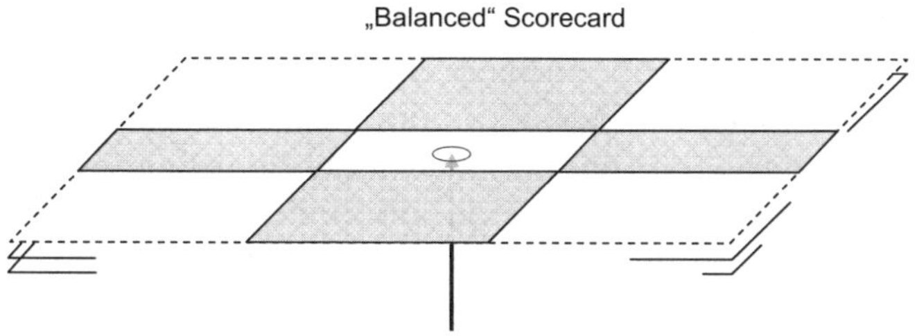

Abbildung 86: Ausgewogenheit als Kennzeichen der Balanced Scorecard

Entsprechend der spezifischen Unternehmenssituation lässt sich die traditionelle, vierdimensionale BSC erweitern (sog. „eBSC"), um so auch andere relevante Aspekte (z. B. Alliances, Channel, Lieferanten, Technologie, Standorte oder Organisationsstruktur) in die Betrachtung zu integrieren. Den einzelnen Zielen in den jeweiligen Perspektiven werden jeweils eine oder mehrere Kennzahlen zugeordnet, über die sich der Erfüllungsgrad des angestrebten Ziels operationalisieren lässt. Dabei liegt die Schwierigkeit darin, gleichzeitig nur wenige (Komplexität), dafür aber relevante Kennzahlen mit signifikantem Einfluss auf die Zielerreichung zu identifizieren. Einige Beispiele:

- Besteht ein Ziel im Rahmen der Kunden-Perspektive darin, die Kundenbindung zu steigern, lässt sich ein (vermuteter) Zusammenhang zwischen der Wirkung „Kundenbindung" und der Ursache „Kundenzufriedenheit" herstellen. So lassen sich über eine kontinuierliche Kundenzufriedenheitsanalyse die Chancen für eine zukünftig erhöhte oder verminderte Kundenbindung annähern.
- Ein anderes Ziel (im Rahmen der Mitarbeiter-Perspektive) könnte darin bestehen, die Innovationsdynamik zu erhöhen. Hierfür könnte es sich anbieten, die Ausgaben für F&E und/oder den Anteil der Erträge aus neuen Produkten im Verhältnis zum Umsatz zu messen.
- Im Rahmen des Backplanning (s. Kapitel 8) ist die Erreichung von Zwischenzielen definiert, die in die terminierten eBSC als Plan-Unternehmenszustand zu einem bestimmten Zeitpunkt eingehen. Besteht also das Ziel beispielsweise darin, eine Vertriebs- und Service-Einheit in USA aufzubauen, lassen sich wesentliche Kennzahlen in die terminierten eBSC integrieren (z. B. Benennung eines Landesleiters und juristische Gründung im Jahr 1, Einstellen von fünf lokalen Mitarbeitern und erstes Serviceauftrag im Jahr 2, weitere Einstellung von zehn Mitarbeitern und Umsatzbeitrag von 1,5 Mio. EUR in Jahr 3).

Häufig wird die BSC als eher übergeordnetes Instrument verstanden, so erklären beispielsweise MÜLLER-STEWENS und LECHNER: „Zielsetzung dieses Ansatzes ist es, die Strategie einer Geschäftseinheit in materielle Ziele und dazugehörige Messgrößen zu übersetzen.“[175] Im Rahmen des hier vorgestellten integrierten Ansatzes der Strategischen Planung sind die terminierten Ziele allerdings bereits im Vorfeld, durch das Backplanning, definiert. Daher besteht das Ziel der BSC im Rahmen der integrierten Strategischen Planung in der Wirkungskontrolle und nicht darin, eine „Strategie [...] zu übersetzen“. Vielmehr ergeben sich die Ziele aus dem Backplanning als Zwischenstand auf dem Weg zum Plan-Unternehmenszustand am Ende des Planungshorizontes. Aktionen sind auf Basis der definierten Ziele bereits erarbeitete und ergeben in Summe den Weg – die Strategie.

Eines der wesentlichen Probleme, das sich in der praktischen Anwendung der BSC ergibt, besteht darin, dass sich gerade bei monetären Zielen, die auf Kostensenkung oder Umsatzwachstum gerichtet sind, häufig keine sinnvollen, monetären Zwischenziele definieren lassen. Die Durchführung von Vorbereitungen, die teilweise in erheblichem Umfang nötig sind, ohne dass dadurch Kosten- oder Umsatzwirkung erreicht wird, lassen sich nicht abbilden. Soll beispielsweise eine Kostensenkung erreicht werden, indem ein neues IT-System implementiert wird, oder die Aufgaben einer Abteilung mittelfristig fremdvergeben werden, ist die Kostenwirksamkeit gegebenenfalls erst am Ende der entsprechenden Maßnahmen bzw. Projekte zu sehen. Vorher steigen die Kosten, beispielsweise durch Einführungskosten und Parallelbetrieb, häufig sogar an. Eine kontinuierlich wachsende Kostenauswirkung, die sich auf die Gewinn- und Verlustrechung auswirkt, kann daher in vielen Fällen nicht angenommen werden. Dennoch möchte das Management nicht auf einen „Tag X“ in einer fernen Zukunft warten, sondern sicher sein, dass notwendige Vorbereitungen getroffen und die Aktionen, das Projekt im Plan sind.

Dazu dient das Instrument der Umsetzungsgrade, das eines der zentralen Bestandteile der Durchführungskontrolle ist. Die Durchführungskontrolle, nach der Prämissen- und Wirkungskontrolle der dritte und letzte Aspekt des strategischen Controllings, fragt danach, ob die geplanten Aktionen wie vorgesehen, innerhalb der geplanten Zeiten umgesetzt, ob freigegebene Budgets für vorgesehene Zwecke verwendet wurden.

Das Controlling der Durchführung, also die Messung, Kontrolle und Steuerung, orientiert sich, wie andere Controllinganätze auch (z. B. das Projektcontrolling) an den drei Elementen Zeit (Terminierung durch das Backplanning), Kosten (freigegebene Budgets und Mittelverwendung) und Qualität (durchgeführte Aktionen und ihr Erfolg).

An dieser Stelle, und den Zyklus der Strategischen Planung abschließend, steht daher das Instrument der Umsetzungsgrade im Mittelpunkt der Betrachtung. Ziel der Umsetzungsgrade ist es, eine Möglichkeit zu schaffen, den inhaltlichen Umset-

[175] Vgl. Müller-Stewens, G.; Lechner, Chr. (2005).

zungsfortschritt einer Aktivität, eines Projektes transparent zu gestalten. Die Umsetzungsgrade werden, teilweise unter leicht abgewandelter Bezeichnung (z. B. „Härtegrad“[176] oder „Degree of Implementation“), von vielen Unternehmen, darunter beispielsweise MIELE, MTU oder SIEMENS, erfolgreich im Rahmen der Strategischen Planung eingesetzt.

Zumeist definieren die Unternehmen fünf verschiedene „Grade der Umsetzung“ (GdU): GdU 1 ist erreicht, wenn Zielinhalt und -geltungsbereich beschlossen sind (das Ziel-Ausmaß und der -Zeitbezug können dabei noch offen bleiben). Für GdU 2 sind Einzelmaßnahmen beispielhaft beschrieben, Ziel-Ausmaß und -Zeitbezug werden abgeschätzt und ein Maßnahmenverantwortlicher benannt. GdU 3 ist erreicht, wenn die einzelnen Maßnahmen vollständig beschrieben sind, gegebenenfalls inkl. eines Projektplans. Nicht immer ist derjenige, der das Ziel erreicht bzw. die Maßnahme umsetzt, auch derjenige, bei dem die Zielerreichung ihre Auswirkung zeigt (denken wir beispielsweise an eine Marketingmaßnahme, deren Umsatzwirkung sich in einem anderen Unternehmensbereich realisieren soll). Daher sind für die Erreichung von GdU 3 die Committments (zumeist Unterschriften) von Maßnahmen- und Realisierungsverantwortlichem erforderlich. Der Zeitraum zwischen GdU 3 und GdU 4 ist häufig sehr lang, da GdU 4 erst dann erreicht wird, wenn alle Maßnahmen umgesetzt wurden. Parallel zur eigentlichen Umsetzung werden Höhe und Zeitpunkt der Ergebniswirkung gegebenenfalls überarbeitet. Schlussendlich wird das Ergebnis im Rechnungswesen sichtbar und wirksam, damit ist GdU 5 erreicht (Abbildung 87).

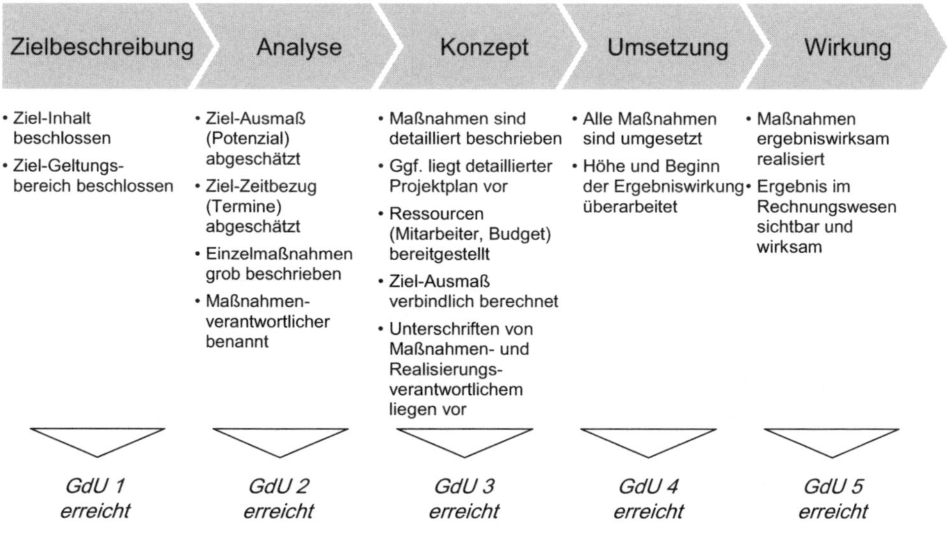

Abbildung 87: Umsetzungsgrade (GdU 1 bis 5)

[176] Vgl. z. B. Becker, T. (2005).

Im Wesentlichen können die Umsetzungsgrade als „generische“ Meilensteine, d. h. unternehmensweit standardisierte Messpunkte für die Umsetzung von Maßnahmen, verstanden werden. Diese sind unabhängig von der spezifischen Art der Aktivitäten. Einer der Vorteile besteht darin, dass durch die Angabe des Umsetzungsgrades für jeden Manager klar ist, in welchem Stadium sich eine beliebige Aktivität befindet, eine gemeinsame Sprache in Hinblick auf die Umsetzung bzw. ergebniswirksame Realisierung von Maßnahmen ist die erwünschte Folge. Weiterhin können diese Meilensteine im Rahmen der Strategischen Planung als Substitution für eine oftmals schwierige, wenn nicht unmögliche Quantifizierung von Zwischenzielen dienen. Nicht zuletzt erhält das Management durch das Aufsummieren der verschiedenen Umsetzungsgrade eine Übersicht darüber, welche Auswirkungen aus der Umsetzung von Maßnahmen insgesamt zu erwarten sind.

Normalerweise nach Umsatzsteigerung bzw. Kostensenkung getrennt, lässt sich ein Gesamtvolumen (z. B. Einsparungsziel) angeben. Beispielsweise können verschiedene auf Einsparungen gerichtete Maßnahmen (die sich in verschiedenen Stadien der Umsetzung befinden) aggregiert und nach Umsetzungsgraden analysiert werden (Abbildung 88).

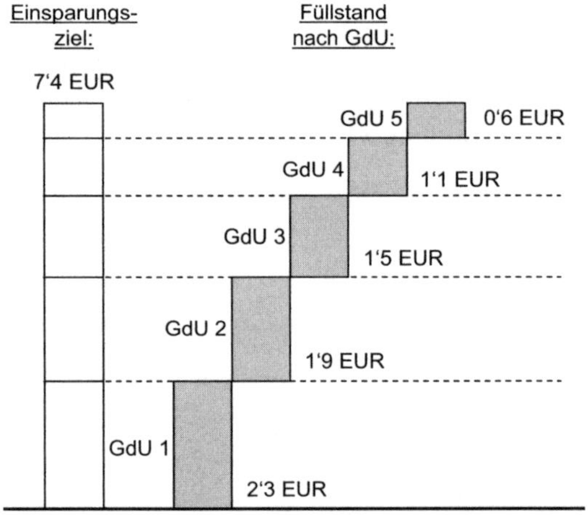

Abbildung 88: Beispiel für die Aggregation von Maßnahmen verschiedener Umsetzungsgrade

Typisch für diese Darstellung ist ein relativ hoher Anteil an GdU 1 Maßnahmen, dies hängt zum einen damit zusammen, dass einige Maßnahmen nicht umgesetzt werden und GdU 3 eine besonders hohe Hürde darstellt, vor der sich viele Maßnahmen „stauen“. Zum anderen werden GdU 5 Maßnahmen nach einiger Zeit aus der Darstellung entfernt. In den meisten Unternehmen verbleiben GdU 5 Maßnahmen nur bis zum Ende des Geschäftsjahres, indem sie ihre Ergebniswirkung zeigen, in der Darstellung.

Literaturverzeichnis

Literaturverzeichnis

Abrahamson, C.; Rodgers, J. (1992): The New Investor Relations Game. In: Financial Executive. Vol. 8.

Akademie-Studie (2005): www.die-akademie.de.

Andres, M.-S. (2006): Nouvelle Cuisine. In: brandeins 10/2006.

Andrews, K. (1971): The concept of corporate Strategy. Homweood.

Ansoff, H. (1957): Strategies for Diversification. In: Harvard Business Review.

Ashkenas, R. et al. (1998): The Boundaryless Organization. Jossey Bass Wiley.

Barkhausen, B. (2006): Die Zentrale sind alle. In: brandeins 09/2006.

Barney, J. (2002): Gaining and Sustaining Competitive Advantage. Prentice Hall.

Bea, F.X.; Haas, J. (2005): Strategisches Management. Stuttgart.

Becker, T. (2005): Prozesse in Produktion und Supply Chain optimieren. Berlin, Heidelberg.

Beinhocker, E.; Kaplan, S. (2002): Tired of strategic planning. In: McKinsey Quarterly.

Belz, Chr.; Schmitz, Chr. (2007): Den Vertrieb im Ausland besser steuern. In: Harvard Business Manager.

Breid, V. (1994): Erfolgspotentialrechnung. Stuttgart.

Burgelman, R.; Grove, A. (1996): Strategic Dissonance In: Californian Management Review. Vol. 38.

Buzzell, R.; Gale, B. (1989): Das PIMS-Programm. Strategien und Unternehmenserfolg. Wiesbaden.

Chen, P. (1976): The Entity-Relationship Model. Toward a Unified View of Data. In: ACM Transactions on Database Systems.

Collis, D.; Montgomery, C. (1995): Competing on Resources: Strategy in the 1990s. Harvard Business Review.

Cordes, E. (2001): Wertorientierte Unternehmensführung bei Daimler Chrysler. In: Hahn, D.; Hungenberg, H. (Hrsg.): PuK. Wertorientierte Controllingkonzepte. Wiesbaden.

Cromme, G. (2002): Deutscher Corporate Governance Kodex. Berlin.

Daily, C et al. (2003): Corporate governance: Decades of dialogue and data. In: Academy of Management Review. Vol. 28.

Dörner, D. et al. (Hrsg.) (2000): Praxis des Risikomanagements. Schäffer-Poeschel.

Echter, D. (2007): Was Topmanager antreibt. In: Harvard Business Manager.

Eggmann, G.; Konradt, T. (2000): Risikomanagement nach KonTraG aus dem Blickwinkel des Wirtschaftsprüfers. In: BB 55.

Epstein, M.; Palepu, K. (1999): What Financial Analysts want. In: Strategic Finance. Vol. 80.

Feldmayer, J.; Zimmermann, A. (2005): Software-gestützte, integrierte strategische Unternehmensplanung. Dargestellt am Beispiel der Siemens AG. In: Hahn, D.; Taylor, B. (Hrsg.): Strategische Unternehmungsplanung. Springer.

Fischbacher, J.; Mölk, S. (2005): Corporate Governance: Praxisbeispiele. Wirtschaftsuniversität Wien.

Fischer, Th. (1993): Kostenmanagement strategischer Erfolgsfaktoren. München.

Fligstein, N. (1990): The Transformation of Corporate Control. Harvard University Press.

Freidank, C.-Chr. (2001) (Hrsg.): Die Rechnungslegung und Wirtschaftsprüfung im Umbruch. München.

Freidank, C.-Chr. (2001): Das Prüfungswesen unter risikoorientierten und internationalen Reformeinflüssen. In: Freidank, C.-Chr. (Hrsg.): Die Rechnungslegung und Wirtschaftsprüfung im Umbruch. München.

Freidank, C.-Chr. (2001): Das Risikowesen unter risikoorientierten und internationalen Reformeinflüssen. In: Freidank, C.-Chr. (Hrsg.): Die Rechnungslegung und Wirtschaftsprüfung im Umbruch. München.

Freitag, M.; Student, D. (2007): Sag zum Abschied leise Servus. In Manager Magazin 10/2007.

Gleich, R. (1997): Performance Measurement. In: Die Betriebswirtschaft.

Gomez, P. et al. (1994) (Hrsg.): Unternehmerischer Wandel. Wiesbaden.

Goold, M.; Quinn, J. (1990): The paradox of strategic controls. In: Strategic Management. Vol. 11.

Grant, R. (2003): Contemporary Strategy Analysis: Concepts, Techniques, Applications. Cambridge/Oxford.

Grant, R. (2003): Strategic planning in a turbulent environment: Evidence from the oil majors. In: Strategic Management Journal. Vol. 24.

Grant, R; Nippa, M. (2006): Strategisches Management. München.

Groethe, P. (2005): Ernüchternd. In Manager-Magazin. Vol. 10.

Grötker, R. (2005): Schlaue Menge. In: brand eins. Vol. 8.

Hahn, D.; Hungenberg, H. (2001) (Hrsg.): PuK. Wertorientierte Controllingkonzepte. Wiesbaden.

Hahn, D.; Taylor, B. (2005) (Hrsg.): Strategische Unternehmungsplanung. Springer.

Hambrick, C.; Abrahamson, S. (1995): Assessing the Amount of managerial discretion in different industries. In: Academy of management journal. Vol. 38.

Hamel, G. (1997): Killer strategies that make shareholders rich. In: Fortune vom 23. Juni 1997.

Hammer, M.; Champy, J. (1994): Business Reengineering. Die Radikalkur für das Unternehmen. Frankfurt, New York.

Heath, C.; Heath, D. (2007): Made to Stick. Why some ideas survive and others die. Random House.

Heath, C.; Heath, D. (2007): Werden Sie endlich konkret! In: Harvard Business Manager.

Heinen, E.; Frank, M. (1997): Unternehmenskultur: Perspektiven für Wissenschaft und Praxis. Oldenburg.

Heintel, P. (2005): Time is Honey. In: Der Tagesspiegel vom 7. Januar 2006.

Heyder, B.; Werther, K. (1996): Das PIMS Konzept. Köln.

Hinterhuber, H. (1997): Kundenzufriedenheit durch Kernkompetenzen. Eigene Potenziale erkennen, entwickeln, umsetzen. München.

Hinterhuber, H. (2004a): Strategische Unternehmensführung I. Berlin, New York.

Hinterhuber, H. (2004b): Strategische Unternehmensführung II. Berlin, New York.

Hinterhuber, H. et al. (1998): The Company as a Cognitive System of Core Competences and Strategic Business Units. In: Hussey, D. (Hrsg.): The Strategic Decision Challenge. Chichester.

Hitt, M. et al. (2003): Strategic Management. Competitiveness and Globalization. Mason.

Hoffmann-Riem, W. (1997): Optimierung durch Reorganisation der Gerichtsverwaltung. In: Die Verwaltung Bd. 30.

Huber, A. (2006): Erfolgsfaktoren mittelständischer Unternehmen mit überdurchschnittlicher Umsatzrendite. In: ZUb 12/2006

Huber, A. (2007): Deutsche Anleger müssen mehr differenzieren. In: VDI nachrichten vom 13. Juli 2007.

Huber, A.; Helfer, F. (2007): Branchenhype Erneuerbare Energien. Eine Börsenwertanalyse. In: Umweltwirtschaftsforum. 3/2007.

Hurst, D. et al. (1989): Top management teams and organizational renewal. In: Strategic Management Journal. Vol. 10.

Hussey, D. (1998) (Hrsg.): The Strategic Decision Challenge. Chichester.

Inkpen, A.; Choudhury, N. (1995): The Seeking of Strategy where it is not: Toward a theory of strategy Absence. In: Strategic Management Journal. Vol. 16.

Jacobson, R.; Aaker, D. (1985): Is market share all that it's cracked up to be. In: Journal of Marketing, Vol. 49.

Jensen, M.; Meckling, W. (1976): Theory of the firm: Managerial behavior, agency costs, and ownership structure. In: Journal of Financial Economics. Vol. 3.

Kagermann, H.; Österle, H. (2007): Geschäftsmodelle 2010. Wie CEOs Unternehmen transformieren. Frankfurt.

Kaplan, R.; Norton, D. (1992): The Balanced Scorecard. Measures that drive performance. In: Harvard Business review.

Kirsch, W. et al. (1983): Der Stand der Strategischen Unternehmensführung in der BRD und West-Berlin. München.

Knipper, M. (2005): Abzocker oder ehrbare Kaufleute? Manager in der Krise. Folge 4: Managerhaftung: Wer zahlt den Schaden? Manuskript zur Sendung, Ausstrahlung am 06. Februar 2005. Westdeutschen Rundfunk 2005.

Kreikebaum, H. (1997): Strategische Unternehmensplanung. Stuttgart.

Krogh, G. von; Roos, J. (1995): Conversation Management. In: European Management Journal. Vol. 4.

Lechner, Chr., Müller-Stewens, G. (1999): Strategische Prozessforschung: Zentrale Fragestellungen und Entwicklungstendenzen. Arbeitspapier Nr. 33. Institut für Betriebswirtschaft an der Universität St. Gallen.

Leitner, K.-H. (2001): Strategisches Verhalten von kleineren und mittleren Unternehmen. Universität Wien.

Malik, F. (2003): Vison. Gefährliche Mode. In: Manager Magazin.

Mattei, S. (2004): Strategisches Planungstool bei Siemens. In: Manage it, Vol. 2-3.

McWilliams, A; Smart, C. (1993): Efficiency vs. Structure-Conduct-Performance: Implications for Strategy Research and Practice. In: Journal of Management. Vol. 19.

Mintzberg, H. (2005): Strategy Safari. Eine Reise durch die Wildnis des strategischen Managements. Heidelberg.

Mirow, M. (2000): Das strategische Planungs- und Kontrollsystem der Siemens AG. In: Welge, M. et al. (Hrsg.): Praxis des Strategischen Managements. Wiesbaden.

Müller, M. (2000): Praktische Hinweise zum so genannten Risikomanagement. Arbeitshilfe für Arbeitnehmervertreter in Aufsichtsräten Nr. 13. Hans-Böckler-Stiftung.

Müller-Stewens, G.; Lechner, Chr. (2001): Strategisches Management. Wie strategische Initiativen zum Wandel führen. Stuttgart.

Müller-Stewens, G.; Lechner, Chr. (2005): Strategisches Management. Stuttgart.

Nattermann, P. (2000): Best Practice Doesn't Equal Best Strategy. In: McKinsey Quarterly.

Nelson, R.; Winter, S. (1982): An Evolutionary Theory of Economic Change. Belknap.

Neubürger, H.-J.; Sen, M. (2001): Wertorientierte Unternehmens- und Geschäftsführung im Siemens Konzern. In: Hahn, D.; Hungenberg, H. (Hrsg.): PuK. Wertorientierte Controllingkonzepte. Wiesbaden.

Newton, E. (1990): Overconfidence in the communication of intent: Heard and unheard melodies. Doctoral dissertation. Stanford University.

Nicolai, A.; Kieser, A. (2002): Trotz eklatanter Erfolglosigkeit: Die Erfolgsfaktorenforschung weiter auf Erfolgskurs. In: Die Betriebswirtschaft.

Nicolai, A.; Thomas, T. (2004): Kapitalmarktkonforme Unternehmensführung: Eine Analyse im Lichte der jüngeren Strategieprozesslehre. In: Zeitschrift für betriebswirtschaftliche Forschung.

Norton, D.; Kaplan, R. (2006): Strategien (endlich) umsetzen. In: Harvard Business Manager.

O'Boyle, T. (2002): Jack Welch. DVA.

Pascale, R. (1984): Perspectives on Strategy: The real Story behind Honda's Success. In: California Management Review.

Penrose, E. (1959): The Theory of the Growth of the Firm. John Wiley.

Picot, A. (1999): Organisation. Eine ökonomische Perspektive. Stuttgart.

Porter, M. (1985): Competitive Advantage. New York.

Prahalad, C.; Hamel, G. (1990): The Core Competence of the Corporation. In: Harvard Business Review.

Rappaport, A. (2006): Die zehn Gebote des Shareholder-Value. In: Hbm 11/2006.

Rigby, D.; Bilodeau, B. (2007): Management Tools and Trends 2007. Bain & Company.

Rockart, J. (1979): Chief executives define their own data needs. In: Harvard Business Review.

Rühli, E. (1994): Die Ressource-based View of Strategy. In: Gomez, P. et al. (Hrsg.): Unternehmerischer Wandel. Wiesbaden.

Rumelt, R. (1991): How much does industry matter. In: Strategic Management Journal, Vol. 12.

Rumelt, R. et al. (1991): Strategic Management and Economics. In: Strategic Management Journal, Vol. 12.

Scheer A.-W. et al. (2005): Von Prozessmodellen zu lauffähigen Anwendungen. ARIS in der Praxis. Berlin.

Scheer, A.-W. et al. (1992): Semantische Prozeßmodellierung auf der Grundlage Ereignisgesteuerter Prozeßketten (EPK). In: Scheer, A.-W. (Hrsg.): Veröffentlichungen des Instituts für Wirtschaftsinformatik. Heft 89. Saarbrücken.

Schmidt, S.; Brauer, M. (2005): Corporate Governance. Möglichkeiten des Aufsichtsrats zur sachgerechten Kontrolle von Managerverhalten und Firmenpolitik. In: Industrielle Beziehungen.

Schwarzer, U. (2007): Erfundene Geschichten. In: Manager Magazin 06/2007.

Seufert, A.; Schäfer, R. (2004): Empirische Studie zur integrierten Unternehmensplanung. Hrsg.: IBI – Institut für Business Intelligence.

Siciliano, J. (2002): Governance and strategy implementation: Expanding the board's involvement. In: Business Horizons. Vol. 45.

Slater, R. (1992): The New GE. Irwin Professional.

Stähler, P. (2001). Geschäftsmodelle in der digitalen Ökonomie: Merkmale, Strategien und Auswirkungen. Köln-Lohmar.

Stone, M.; Brush, C. (1996): Planning in ambiguous contexts: The dilemma of meeting needs for commitment and demands for legitimacy. In: Strategic Management Journal. Vol. 17.

Sywottek, Chr. (2006): Einfach gewinnt. In: brandeins 04/2006.

Taylor, B. (1997): The return of strategic planning. Once more with feeling. In: Long Range Planning. Vol. 30.

Thommen, J.-P. (2003): Glaubwürdigkeit und Corporate Governance. Versus.

Tichy, N.; Sherman, S. (1994): Control Your Destiny or someone else will. HarperBusiness.

Tucker, G. et al. (1987): Mit Benchmarking zu mehr Effizienz. In: Harvard manager. Vol. 3.

Turner, I. zitiert in: Crainer, S. (1998): Key Management Ideas. Pearson Education. London.

Vahs, D.; Schäfer-Kunz, J. (2005): Einführung in die Betriebswirtschaftslehre. Stuttgart.

Varaiya, N. (1988): Determinants of premiums in aquisition transaction. In: Managerial and Decicion Economics. Vol. 8.

Weinberger, D. (2007): Verantwortung lässt sich nicht verordnen. In. Hbm 02/2007.

Welch, J. (2001): Kaufen, nicht verschmelzen. In: Der Spiegel vom 5.3.2001.

Welch, J. (2003): Was zählt. Ullstein.

Welge, M. et al. (2000) (Hrsg.): Praxis des Strategischen Managements. Wiesbaden.

Welge, M.; Al-Laham, A. (2003): Strategisches Management. Wiesbaden.

Werder, A. v. (2007): Zusammenfassung für die Medien: Kodex-Report 2007. Berlin Center of Corporate Governance.

Wilson, I. (1994): Strategic Planning Isn't Dead. Long Range Planning. Vol. 27.

Wilson, I. (1998): Strategic planning for the millennium: Resolving the dilemma. In: Long Range Planning. Vol. 31.

Wöhe, G. (2005): Einführung in die Allgemeine Betriebswirtschaftslehre. Vahlen.

Zahra, S. (1989): Boards of directors and corporate social responsibility performance. In: European Management Journal. Vol. 7.

Stichwortverzeichnis

Stichwortverzeichnis

Z

Prof. Dr.-Ing. Alexander Huber

lehrt Wirtschaftswissenschaften mit Forschungsschwerpunkt Strategische Planung und Unternehmensführung an der TFH Berlin. Er studierte Wirtschaftsingenieurwesen an der TU Berlin und der UC Berkeley (USA). Als Stipendiat der Landesgraduiertenförderung promovierte er in Informatik.

Zunächst war Huber vier Jahre bei Accenture als Berater tätig. Im Anschluss daran wechselte er ins operative Management der Siemens AG. Mit der Berufung in den internationalen Führungskreis der Siemens AG übernahm er verschiedene leitende Positionen im operativen Management und der strategischen Unternehmensentwicklung des Hauses.

Mit seinem Institut PHIUS ist Huber als Strategieberater für mittelständische und große Unternehmen tätig.

Weitere Tätigkeiten:
- Beirat zweier mittelständischer Unternehmen in Berlin
- Gründungsmitglied der Hilfsorganisation *stars of tomorrow
- Arbeitskreisleiter beim Verband Deutscher Wirtschaftsingenieure
- Träger des „Hamburg Preis für Wirtschaftsinformatik“
- Mitglied des Program Committees der „Information Resources Management Association“ (IRMA), USA
- Gutachter der „International Sciences Conferences“ (ICSC, ITEE), Kanada